Maya

三维动画案例 驱动

Maya SANWEI DONGHUA ANLI QUDONG JIAOCHENG

教程

王兆成 著

郑州大学出版社

郑 州

图书在版编目(CIP)数据

Maya 三维动画案例驱动教程/王兆成著. —郑州:郑州大学出版社,2017.10
ISBN 978-7-5645-2546-0

Ⅰ.①M… Ⅱ.①王… Ⅲ.①三维动画软件–教材 Ⅳ.①TP391.41

中国版本图书馆 CIP 数据核字(2015)第 225712 号

郑州大学出版社出版发行
郑州市大学路 40 号   邮政编码:450052
出版人:张功员   发行部电话:0371-66966070
全国新华书店经销
河南龙华印务有限公司印制
开本:889 mm×1 194 mm   1/16
印张:23.25
字数:687 千字
版次:2017 年 10 月第 1 版   印次:2017 年 10 月第 1 次印刷

书号:ISBN 978-7-5645-2546-0   定价:68.00 元
本书如有印装质量问题,请向本社调换

前　言

Maya 是划时代的、世界顶级的三维动漫设计软件之一，主要应用于角色动画、专业影视广告、电影特技、建筑、游戏角色设定、游戏场景及工业造型的设计等方面。Maya 的魅力到底在何处？我认为它的应用范围极其广泛，运用它设计出的作品在我们的生活中到处可见。诸如：在好莱坞大片中炫目的影片片头，震撼人心的特效视频场面，吸引人们眼球的电视与网络广告，炫目的、充满想象力的电子艺术插图，展现出的精细仿真精品模型等，枚不举胜。可以说，人们在日常生活中所见到的这一切，无不美化、震撼着每一颗心。

选学 Maya 3D 软件的另一个主要原因，是它在动画模型、角色设计和复杂的场景设计等方面体现出极大优越性和高效性的同时，还具有极其完善而强大的设计功能，与其他应用程序也有着良好的兼容性能，例如：可与 Adobe Illustrator、Macromedia Flash 及读写 AutoCAD 的 dwg 文件的程序联合使用，能为人们进行产品或作品设计提供极其方便的操作流程，备受艺术设计人员的青睐。

从社会对人才需求的角度看，学习 Maya 3D 设计软件，掌握好一种设计与操作技能，将具有良好的就业或谋职前景。正是基于这种思想，我才开始着手编写了这本极其适合于高等院校在校生进行实训教学的教程，以加强他们在设计与操作技能方面的实践与训练，为就业奠定一个良好的技术基础。就学习 Maya 3D 设计与操作技能而言，我有着在 Adobe 专业培训机构多次受训的体会和感触。Maya 3D 软件极其丰富的功能而带来的操作复杂性，也给初学者在学习与操作上带来一系列的困难，使人望而却步，甚至会丧失学习的积极性和自信心。因此，如何创新思维，找到一条有效解决教与学问题的捷径，不仅仅是教育者密切关注的问题，更是受教育者迫切关心的问题。

本书是在总结专业设计实践和实训教学经验的基础上，结合本人在运用计算机艺术设计软件进行辅助设计方面的成长感受与体会，针对难教与难学问题而编写，其指导思想是：要充分体现以案例为实践载体，以"教"设计思路、"教"步骤方法，启发与指导相结合；以"学"操作与步骤、"学"工具与命令，直接观察结果画面，理解、感悟与解惑，达到熟练掌握和灵活运用的目的。在实践教学过程设计上，体现"教"与"学"两方面内容的指导原则可概括为 4 句话，32 个字：指导实践，启发引导；实操理解，感悟解惑；反复实践，熟练掌握；灵活运用，创新发展。通过采用案例驱动、图文并茂、手把手的实践教学方法（作者称之为"拉手教学"方法），按照专业化设计程式和步骤，由浅入深地让每一位初学者或实训者从典型案例——"变形金刚设计案例"中，事半功倍地获得自行完成设计全过程的有益知识和实践经验，举一反三，终身受益。

本书在章节内容的安排上，以"变形金刚擎天柱"为设计案例，以任务驱动为设计模块，同时兼顾教学 Maya 基本操作和重要设计环节的知识内容，充分体现了"拉手教学"方法的指导思想和原则。书的第一部分章节内容，主要简述 Maya 的基础知识，教你学习 Maya 的常用概念、建模、纹理贴图、添加视觉效果和渲染等一些常用的必备知识。其余的章节内容，主要以任务驱动的模块化方式描述在"拉手教学"实训中所涉及的绘制变形金刚各部分的操作过程，可使读者在学习与掌握 Maya 的设计工具和技术的同时，感受到自己是多么神奇地实现了一种产品的设计。因为感受神奇魅力，提高学习兴

1

趣,获取实践经验,提升设计能力,也是作者编写本书的期盼和初衷。

鉴于上述设计思想和指导原则,为做到"教"与"学"有一种良好的默契配合,根据个人体会,我想提醒读者应注意以下的学习与实践方法。如果想明白了其中的道理,将会起到事半功倍、意想不到的效果。

●明确实践学习目的,查看阅读本书实训目录章节。明白将要学习些什么,理清思路,把握将要学会掌握些什么,以便有一个总体概念。

●类比计算机辅助设计与手工艺术设计之间的差异和优缺点。计算机辅助设计过程中使用的工具与手工艺术设计过程中使用的工具(如笔、纸、尺、色等)大不相同,诸如类比:鼠标光标与坐标=笔,工作窗口与图层=纸,空间坐标与大小方位=尺、调色板与光亮度=色……在操作实践中,要不断地体会它们的差异和优缺点,以加深对为什么要按设计程式去做的理解,更好地去掌握操作。

●要时刻明白计算机是设计工具,不是人。在设计过程中,要用自己头脑中的设计思想和智慧,告诉它你要做什么? 怎么去做? 你就不难理解为什么要建模,为什么要按设计程式去选取命令、工具、设置类型和参数等你认为的烦琐操作,以帮助你解决诸多可能遇到的不惑,提高学习的兴趣和效率。

●注意设计思路和操作程式(或步骤)。要主动地学习和养成按设计规范程式操作的良好习惯,在提前阅读理解的基础上,要完全相信自己能独立完成类似的模拟或创新设计。

●随时观察设计效果。为方便设计操作,经常会建立一个或一些新图层,以便把较复杂的设计对象分解成较简单的对象进行处理,也便于不受其他部分干扰,在新的图层进行设计制作。为随时能看到部分设计在整体上的设计效果,建议在完成部分设计后,进入视图观察操作,看一看它在整体设计中的效果,所见即所得,以加深对设计操作的进一步理解,同时可不断地提高自己的自信心和成就感。

●改变设置或参数,观看变化和影响,进一步加深理解和掌握操作。这也是一种好的学习方法,不能简单地理解为就教程学教程,就操作练操作。为掌握好一种技能,要有良好的学习心态,养成一种好的学习习惯。

●建议:注意删除中间设计结果,不断优化图层,有效保留(存储)设计文档。随着设计、制作图层以及文档的不断增多,将体会到:这样去做会给以后的设计过程带来的一系列方便和好处。

●注意:在设计制作中要随时用笔记下你给图层、材质、视图等文件的命名,以及它们所在不同工程文档中的位置(包括目录、路径等),为帮助你查找、使用和回忆,最好还要写下提醒自己的注释说明。否则,记错或忘记将会带来很多的麻烦,也会影响设计工作效率。

●提醒:你在实训学习的过程中,都获得了哪些技能、方法和学习体会? 要不断地进行总结,并以日志的形式写下来,将对你今后的职业生涯与发展有很多好处。

综上所述,本书的主要特色是:案例任务驱动,拉手实训教学! 不但让你知道怎么做,还要知道为什么这么做。

本书可作为设计类专业、计算机类专业实训教材使用,也适合从事三维动画、影视广告、建筑设计、工业设计等方面的初学者和 Maya 设计技能培训班、业余的 CG 爱好者等人员选用。

最后,对在本书编写期间给以我不断关心、鼓励、帮助的亲朋好友表示衷心的感谢! 对郑州大学出版社编辑对本书付出的辛勤劳动深表谢意! 同时,把本书作为最好的礼物献给长期培养和关心我成长的父母和老师!

鉴于本人经历和学识有限,书中不当之处敬请同行与读者赐教,不胜感谢。

编者

2017 年 6 月

目　录

第1章　变形金刚擎天柱腿部变形动画 ……………………………………………………… 1

擎天柱左脚变形动画的设置 …………………………………………………………… 2

擎天柱左小腿变形动画 ………………………………………………………………… 10

擎天柱双大腿变形动画 ………………………………………………………………… 13

第2章　擎天柱腰部、挡泥瓦、窗户及头部的变形和制作 ……………………………… 19

擎天柱腰部变形动画 …………………………………………………………………… 20

擎天柱左侧后轮挡泥瓦变形动画 ……………………………………………………… 22

擎天柱窗户开启变形动画 ……………………………………………………………… 28

擎天柱左车窗变形动画 ………………………………………………………………… 30

擎天柱头部变形动画 …………………………………………………………………… 38

第3章　擎天柱胳膊变形动画的制作 ……………………………………………………… 40

擎天柱胳膊零件附属关系调整 ………………………………………………………… 41

擎天柱左胳膊动画 ……………………………………………………………………… 50

擎天柱胳膊动画微调 …………………………………………………………………… 67

第4章　储藏仓变形动画的制作 …………………………………………………………… 69

第5章　腰部连接处零件的变形和动画关键帧调节操作 ………………………………… 85

身体连接关节动画 ……………………………………………………………………… 86

关键帧调整 ……………………………………………………………………………… 91

细微零件变形效果 ……………………………………………………………………… 98

第6章　拳头和后轮变形 …………………………………………………………………… 100

拳头动画 ………………………………………………………………………………… 101

后轮动画 ………………………………………………………………………………… 105

第7章　cluster 簇调整卡车头动画 ……………………………………………………… 108

车头局部零件调整 ……………………………………………………………………… 109

储藏仓调整和臀部调整动画 …………………………………………………………… 120

油筒和储藏仓变形动画 ………………………………………………………………… 126

第8章　车后方簇调整动画 ………………………………………………………………… 133

车侧变形动画 …………………………………………………………………………… 134

车后方变形动画 ··· 136

车后轮变形动画 ··· 141

车中间车轮变形动画 ·· 144

车中间左侧车轮变形动画制作 ··· 146

第 9 章　储藏仓零件的细节动画 ·· 148

擎天柱变形微调动画储藏仓融合动画 ··· 149

右侧储藏仓簇微变形动画制作 ··· 151

第 10 章　排气管和油桶等细节零件的变形动画 ···································· 153

第 11 章　微调动画 ··· 159

擎天柱左侧进气隔扇微动画 ··· 160

擎天柱右侧进气隔扇微动画 ··· 163

两侧车门变形动画 ·· 165

擎天柱储藏仓后铁架子微动画 ··· 167

擎天柱头部调整变形动画 ··· 170

擎天柱发动机盖微动画 ··· 171

擎天柱车尾部变形微动画 ··· 181

擎天柱储藏仓零件调整微动画 ··· 191

擎天柱左前轮变型微动画 ··· 195

擎天柱左后轮变形微动画 ··· 198

第 12 章　精确贴图与渲染设置 ··· 201

Maya 贴图必备知识 ··· 202

擎天柱储藏仓材质贴图 ··· 204

擎天柱储藏仓右侧渲染制作 ··· 211

擎天柱储藏仓顶端颜色调整 ··· 215

擎天柱变形动画车顶绚丽贴图 ··· 218

擎天柱变形动画后瓦贴图 ··· 223

擎天柱右侧后瓦贴图 ··· 228

擎天柱左侧前瓦贴图 ··· 231

擎天柱右侧前瓦贴图 ··· 237

发动机左侧面和顶面贴图 ··· 240

发动机右侧面和顶面贴图 ··· 249

制作变形中发动机顶盖双面材质 ··· 253

左车门材质贴图 ··· 255

右车门材质贴图 ··· 261

第 13 章　车头标志、保险杠灯和车尾灯的制作和变形 ································ 265

车头标志和车头灯制作 ··· 266

附属零件车头保险杠小闪灯制作 ··· 276

车尾灯制作 ··· 287

第 14 章　进气隔扇的制作与变形动画 ···························· 297

第 15 章　储藏仓小装饰灯的制作和变形动画 ·················· 321

第 16 章　擎天柱卡车内部后轮的制作和动画变形 ··········· 333

内侧左后轮 ··· 334

内侧后轮调整 ··· 342

第 17 章　机器人身上贴图 ··· 344

胸部绚丽材质 ··· 345

小腿绚丽材质 ··· 353

第1章 变形金刚擎天柱腿部变形动画

　　这一章有三个部分构成,首先设置了脚部的形态变形,之后设置小腿部的零件变形,最后设置大腿的零件变形。知识点方面,介绍了Maya动画的设置方法,着重介绍了关键帧动画的设置方法,将繁多的零件进行变形设置,最后完成变形金刚擎天柱腿部变形动画。

擎天柱左脚变形动画的设置

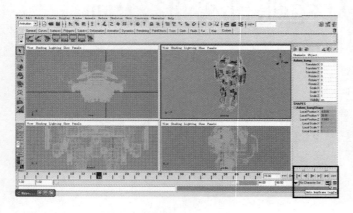

➡ 拿出我们之前规整好的零件群组与父子关系制作好的擎天柱。

选中用来控制全身零件的 Ashen_kong 节点,观察整体效果。

打开自动关键帧锁开关:鼠标左键点击右下角锁状图标,如图,将锁状图标点成红色状态,此时 Maya 可以自动记录你设置的关键帧,也就是说当物体关键帧发生位移、旋转或缩放变形时,Maya 会自动将物体发生变化时所处的时间轴帧转为关键帧。可见英文提示 Autokeyframe toggle。

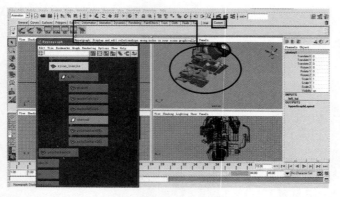

➡ 左键点击自定义快捷栏中刚才已经创建的 Hypergraph 超图窗口快捷键,调出 Hypergraph 超图窗口。

也可以手动操作点击 Window > Hypergraph,调出 Hypergraph 超图窗口。

视图中点击车头部零件,在 Hypergraph 超图窗口中,按键盘 F 键,找到我们选中的节点,之后点选车头部节点 chetou1。

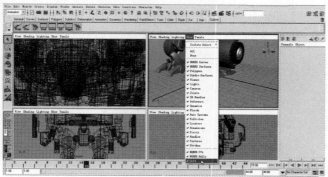

➡ 将立体视图中方格显示:Show→Grid,将对钩点开。

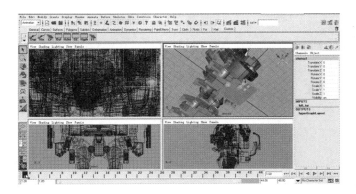

➡ 此时立体视图方格显现出来。

下面准备设置擎天柱左脚车头动画。

首先还是选中擎天柱左侧脚部车头群组 chetou1 节点，将擎天柱车头首先变形。

➡ 设置 chetou1 群组关键帧，点击图中所示按钮，确保 chetou1 群组的通道框状态栏打开。

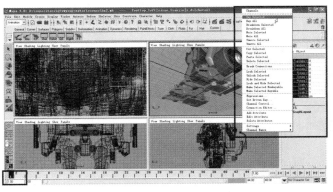

➡ 设置物体关键帧，在选中物体对象情况下，首先选中时间轴位置（在第一帧创建关键帧需要在时间轴上点选 1），之后在物体状态栏中按住鼠标左键进行拖拽，将准备用于变化的控制项拖拽成黑色状态，如图。

图中将所需的位移 Translate X、Translate Y、Translate Z，旋转 Rotate X、Rotate Y、Rotate Z，缩放 Scale X、Scale Y、Scale Z，以及显示控制 Visibility 都选中（选中方法：鼠标置于 Translate X 上，从上到下按住鼠标左键不放进行拖拽，鼠标拖拽到 Visibility 上时松开鼠标左键，完成选择，此时 ranslate X、Translate Y、Translate Z、Rotate X、Rotate Y、Rotate Z、Scale X、Scale Y、Scale Z 和 Visibility 项都选中，呈现黑色，如图）。这样我们就可以控制物体对象的位移、角度、缩放大小和显示隐藏状态这些参数。

最后进行设置关键帧操作。鼠标放于选中的黑色参数项上，按住鼠标右键不放，此时弹出对话框，不要松开鼠标右键，将鼠标移动到 Key Selected 上（设置关键帧），松开鼠标右键，完成创建关键帧的操作。

知识点

关键帧动画只需要设置物体运动开始和结束的动作,开始结束之间的动作由 Maya 自动完成。例如一个球体从左移到右,我们在 Maya 中制作这个小球的动画时只需将小球位于左侧时所处时间点设置一个关键帧,在小球移到右侧时所在的时间点设置一个关键帧,之后在 Maya 动画中,中间帧的生成由 Maya 自动完成,插值运算代替了设计中间帧的环节。所有影响画面图像的参数都可成为关键帧的参数,如物体的位置、旋转角、尺寸大小等。

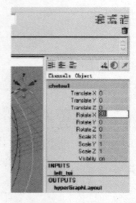

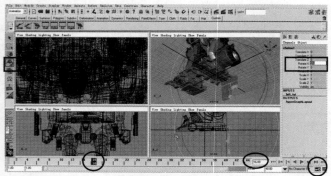

➡ 对象设置关键帧之后通道框中参数项呈现红色。

在 16 帧位置设置关键帧,在确保自动关键帧锁处于红色打开状态下,将 Rotate X 设置为 90 度,将对象进行旋转。

此时物体对象在此帧下设置了关键帧。

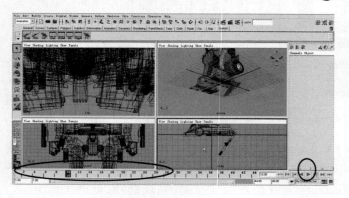

➡ 拖拉时间轴,或者点击播放按钮,观察动画,就可以看到我们刚设置的动画已按设想要求动起来。Maya 自动创建了动画中间帧。

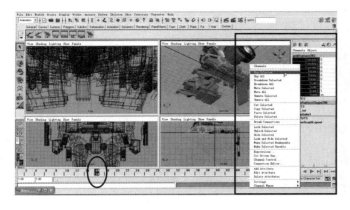

➡　点选左脚下脚趾零件,再点击第 16 帧,在此帧上创建关键帧。

　　首先在物体通道栏中按住鼠标左键进行拖拽,将鼠标置于 Translate X 上,从上到下按住鼠标左键不放进行拖拽,当鼠标拖拽到 Visibility 上时松开鼠标左键,完成选择,所选参数呈现黑色,如图。之后进行设置关键帧操作,鼠标放于选中的黑色参数项上,按住鼠标右键不放,此时弹出对话框,不要松开鼠标右键,将鼠标移动到 Key Selected 上,松开鼠标右键,完成创建关键帧的操作。

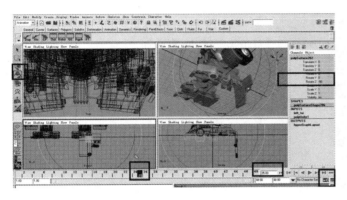

➡　对象设置关键帧成功后,通道框中参数项呈现红色。

　　在时间轴点选第 25 帧,在此帧上设置另一关键帧,在确保自动关键帧锁处于红色打开状态下点击旋转工具,如图所示将对象旋转,放置到合适位置。也可以使用旋转快捷键 E,对对象进行操作。如精确控制,可在 Rotate Z 参数栏中输入参数 -90,将对象进行旋转。

　　此时物体对象在此帧下设置了关键帧。

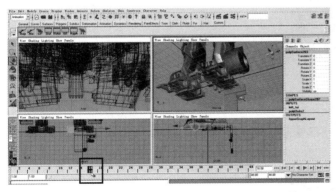

➡　点选左脚下脚趾左侧零件,点击第 16 帧,在此帧上创建关键帧。

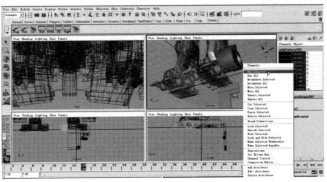

➡　首先在物体通道栏中按住鼠标左键进行拖拽,将鼠标置于 Translate X 上,从上到下按住鼠标左键不放进行拖拽,当鼠标拖拽到 Visibility 上时松开鼠标左键,完成选择,所选参数呈现黑色,如图。之后进行设置关键帧操作,鼠标放于选中的黑色参数项上,按住鼠标右键不放,此时弹出对话框,不要松开鼠标右键,将鼠标移动到 Key Selected 上,松开鼠标右键,完成创建关键帧的操作。

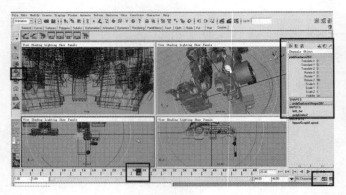

对象设置关键帧成功之后，通道框中参数项呈现红色。

在时间轴点选第 25 帧，在此帧上设置另一关键帧，在确保自动关键帧锁处于红色打开状态下点击旋转工具，如图所示将对象旋转，放置到合适位置。也可以使用旋转快捷键 E，对对象进行操作。如精确控制，可在 Rotate Z 参数栏中输入参数 90，将对象进行旋转。

此时物体对象在此帧下设置了关键帧。

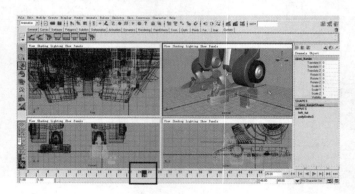

左键点击自定义快捷栏中刚才已经创建的 Hypergraph 超图窗口快捷键，调出 Hypergraph 超图窗口。

也可以手动操作点击 Window > Hypergraph，调出 Hypergraph 超图窗口。

视图中点击左脚连接部零件，在 Hypergraph 超图窗口中，按键盘 F 键，找到我们所需的左脚连接节点 zjiao_lianjie。

移动群组的中心点。

选择小臂群组节点，按键盘移动快捷键 W，之后按键盘 Insert 键，此时可以将该群组中心点进行移动。

将群组中心点移动到图中合适位置后点击键盘 Insert 键。

此时回到群组选择模式。

点击第 25 帧，准备在此帧上创建关键帧。

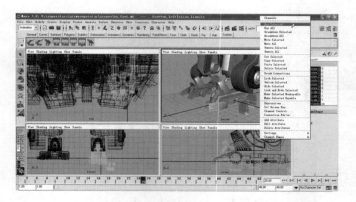

首先在物体通道栏中按住鼠标左键进行拖拽，将鼠标置于 Translate X 上，从上到下按住鼠标左键不放进行拖拽，鼠标拖拽到 Visibility 上时松开鼠标左键，完成选择，所选参数呈现黑色，如图。之后进行创建关键帧操作，鼠标放于选中的黑色参数项上，按住鼠标右键不放，此时弹出对话框，不要松开鼠标右键，将鼠标移动到 Key Selected 上，松开鼠标右键，完成创建关键帧的操作。

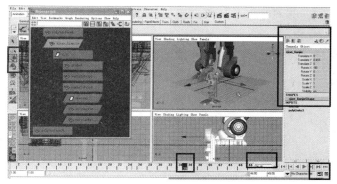

➡ 对象设置关键帧成功之后，通道框中参数项呈现红色。

在时间轴点选35帧，在此帧上设置另一关键帧，在确保自动关键帧锁处于红色打开状态下点击旋转工具，如图所示将对象旋转，放置到合适位置。也可以使用旋转快捷键 E，对对象进行操作。如精确控制，可在 Rotate X 参数栏中输入参数−90，将对象进行旋转。

此时物体对象在此帧下设置了关键帧，对象创建了动态效果。

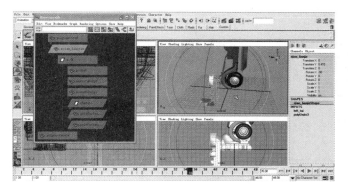

➡ 可将对象进行微调，在时间轴点选第35帧，在确保自动关键帧锁处于红色打开状态下点击移动工具，如图所示将对象移动微调。

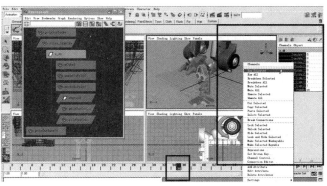

➡ 视图中点击脚底部零件，在 Hypergraph 超图窗口中，按键盘 F 键，找到并选中我们所需的左脚底部群组节点 z_di。

点击第35帧，准备在此帧上创建选中对象的关键帧。

首先在物体通道栏中按住鼠标左键自上而下进行拖拽，将变化所需的控制项拖拽成黑色状态，如图。之后将鼠标放于选中的黑色参数项上，按住鼠标右键不放弹出对话框，不松开鼠标右键的同时，将鼠标移动到 Key Selected 上，最后松开鼠标右键，完成创建关键帧的操作。

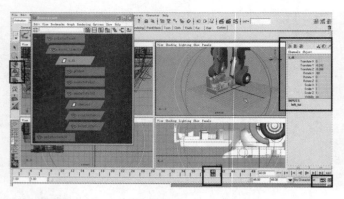

→   对象设置关键帧成功之后，通道框中参数项呈现红色。

在时间轴点选第 40 帧，在此帧上设置另一关键帧。在确保自动关键帧锁处于红色打开状态下点击旋转工具和移动工具，如图所示将对象旋转和进行移动，放置到合适位置。也可以使用旋转快捷键 E，移动快捷建 W 对对象进行操作。此时物体对象在此帧下设置了关键帧。

→   点击此处，将时间轴长度增加至 360 帧，便于我们进行整个变形动画的设置。

配合 Hypergraph 超图窗口中，选中整个擎天柱左脚部群组节点 foottop_left。

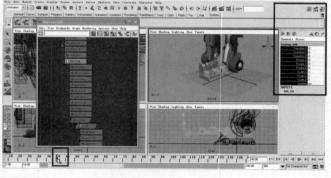

→   点击第 40 帧，准备在此帧上创建关键帧。

首先在物体通道栏中按住鼠标左键进行拖拽，将鼠标置于 Translate X 上，从上到下按住鼠标左键不放进行拖拽，鼠标拖拽到 Visibility 上时松开鼠标左键，完成选择，所选参数呈现黑色，如图。

→   之后进行设置关键帧操作，鼠标放于选中的黑色参数项上，按住鼠标右键不放，此时弹出对话框，不要松开鼠标右键，将鼠标移动到 Key Selected 上，松开鼠标右键，完成创建关键帧的操作。

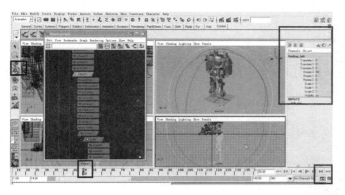

➡　对象设置关键帧成功之后,通道框中参数项呈现红色。

　　在时间轴点选 50 帧,在此帧上设置另一关键帧。在确保自动关键帧锁处于红色打开状态下点击旋转工具,如图所示将对象旋转,放置到合适位置。也可以使用旋转快捷键 E,对对象进行操作。如精确控制,可在 Rotate X 参数栏中输入参数 90,将对象进行旋转。

　　此时物体对象在此帧下设置了关键帧。

　　至此,擎天柱左脚动画全制作好。可以点击时间轴右侧动画播放按钮看动画效果。

　　提示:应养成制作完成一个对象动画后进行播放观看检查的习惯。

擎天柱左小腿变形动画

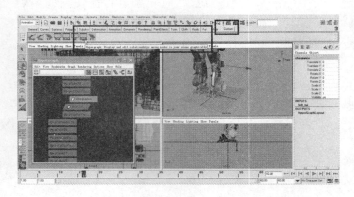

➡ 左键点击自定义快捷栏中刚才已经创建的 Hypergraph 超图窗口快捷键，调出 Hypergraph 超图窗口。

也可以手动操作点击 Window > Hypergraph，调出 Hypergraph 超图窗口。

视图中点选左侧小腿侧面零件，在 Hypergraph 超图窗口中，按键盘 F 键，找到我们选中的节点，之后点选左小腿车前侧面群组节点 cheqiance。

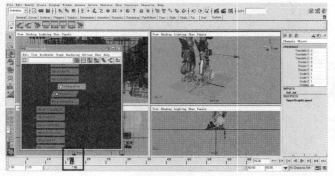

➡ 点击第 16 帧，准备在此帧上创建关键帧。

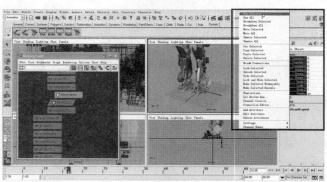

➡ 确保对象被选中情况下，首先在物体通道栏中按住鼠标左键自上而下进行拖拽，将变化所需的控制项拖拽成黑色状态，如图。之后将鼠标放于选中的黑色参数项上，按住鼠标右键不放弹出对话框，不松开鼠标右键的同时，将鼠标移动到 Key Selected 上，最后松开鼠标右键，完成创建关键帧的操作。

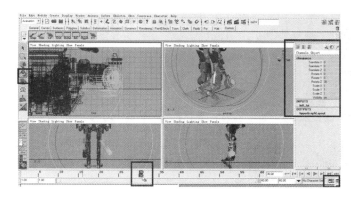

➡ 对象设置关键帧成功之后,通道框中参数项呈现红色。

在时间轴点选第 30 帧,在此帧上设置另一关键帧。在确保自动关键帧锁处于红色打开状态下点击旋转工具,如图所示将对象旋转,放置到合适位置。也可以使用旋转快捷键 E,对对象进行操作。如精确控制,可在 Rotate Z 参数栏中输入参数 30,将对象进行旋转。

此时物体对象在此帧下设置了关键帧,对象有了动画效果,可以点播放按钮查看。

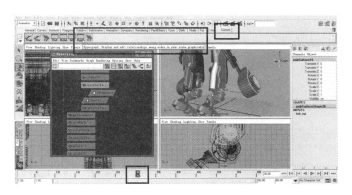

➡ 左键点击自定义快捷栏中刚才已经创建的 Hypergraph 超图窗口快捷键,调出 Hypergraph 超图窗口。

也可以手动操作点击 Window > Hypergraph,调出 Hypergraph 超图窗口。

点击第 30 帧,在此帧上比较容易选择到所需零件。

配合 Hypergraph 超图窗口中,选中车侧零件节点如图所示。按键盘 Insert 键,可用移动工具移动所选对象中心点,确保物体中心点位置在如图所示位置。最后点击键盘 Insert 键返回到物体选择模式。

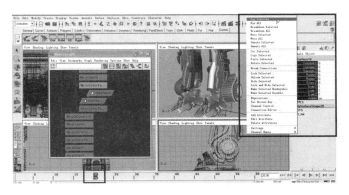

➡ 点击第 20 帧,准备在此帧上创建关键帧。

首先在物体通道栏中按住鼠标左键自上而下进行拖拽,将变化所需的控制项拖拽成黑色状态,如图。之后将鼠标放于选中的黑色参数项上,按住鼠标右键不放弹出对话框,不松开鼠标右键的同时,将鼠标移动到 Key Selected 上,最后松开鼠标右键,完成创建关键帧的操作。

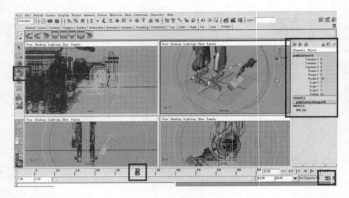

➡　对象设置关键帧成功之后,通道框中参数项呈现红色。

　　在时间轴点选第30帧,在此帧上设置另一关键帧。在确保自动关键帧锁处于红色打开状态下点击旋转工具,如图所示将对象旋转,放置到合适位置。也可以使用旋转快捷键 E,对对象进行操作。如精确控制,可在 Rotate Z 参数栏中输入参数60,将对象进行旋转。此时物体对象在此帧下设置了关键帧。

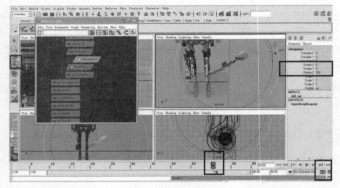

➡　在时间轴点选第50帧,在此帧上设置另一关键帧。在确保自动关键帧锁处于红色打开状态下点击旋转工具,如图所示将对象旋转,放置到合适位置。也可以使用旋转快捷键 E,对对象进行操作。如精确控制,可在 Rotate Z 参数栏中输入参数180,观察效果,将对象进行旋转。此时物体对象在此帧下设置了关键帧。

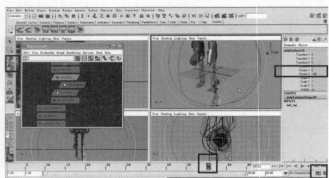

➡　在时间轴点选第50帧,在此帧上继续进行关键帧设置,在确保自动关键帧锁处于红色打开状态下点击旋转工具,如图所示将对象旋转,放置到合适位置。也可以使用旋转快捷键 E,对对象进行操作。如精确控制,可在 Rotate Z 参数栏中输入参数−180,将对象进行旋转。

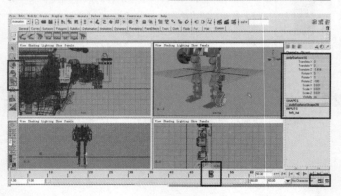

➡　在时间轴点选第50帧,在确保自动关键帧锁处于红色打开状态下在此帧上继续进行关键帧设置。点击缩放工具和移动工具,如图所示将对象缩小和进行移动,放置到合适位置。也可以使用缩放快捷键 R,移动快捷建 W 进行对对象进行操作。此时物体对象在此帧下设置了完整的关键帧,此对象有了完整的动画效果可以点播放按钮查看。

　　到此擎天柱小腿部车头左侧挡板变形制作好。

擎天柱双大腿变形动画

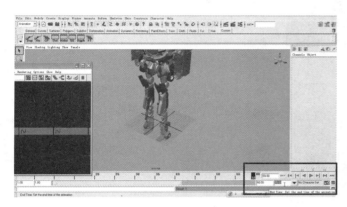

➡ 点击此处可以更改时间轴的总长度。此处是更改时间轴的结束点。

➡ 左键点击自定义快捷栏中刚才已经创建的 Hypergraph 超图窗口快捷键,调出 Hypergraph 超图窗口。

也可以手动操作点击 Window > Hypergraph,调出 Hypergraph 超图窗口。

视图中点击大腿部零件,在 Hypergraph 超图窗口中,按键盘 F 键,找到我们选中的节点,之后点选控制整个左大腿的 locator 节点 leg_kong_L。

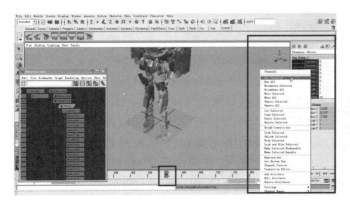

➡ 点击第 55 帧,准备在此帧上创建关键帧。

首先在物体通道栏中按住鼠标左键自上而下进行拖拽,将变化所需的控制项拖拽成黑色状态,如图。之后将鼠标放于选中的黑色参数项上,按住鼠标右键不放弹出对话框,不松开鼠标右键的同时,将鼠标移动到 Key Selected 上,最后松开鼠标右键,完成创建关键帧的操作。

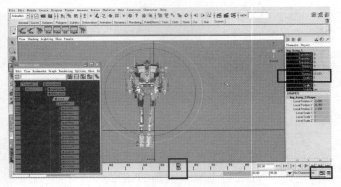

➡ 在时间轴点选第 60 帧,在此帧上设置另一关键帧,在确保自动关键帧锁处于红色打开状态下点击旋转工具,如图所示将对象旋转,放置到合适位置。也可以使用旋转快捷键 E,对对象进行操作。如精确控制,可在 Rotate Z 参数栏中输入参数 −6.163,将对象进行旋转。

此时物体对象在此帧下设置了关键帧。

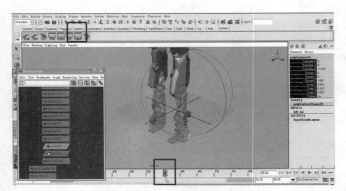

➡ 配合 Hypergraph 超图窗口中,选中左腿车头部车侧零件如图所示。

点击第 55 帧,准备在此帧上创建关键帧。

➡ 首先在物体通道栏中按住鼠标左键自上而下进行拖拽,将变化所需的控制项拖拽成黑色状态,如图。之后将鼠标放于选中的黑色参数项上,按住鼠标右键不放弹出对话框,不松开鼠标右键的同时,将鼠标移动到 Key Selected 上,最后松开鼠标右键,完成创建关键帧的操作。

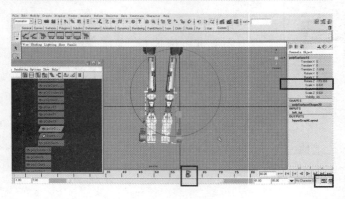

➡ 在时间轴点选第 60 帧,在此帧上设置另一关键帧,在确保自动关键帧锁处于红色打开状态下点击旋转工具,如图所示将对象旋转,放置到合适位置。也可以使用旋转快捷键 E,对对象进行操作。如精确控制,可在 Rotate Z 参数栏中输入参数 −173.303,将对象进行旋转。

此时物体对象在此帧下设置了关键帧,对象有了动画效果,可以点播放按钮查看。

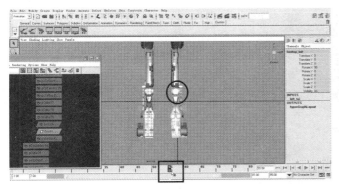

➡　配合 Hypergraph 超图窗口中，选中左脚群组节点 foottop_left 如图所示。

　　点击第 55 帧，准备将此时选中的对象在此帧上创建关键帧。

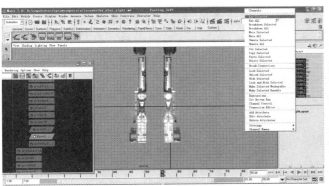

➡　首先在物体通道栏中按住鼠标左键自上而下进行拖拽，将变化所需的控制项拖拽成黑色状态，如图。之后将鼠标放于选中的黑色参数项上，按住鼠标右键不放弹出对话框，不松开鼠标右键的同时，将鼠标移动到 Key Selected 上，最后松开鼠标右键，完成创建关键帧的操作。

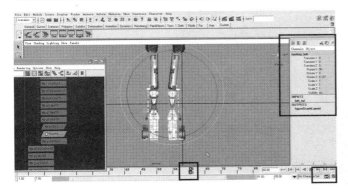

➡　注意：时间轴中红色的标点表示物体对象之前设置关键帧位置。对象设置关键帧成功之后，通道框中参数项呈现红色。

　　在时间轴点选第 60 帧，在此帧上设置另一关键帧，在确保自动关键帧锁处于红色打开状态下点击旋转工具，如图所示将对象旋转，放置到合适位置。也可以使用旋转快捷键 E，对对象进行操作。如精确控制，可在 Rotate Z 参数栏中输入参数 6.127，将对象进行旋转。此时物体对象在此帧下设置了关键帧。

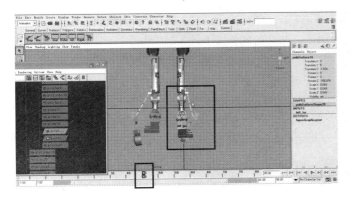

➡　在时间轴点选第 45 帧，发觉左侧车头侧挡板变形形态不对劲，点选车头侧面挡板零件，如图中箭头所示，将选中对象在第 45 帧设置关键帧。

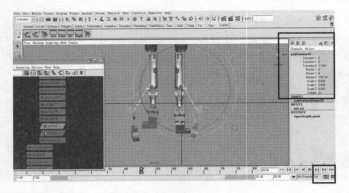

➡　在确保自动关键帧锁处于红色打开状态下点击旋转工具，如图所示将对象旋转，放置到合适位置。如精确控制，可在 Rotate Z 参数栏中输入参数−153.14，将对象进行旋转。

　　此时物体对象在此帧下设置了关键帧。

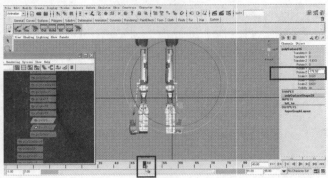

➡　在时间轴点选第 49 帧，在此帧上设置另一关键帧，在确保自动关键帧锁处于红色打开状态下点击旋转工具，如图所示将对象旋转，放置到合适位置。也可以使用旋转快捷键 E，对对象进行操作。如精确控制，可在 Rotate Z 参数栏中输入参数−176.58，将对象进行旋转。此时物体对象在此帧下设置了关键帧。

　　此时擎天柱左大腿变形动画设置完成。对象有了动画效果，可以点播放按钮查看。

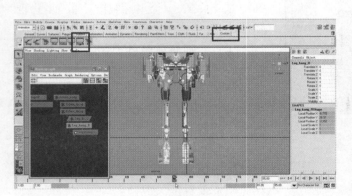

➡　左键点击自定义快捷栏中刚才已经创建的 Hypergraph 超图窗口快捷键，调出 Hypergraph 超图窗口。

　　也可以手动操作点击 Window > Hypergraph，调出 Hypergraph 超图窗口。

　　视图中点击擎天柱右大腿部零件，在 Hypergraph 超图窗口中，按键盘 F 键，找到我们选中的节点，之后点选控制整个右大腿的 locator 节点 leg_kong_R。

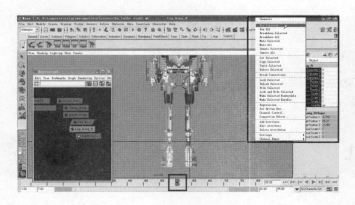

➡　点击第 55 帧，准备将此时选中的对象在此帧上创建关键帧。

　　首先在物体通道栏中按住鼠标左键自上而下进行拖拽，将变化所需的控制项拖拽成黑色状态，如图。之后将鼠标放于选中的黑色参数项上，按住鼠标右键不放弹出对话框，不松开鼠标右键的同时，将鼠标移动到 Key Selected 上，最后松开鼠标右键，完成创建关键帧的操作。

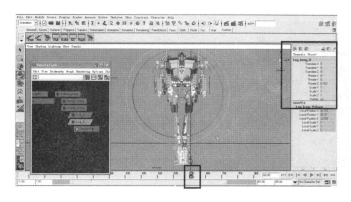

→　对象设置关键帧成功之后,通道框中参数项呈现红色。

在时间轴点选第 60 帧,在此帧上设置另一关键帧,在确保自动关键帧锁处于红色打开状态下点击旋转工具,如图所示将对象旋转,放置到合适位置。也可以使用旋转快捷键 E,对对象进行操作。如精确控制,可在 Rotate Z 参数栏中输入参数 6.163,将对象进行旋转。此时物体对象在此帧下设置了关键帧。

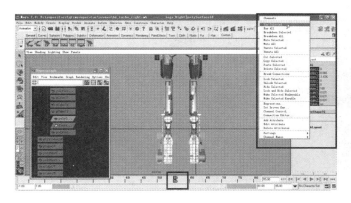

→　配合 Hypergraph 超图窗口中,选中右腿车头部车侧零件如图所示。

点击第 55 帧,准备在此帧上创建关键帧。首先在物体通道栏中按住鼠标左键自上而下进行拖拽,将变化所需的控制项拖拽成黑色状态,如图。之后将鼠标放于选中的黑色参数项上,按住鼠标右键不放弹出对话框,不松开鼠标右键的同时,将鼠标移动到 Key Selected 上,最后松开鼠标右键,完成创建关键帧的操作。

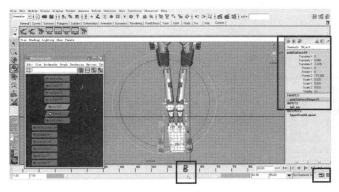

→　在时间轴点选第 60 帧,在此帧上设置另一关键帧,在确保自动关键帧锁处于红色打开状态下点击旋转工具,如图所示将对象旋转,放置到合适位置。也可以使用旋转快捷键 E,对对象进行操作。如精确控制,可在 Rotate Z 参数栏中输入参数 173.303,将对象进行旋转。

此时物体对象在此帧下设置了关键帧。

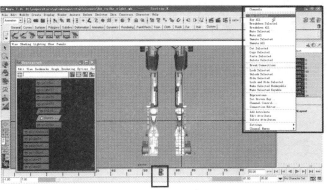

→　配合 Hypergraph 超图窗口中,选中右脚群组节点 foottop_R 如图所示。

点击第 55 帧,准备将此时选中的对象在此帧上创建关键帧。

首先在物体通道栏中按住鼠标左键自上而下进行拖拽,将变化所需的控制项拖拽成黑色状态,如图。之后将鼠标放于选中的黑色参数项上,按住鼠标右键不放弹出对话框,不松开鼠标右键的同时,将鼠标移动到 Key Selected 上,最后松开鼠标右键,完成创建关键帧的操作。

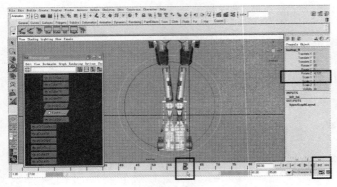

➡　在时间轴点选第 60 帧，在此帧上设置另一关键帧，在确保自动关键帧锁处于红色打开状态下点击旋转工具，如图所示将对象旋转，放置到合适位置。也可以使用旋转快捷键 E，对对象进行操作。如精确控制，可在 Rotate Z 参数栏中输入参数 −6.127，将对象进行旋转。

此时物体对象在此帧下设置了关键帧。

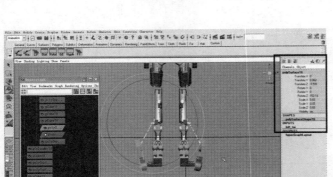

➡　在时间轴点选第 45 帧，发觉左侧车头侧挡板变形形态不对劲，点选车头侧面挡板零件，如图中箭头所示，将选中对象在第 45 帧设置关键帧。

在确保自动关键帧锁处于红色打开状态下点击旋转工具，如图所示将对象旋转，放置到合适位置。如精确控制，可在 Rotate Z 参数栏中输入参数 152.14，将对象进行旋转。

此时物体对象在此帧下设置了关键帧。

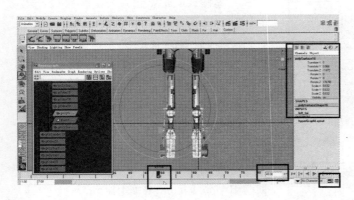

➡　在时间轴点选第 49 帧，在此帧上设置另一关键帧，在确保自动关键帧锁处于红色打开状态在点击旋转工具，如图所示将对象旋转，放置到合适位置。也可以使用旋转快捷键 E，对对象进行操作。如精确控制，可在 Rotate Z 参数栏中输入参数 176.58，将对象进行旋转。

此时物体对象在此帧下设置了关键帧。

此时擎天柱右大腿变形动画设置完成。动画效果可以点播放按钮查看。

至此擎天柱大腿变形全制作好。

第2章 擎天柱腰部、挡泥瓦、窗户及头部的变形和制作

　　本章由擎天柱身体腰部变形动画、左侧后轮挡泥瓦变形动画、窗户开启变形动画、左车窗变形动画、头部变形动画等五个部分构成。主要讲述了关键帧动画的设置方式,介绍了关键帧动画旋转零件、移动零件的设置方式方法,实现了将大量的零件变形放置到合适的位置,这些对掌握物体动画位置训练很有益处。

　　此外,本章还介绍了如何结合 Hypergraph 超图窗口,在众多零件中准确选中我们所需要的零件物体的方法。这种在数量庞大零件场景中快速设置所需物体动画的技巧,对动画设置效率的提升很有帮助。

擎天柱腰部变形动画

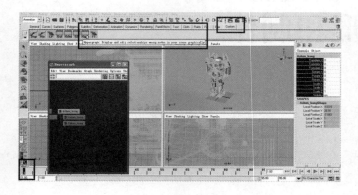

→ 左键点击自定义快捷栏中刚才已经创建的 Hypergraph 超图窗口快捷键,调出 Hypergraph 超图窗口。

也可以手动操作点击 Window > Hypergraph,调出 Hypergraph 超图窗口。

配合 Hypergraph 超图窗口选中控制擎天柱整个身体的 locator 的节点 Ashen_kong。

点击第 1 帧,准备将此时选中的对象在此帧上创建关键帧。

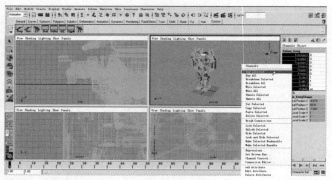

→ 首先在物体通道栏中按住鼠标左键自上而下进行拖拽,将变化所需的控制项拖拽成黑色状态,如图。之后将鼠标放于选中的黑色参数项上,按住鼠标右键不放弹出对话框,不松开鼠标右键的同时,将鼠标移动到 Key Selected 上,最后松开鼠标右键,完成创建关键帧的操作。

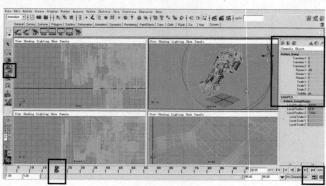

→ 对象设置关键帧成功之后,通道框中参数项呈现红色。

在时间轴点选第 20 帧,将所选对象在此帧上设置另一关键帧,在确保自动关键帧锁处于红色打开状态下点击旋转工具,如图所示将对象旋转,放置到合适位置。也可以使用旋转快捷键 E,对对象进行操作。如精确控制,可在 Rotate X 参数栏中输入参数-45,将对象进行旋转。

此时物体对象在此帧下设置了关键帧。

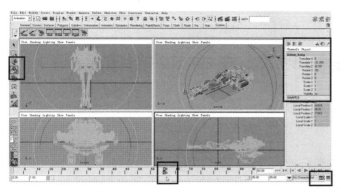

➡️　在时间轴点选第 60 帧，将所选对象在此帧上设置另一关键帧，在确保自动关键帧锁处于红色打开状态下点击缩放工具、旋转工具和移动工具，如图所示将对象缩小、旋转和进行移动，放置到合适位置。也可以使用缩放快捷键 R，旋转快捷键 E，移动快捷建 W 对对象进行操作。如精确控制，可在 Rotate X 参数栏中输入参数 -90，将对象进行旋转。

　　此时物体对象在此帧下设置了关键帧。

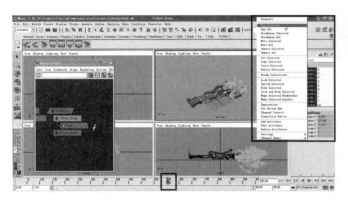

➡️　配合 Hypergraph 超图窗口中，选中控制擎天柱上半身的 locator 节点 Sshen_kong，如图所示。

　　点击第 60 帧，准备将此时选中的对象在此帧上创建关键帧。

　　首先在物体通道栏中按住鼠标左键自上而下进行拖拽，将变化所需的控制项拖拽成黑色状态，如图。之后将鼠标放于选中的黑色参数项上，按住鼠标右键不放弹出对话框，不松开鼠标右键的同时，将鼠标移动到 Key Selected 上，最后松开鼠标右键，完成创建关键帧的操作。

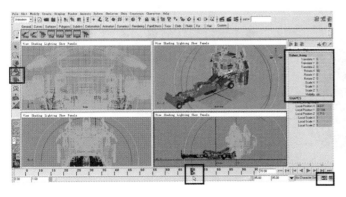

➡️　在时间轴点选第 70 帧，将所选对象在此帧上设置另一关键帧，在确保自动关键帧锁处于红色打开状态下点击旋转工具，如图所示将对象旋转，放置到合适位置。也可以使用旋转快捷键 E，对对象进行操作。如精确控制，可在 Rotate X 参数栏中输入参数 90，将对象进行旋转。

　　此时物体对象在此帧下设置了关键帧，擎天柱躯干腰部变形动画制作好。

擎天柱左侧后轮挡泥瓦变形动画

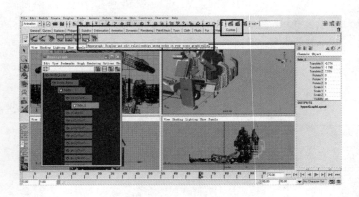

➡　左键点击自定义快捷栏中刚才已经创建的 Hypergraph 超图窗口快捷键,调出 Hypergraph 超图窗口。

也可以手动操作点击 Window > Hypergraph,调出 Hypergraph 超图窗口。

视图中点击左侧后档泥瓦零件,在 Hypergraph 超图窗口中,按键盘 F 键,找到我们选中的节点,之后点选整个后挡泥瓦群组节点 hdn_L。

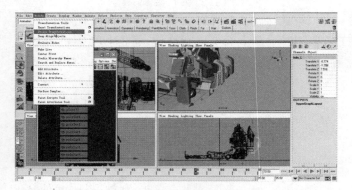

➡　点击 Modify>Freeze Transformations,将此群组所处位置的位移、缩放、旋转参数设置成 0。

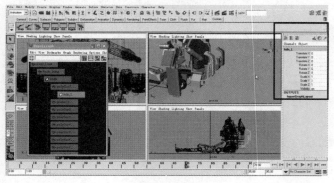

➡　执行操作后可以看到,群组当前所处位置的位移、缩放、旋转参数都变为 0。

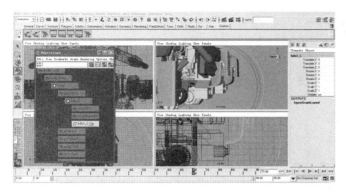

➡　配合 Hypergraph 超图窗口,选中后档泥瓦瓦片零件群组节点 hdn1 _L,如图所示。

➡　后档泥瓦瓦片零件群组 hdn1_L。

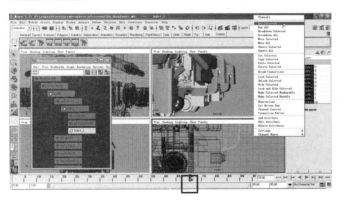

➡　点击第 70 帧,准备将此时选中的对象在此帧上创建关键帧。

首先在物体通道栏中按住鼠标左键自上而下进行拖拽,将变化所需的控制项拖拽成黑色状态,如图。之后将鼠标放于选中的黑色参数项上,按住鼠标右键不放弹出对话框,不松开鼠标右键的同时,将鼠标移动到 Key Selected 上,最后松开鼠标右键,完成创建关键帧的操作。

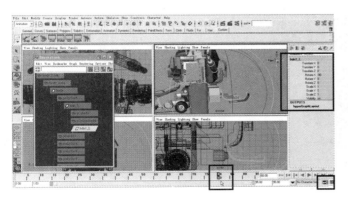

➡　对象设置关键帧成功之后,通道框中参数项呈现红色。

在时间轴点选第 80 帧,将所选对象在此帧上设置另一关键帧,在确保自动关键帧锁处于红色打开状态下点击旋转工具,如图所示将对象旋转,放置到合适位置。也可以使用旋转快捷键 E,对对象进行操作。如精确控制,可在 Rotate X 参数栏中输入参数-90,将对象进行旋转。

此时物体对象在此帧下设置了关键帧。对象有了动画效果,可以点播放按钮查看。

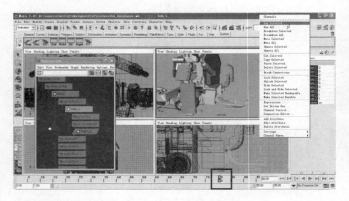

➡ 在 Hypergraph 超图窗口中,点选整个后挡泥瓦群组节点 hdn_L。

点击第 80 帧,准备将此时选中的对象在此帧上创建关键帧。

首先在物体通道栏中按住鼠标左键自上而下进行拖拽,将变化所需的控制项拖拽成黑色状态,如图。之后将鼠标放于选中的黑色参数项上,按住鼠标右键不放弹出对话框,不松开鼠标右键的同时,将鼠标移动到 Key Selected 上,最后松开鼠标右键,完成创建关键帧的操作。

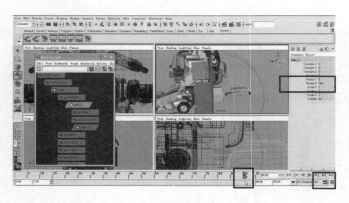

➡ 对象设置关键帧成功之后,通道框中参数项呈现红色。

在时间轴点选第 90 帧,将所选对象在此帧上设置另一关键帧,在确保自动关键帧锁处于红色打开状态下点击旋转工具,如图所示将对象旋转,放置到合适位置。也可以使用旋转快捷键 E,对对象进行操作。如精确控制,可在 Rotate Z 参数栏中输入参数 180,将对象进行旋转。

此时物体对象在此帧下设置了关键帧。

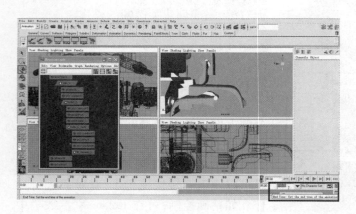

➡ 点击此处输入 150,扩充时间轴长度,将时间轴结束地点往后推移。

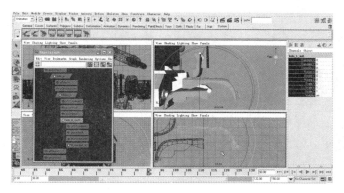

➡️ 配合 Hypergraph 超图窗口中，点选左侧<后半截挡泥瓦与连接体>群组节点 hdn _L_left。

➡️ 擎天柱左侧<后半截挡泥瓦与连接体>群组节点 hdn_L_left。

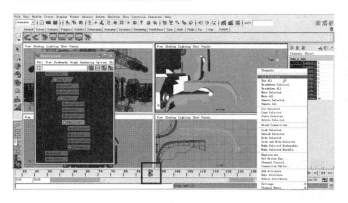

➡️ 点击第 90 帧，准备将此时选中的对象在此帧上创建关键帧。

首先在物体通道栏中按住鼠标左键自上而下进行拖拽，将变化所需的控制项拖拽成黑色状态，如图。之后将鼠标放于选中的黑色参数项上，按住鼠标右键不放弹出对话框，不松开鼠标右键的同时，将鼠标移动到 Key Selected 上，最后松开鼠标右键，完成创建关键帧的操作。

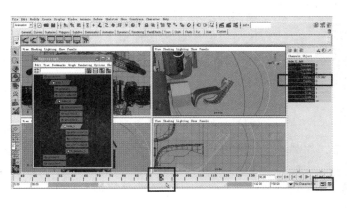

➡️ 对象设置关键帧成功之后，通道框中参数项呈现红色。

在时间轴点选第 95 帧，将所选对象在此帧上设置另一关键帧，在确保自动关键帧锁处于红色打开状态下点击旋转工具，如图所示将对象旋转，放置到合适位置。也可以使用旋转快捷键 E，对对象进行操作。如精确控制，可在 Rotate X 参数栏中输入参数 127.382，将对象进行旋转。

此时物体对象在此帧下设置了关键帧。

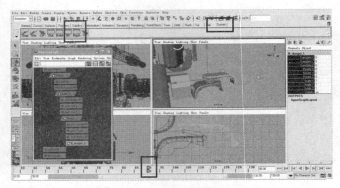

➡ 配合 Hypergraph 超图窗口中，点选左侧＜后半截挡泥瓦瓦片＞群组节点 H_dangni_L。

点击第 90 帧，准备将此时选中的对象在此帧上创建关键帧。

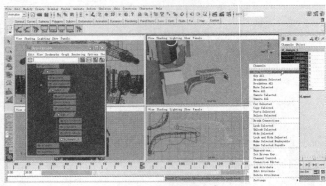

➡ 首先在物体通道栏中按住鼠标左键自上而下进行拖拽，将变化所需的控制项拖拽成黑色状态，如图。之后将鼠标放于选中的黑色参数项上，按住鼠标右键不放弹出对话框，不松开鼠标右键的同时，将鼠标移动到 Key Selected 上，最后松开鼠标右键，完成创建关键帧的操作。

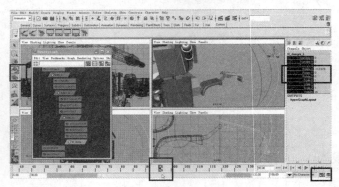

➡ 对象设置关键帧成功之后，通道框中参数项呈现红色。

在时间轴点选第 95 帧，将所选对象在此帧上设置另一关键帧，在确保自动关键帧锁处于红色打开状态下点击旋转工具，如图所示将对象旋转，放置到合适位置。也可以使用旋转快捷键 E，对对象进行操作。此时物体对象在此帧下设置了关键帧。

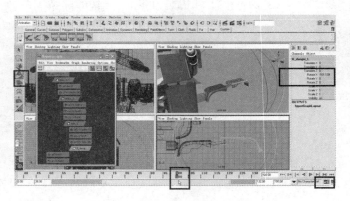

➡ 继续在时间轴点选第 100 帧，将所选对象在此帧上设置另一关键帧，在确保自动关键帧锁处于红色打开状态下点击旋转工具，如图所示将对象旋转，放置到合适位置。也可以使用旋转快捷键 E，对对象进行操作。此时物体对象在此帧下设置了关键帧。

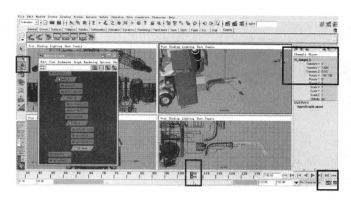

➡️　最后在时间轴点选第 105 帧,在此帧上设置另一关键帧,在确保自动关键帧锁处于红色打开状态下点击移动工具,如图所示将选中对象进行移动,放置到合适位置。也可以使用移动快捷建 W,对对象进行操作。此时物体对象在此帧下设置了关键帧,此时后档泥瓦瓦片变形动画制作完成,对象有了动画效果,可以点播放按钮查看。

　　到此擎天柱左侧后档泥瓦整体动画变形制作好。

　　擎天柱右侧后档泥瓦动画变形方式与此相同,不再单独介绍,请观者自己操作制作出来。

擎天柱窗户开启变形动画

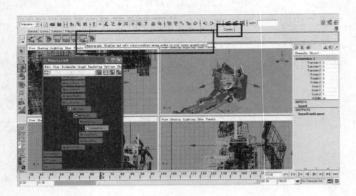

➡ 左键点击自定义快捷栏中刚才已经创建的 Hypergraph 超图窗口快捷键，调出 Hypergraph 超图窗口。

也可以手动操作点击 Window > Hypergraph，调出 Hypergraph 超图窗口。

视图中点击擎天柱驾驶室车窗零件，在 Hypergraph 超图窗口中，按键盘 F 键，找到我们选中的节点，之后点选前车窗群组节点 qianwindow_L，如图所示。

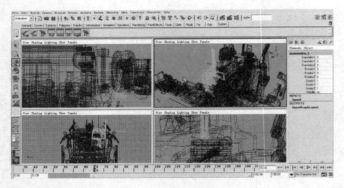

➡ 移动群组的中心点。

选择小臂群组节点，按键盘移动快捷键 W，之后按键盘 Insert 键，此时可以将该群组中心点进行移动。

将群组中心点移动到图中合适位置后点击键盘 Insert 键。

此时回到群组选择模式。

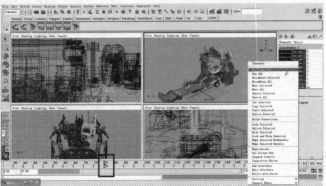

➡ 点击第 80 帧，准备将此时选中的对象在此帧上创建关键帧。

首先在物体通道栏中按住鼠标左键自上而下进行拖拽，将变化所需的控制项拖拽成黑色状态，如图。之后将鼠标放于选中的黑色参数项上，按住鼠标右键不放弹出对话框，不松开鼠标右键的同时，将鼠标移动到 Key Selected 上，最后松开鼠标右键，完成创建关键帧的操作。

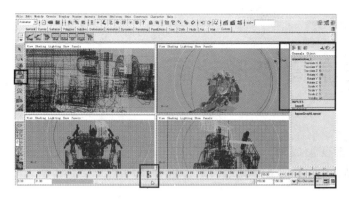

➡ 对象设置关键帧成功之后，通道框中参数项呈现红色。

在时间轴点选第 95 帧，将所选对象在此帧上设置另一关键帧，在确保自动关键帧锁处于红色打开状态下点击旋转工具，如图所示将对象旋转，放置到合适位置。也可以使用旋转快捷键 E，对对象进行操作。如精确控制，可在 Rotate X 参数栏中输入参数-95，将对象进行旋转。

此时物体对象在此帧下设置了关键帧。动画效果可以点播放按钮查看。

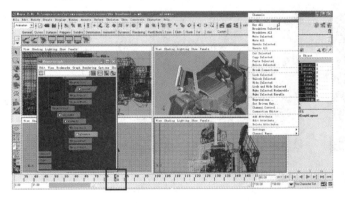

➡ 配合 Hypergraph 超图窗口中，选中前车窗群组节点 qianwin，如图所示。按键盘 Insert 键，可用移动工具移动所选对象中心点，确保物体中心点位置在如图所示位置。最后点击键盘 Insert 键返回到物体选择模式。

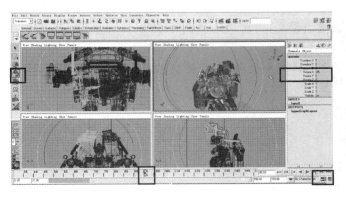

➡ 点击第 80 帧，准备将此时选中的对象在此帧上创建关键帧。

首先在物体通道栏中按住鼠标左键自上而下进行拖拽，将变化所需的控制项拖拽成黑色状态，如图。之后将鼠标放于选中的黑色参数项上，按住鼠标右键不放弹出对话框，不松开鼠标右键的同时，将鼠标移动到 Key Selected 上，最后松开鼠标右键，完成创建关键帧的操作。

➡ 对象设置关键帧成功之后，通道框中参数项呈现红色。

在时间轴点选第 95 帧，将所选对象在此帧上设置另一关键帧，在确保自动关键帧锁处于红色打开状态下点击旋转工具，如图所示将对象旋转，放置到合适位置。也可以使用旋转快捷键 E，对对象进行操作。如精确控制，可在 Rotate X 参数栏中输入参数-95，将对象进行旋转。此时物体对象在此帧下设置了关键帧。

至此，擎天柱车窗开启变形动画制作好。

擎天柱左车窗变形动画

　　本节将练习变形金刚人形态下的胸部车窗变形成为卡车状态的驾驶室,如下图所示。主要涉及两方面的动画变形:将一侧胸部的车窗旋转放下;将驾驶室外侧的窗户零件和侧门零件变形移动到卡车状态的车窗状态。效果如图所示。

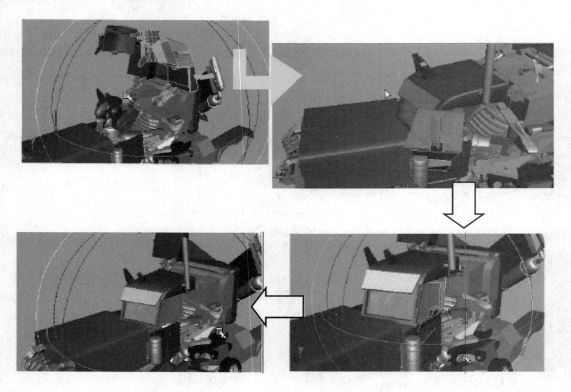

知识点

　　熟悉了解:创建关键帧的方法,自动记录关键帧设置,创建物体动画的方式,在 Hypergraph 超图窗口中快速找到零件的方法,调整和精确控制物体动画方法。

　　熟练掌握:创建关键帧的方法,物体动画的制作方式和制作流程,精确控制物体动态的方法。

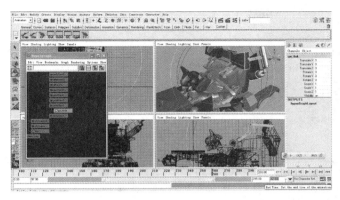

➡　将动画结束时间设置为 360 帧,这样可以增加整个变形动画的长度。

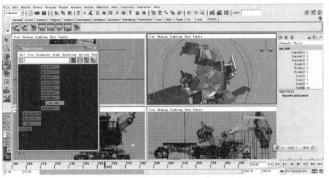

➡　左键点击自定义快捷栏中刚才已经创建的 Hypergraph 超图窗口快捷键,调出 Hypergraph 超图窗口。

也可以手动操作点击 Window > Hypergraph,调出 Hypergraph 超图窗口。

配合 Hypergraph 选中控制整个左车窗的连接零件群组节点 qw_link。

点击第 260 帧,准备将此时选中的对象在此帧上创建关键帧。

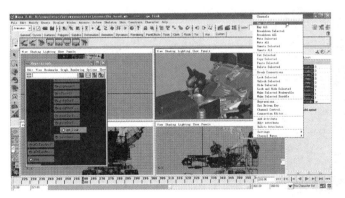

➡　首先在物体通道栏中按住鼠标左键自上而下进行拖拽,将变化所需的控制项拖拽成黑色状态,如图。之后将鼠标放于选中的黑色参数项上,按住鼠标右键不放,弹出对话框,不松开鼠标右键的同时,将鼠标移动到 Key Selected 上,最后松开鼠标右键,完成创建关键帧的操作。

对象设置关键帧成功之后,通道框中参数项呈现红色。

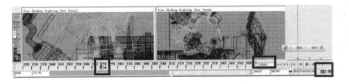

➡　在时间轴点选第 270 帧,将所选对象在此帧上设置另一关键帧,在确保自动关键帧锁处于红色打开状态下点击旋转工具,如图所示将对象旋转,放置到合适位置。也可以使用旋转快捷键 E,对对象进行操作。至此物体对象在此帧下设置了关键帧。

➡ 点击第 260 帧,回到第 260 帧。

➡ 配合 Hypergraph 选中整个左部前车窗零件群组节点 qianwindow_L。

点击第 260 帧,准备将此时选中的对象在此帧上创建关键帧。

➡ 首先在物体通道栏中按住鼠标左键自上而下进行拖拽,将变化所需的控制项拖拽成黑色状态,如图。之后将鼠标放于选中的黑色参数项上,按住鼠标右键不放弹出对话框,不松开鼠标右键的同时,将鼠标移动到 Key Selected 上,最后松开鼠标右键,完成创建关键帧的操作。

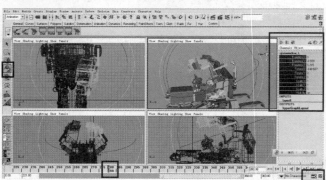

➡ 对象设置关键帧成功之后,通道框中参数项呈现红色。

在时间轴点选第 280 帧,将所选对象在此帧上设置另一关键帧,在确保自动关键帧锁处于红色打开状态下点击旋转工具,如图所示将对象旋转,放置到合适位置。

此时物体对象在此帧下设置了关键帧,对象有了动画效果,可以点播放按钮查看。

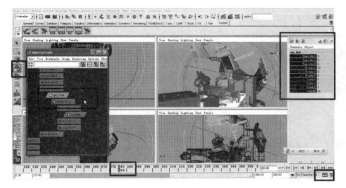

➡　配合 Hypergraph 选中控制整个左车窗的连接零件群组节点 qw_link。

点击第 280 帧，准备此物体的第 280 帧设为关键帧。

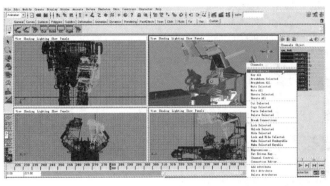

➡　首先在物体通道栏中按住鼠标左键自上而下进行拖拽，将变化所需的控制项拖拽成黑色状态，如图。之后将鼠标放于选中的黑色参数项上，按住鼠标右键不放弹出对话框，不松开鼠标右键的同时，将鼠标移动到 Key Selected 上，最后松开鼠标右键，完成创建关键帧的操作。

对象设置关键帧成功之后，此对象时间轴上第 280 帧呈现红色。

复习知识

物体在某一帧上位移或缩放变化后，右下角自动关键帧锁处于红色打开状态时，可将此帧变成关键帧。若某一帧上物体没有变化，要将此帧设置关键帧，需要我们进行手动设置。

关键帧可以起到有效控制对象的动画效果的作用。

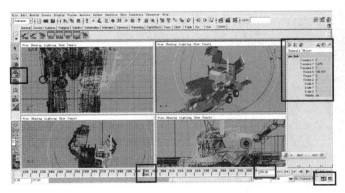

➡　在时间轴点选第 295 帧，将所选对象在此帧上设置另一关键帧，在确保自动关键帧锁处于红色打开状态下点击旋转工具，如图所示将对象旋转，放置到合适位置。此时物体对象在此帧下设置了关键帧。

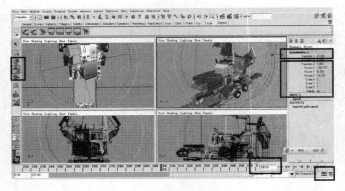

➡ 　配合 Hypergraph 选中整个左部前车窗零件群组节点 qianwindow_L。

　　在时间轴点选第 305 帧，将所选对象在此帧上设置另一关键帧，在确保自动关键帧锁处于红色打开状态下点击旋转工具，如图所示将对象移动和旋转，放置到合适位置。此时物体对象在此帧下设置了关键帧。

　　此对象动画效果可以点播放按钮查看。

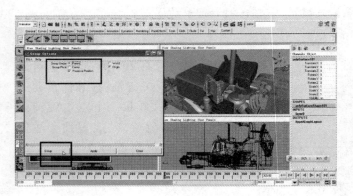

➡ 　使用 Hypergraph 超图窗口，可以在一个大场景中，很快找到所需的节点。

　　在视图中选中左侧窗户零件，将鼠标放在 Hypergraph 窗口中，按键盘 F 键，会扩展窗口以适应所有的显示物体，按 F 键，则 Hypergraph 窗口中将显示我们此时选中的节点对象。

　　配合 Hypergraph，在 Hypergraph 窗口中按住键盘 Shift 键的同时，选中左车窗所有零件。

➡ 　如图，从多个角度查看所需小臂零件，不要漏选和多选零件。

　　点击 Edit>Group 后的方框，进行群组操作，将选中的物体群组。

　　此时所要求生成的群组要在原来的大群组之下，所以在 GuoupUnder 下点选 Parent，此时生成的新的群组保留原来的层级父子关系。

　　在弹出的对话框中，进行参数设置，点击 Group，进行群组操作。

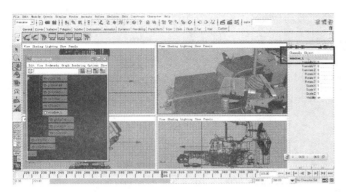

➡　点击此处将这个前车窗零件群组命名为 window_L。

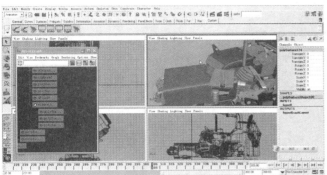

➡　点击左车窗下的车门零件。

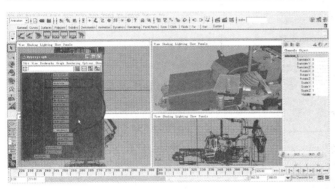

➡　将一个物体放入另一个群组中：在 Hypergraph 窗口中，将鼠标放在选中物体的节点之上，按住鼠标中键不放，将它拖拽到目标群组 Window_L 群组节点上，然后松开鼠标中键。此时选中物体已经被放入到目标群组中。

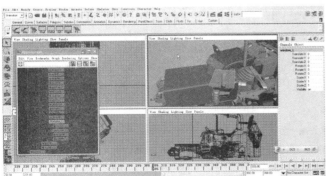

➡　在 Hypergraph 超图窗口中，选择 Window_L 群组节点，可以看到我们刚才选中的左车门零件也被选中了，左车门零件已经属于 Window_L 群组中。

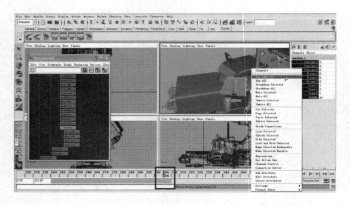

➡　点击第 305 帧,准备将此时选中的对象在此帧上创建关键帧。

首先在物体通道栏中按住鼠标左键自上而下进行拖拽,将变化所需的控制项拖拽成黑色状态,如图。之后将鼠标放于选中的黑色参数项上,按住鼠标右键不放弹出对话框,不松开鼠标右键的同时,将鼠标移动到 Key Selected 上,最后松开鼠标右键,完成创建关键帧的操作。

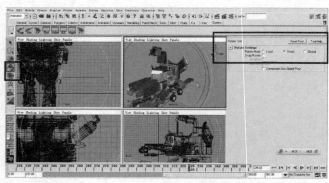

➡　双击旋转工具图标,在右侧通道栏中确认旋转设置 Rotate Settings,在旋转模式 Rotate Mode 中,选中 World 模式(世界模式旋转方式)。

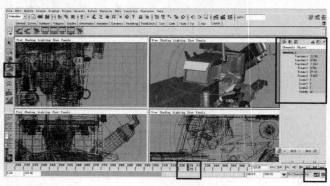

➡　对象设置关键帧成功之后,通道框中参数项呈现红色。

在时间轴点选第 325 帧,将所选对象在此帧上设置另一关键帧,在确保自动关键帧锁处于红色打开状态下点击旋转工具,如图所示将对象旋转,放置到合适位置。此时物体对象在此帧下设置了关键帧。

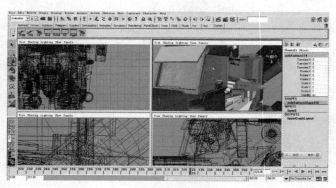

➡　移动物体的中心点。

选择左车门零件,按键盘移动快捷键 W,之后按键盘 Insert 键,此时可以将该物体中心点进行移动。

将物体中心点移动到图中合适位置后点击键盘 Insert 键。

此时回到物体选择模式。

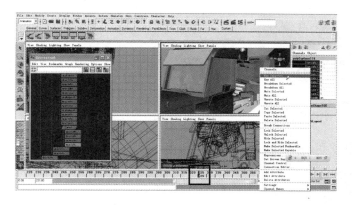

➡️　点击第 325 帧，准备将此时选中的对象在此帧上创建关键帧。

首先在物体通道栏中按住鼠标左键自上而下进行拖拽，将变化所需的控制项拖拽成黑色状态，如图。之后将鼠标放于选中的黑色参数项上，按住鼠标右键不放，弹出对话框，不松开鼠标右键的同时，将鼠标移动到 Key Selected 上，最后松开鼠标右键，完成创建关键帧的操作。

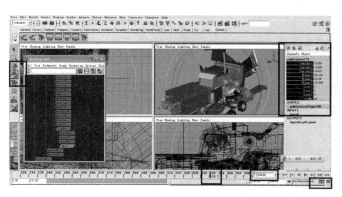

➡️　对象设置关键帧成功之后，通道框中参数项呈现红色。

在时间轴点选第 335 帧，将所选对象在此帧上设置另一关键帧，在确保自动关键帧锁处于红色打开状态下点击移动和旋转工具，如图所示将对象移动和旋转，放置到合适位置。此时物体对象在此帧下设置了关键帧。

擎天柱左车窗动画制作完成。

擎天柱头部变形动画

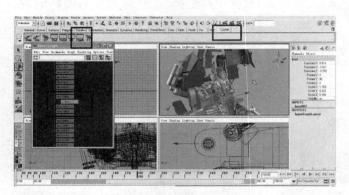

➡ 左键点击自定义快捷栏中刚才已经创建的 Hypergraph 超图窗口快捷键，调出 Hypergraph 超图窗口。

也可以手动操作点击 Window > Hypergraph，调出 Hypergraph 超图窗口。

配合 Hypergraph 选中脖子零件群组节点 bozi，如图。

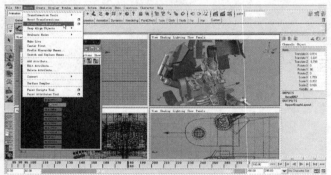

➡ 点击 Modify>Freeze Transformations，将此群组所处位置的位移、缩放、旋转参数设置成 0。

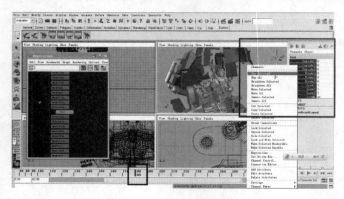

➡ 执行操作后可以看到，群组当前所处位置的位移、缩放、旋转参数都变为 0。

点击第 180 帧，准备将此时选中的对象在此帧上创建关键帧。

首先在物体通道栏中按住鼠标左键自上而下进行拖拽，将变化所需的控制项拖拽成黑色状态，如图。之后将鼠标放于选中的黑色参数项上，按住鼠标右键不放，弹出对话框，不松开鼠标右键的同时，将鼠标移动到 Key Selected 上，最后松开鼠标右键，完成创建关键帧的操作。

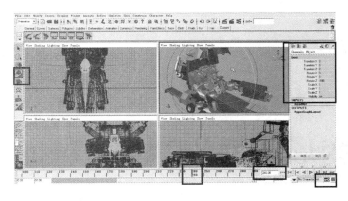

➡　对象设置关键帧成功之后，通道框中参数项呈现红色。

　　在时间轴点选第 240 帧，将所选对象在此帧上设置另一关键帧，在确保自动关键帧锁处于红色打开状态下点击旋转工具，如图所示将对象旋转，放置到合适位置。也可以使用旋转快捷键 E，对对象进行操作。如精确控制，可在 Rotate Z 参数栏中输入参数−185，将对象进行旋转。此时物体对象在此帧下设置了关键帧。

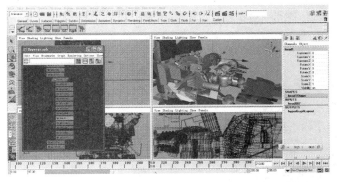

➡　配合 Hypergraph 选中控制整个头部零件群组节点 head1，如图。

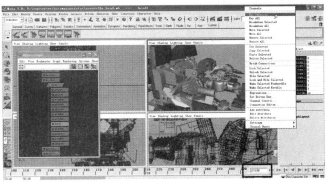

➡　点击第 210 帧，准备将此时选中的对象在此帧上创建关键帧。

　　首先在物体通道栏中按住鼠标左键自上而下进行拖拽，将变化所需的控制项拖拽成黑色状态，如图。之后将鼠标放于选中的黑色参数项上，按住鼠标右键不放，弹出对话框，不松开鼠标右键的同时，将鼠标移动到 Key Selected 上，最后松开鼠标右键，完成创建关键帧的操作。

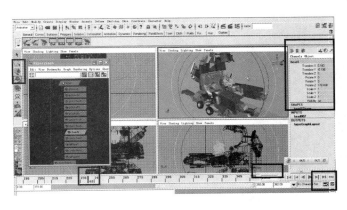

➡　对象设置关键帧成功之后，通道框中参数项呈现红色。

　　在时间轴点选第 240 帧，将所选对象在此帧上设置另一关键帧，在确保自动关键帧锁处于红色打开状态下点击移动和旋转工具，如图所示将对象移动和旋转，放置到合适位置。此时物体对象在此帧下设置了关键帧，对象有了动画效果，可以点播放按钮查看。

　　至此擎天柱脖子变形动画制作好。

第3章 擎天柱胳膊变形动画的制作

　　本章设计制作了变形金刚擎天柱胳膊零件的变形动画。在设置胳膊零件变形动画的过程中,由于胳膊零件很多,我们采取了几个步骤进行设置。首先,介绍了调整和增加零件动画附属关系方法,然后设置擎天柱左胳膊零件的变形动画,最后介绍微调零件的变形过程。

　　在知识点方面,介绍了增加零件附属关系的方法。在制作流程中,增加了更改物体关键帧设置的操作,细微控制动画的效果状态。在制作零件变形动画之后再点击播放按钮观察动画,如发现变化过程不甚满意,还介绍有通过细微调整对象的关键帧更改动画状态的设置方法。

擎天柱胳膊零件附属关系调整

➡　左键点击自定义快捷栏中刚才已经创建的 Hypergraph 超图窗口快捷键，调出 Hypergraph 超图窗口。

也可以手动操作点击 Window > Hypergraph，调出 Hypergraph 超图窗口。

使用 Hypergraph　超图窗口，可以在一个大场景中，很快找到所需的节点。

点选选中小臂零件的情况下，将鼠标放在 Hypergraph 窗口中，按键盘 F 键，会扩展窗口以适应所有的显示物体，按 F 键，则 Hypergraph 窗口中将显示我们此时选中的节点对象。

按住键盘 Shift 键，在 Hypergraph 超图窗口中点选多个小臂所需零件节点，如图所示。

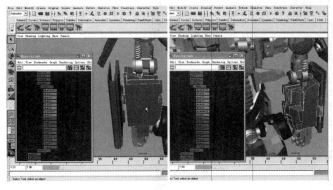

➡　如图，从多个角度查看所需小臂零件，不要漏选和多选零件。

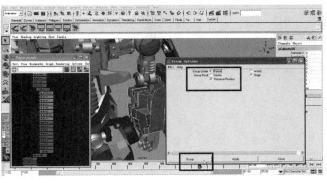

➡　按住键盘 Shift 键选中多个物体后，点击 Edit>Group 后的方框，进行设置，将选中的物体群组。

此时所要求生成的群组要在原来的大群组之下，所以在 Guoup Under 下点选 Parent，此时生成的新的群组仍保留原来的层级父子关系。

在弹出的对话框中，进行参数设置，点击 Group，进行群组操作。

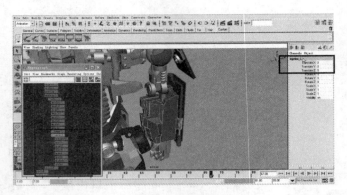

➡　可以在 Hypergraph 超图窗口中看到，此时生成的新的群组在原先群组之下，同时保留有原来的层级父子关系。

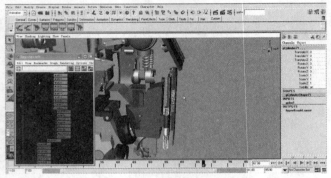

➡　配合 Hypergraph 超图窗口选中胳膊上的车头折叠发动机盖零件，按住键盘 Shift 键，在 Hypergraph 超图窗口中点选所有折叠发动机盖所需零件节点，如图所示。

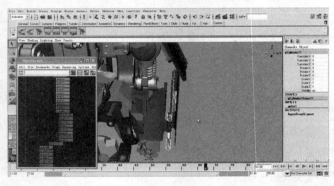

➡　如图，从其他角度查看所需小臂折叠发动机盖零件，不要漏选和多选零件。

➡　按住键盘 Shift 键选中多个所需物体后，点击 Edit>Group 后的方框进行设置，将选中的物体群组。

在弹出的对话框中，进行参数设置，此时所要求生成的群组要在原来的大群组之下，所以在 Guoup Under 下点选 Parent，此时生成的新的群组仍保留原来的层级父子关系。点击 Group，进行群组操作。

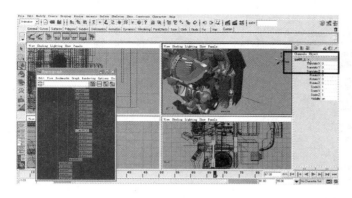

➡ 执行操作之后新的群组呈绿色。

点击此处将这个群组命名为 gai01_L。

移动群组的中心点。

选择小臂群组节点,按键盘移动快捷键 W,之后按键盘 Insert 键,此时可以将该群组中心点进行移动。

将群组中心点移动到合适位置,如图。

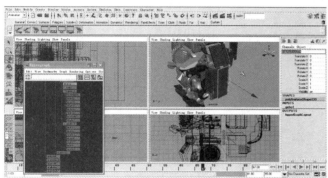

➡ 将群组中心点移动到图中合适位置后点击键盘 Insert 键。

此时回到群组选择模式。

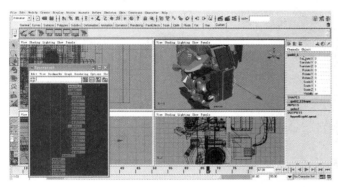

➡ 准备添加创建新的小臂发动机盖零件父子关系。

在视图中选中左胳膊小臂外的发动机盖外侧零件 gai02_L,如图,此节点作为子关系节点。

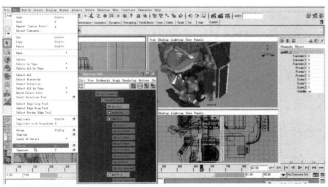

➡ 之后配合 Hypergraph,按住键盘 Shift 键的同时,左键选中小臂发动机盖群组节点 gai01_L。注意选择顺序,先选择的节点是作为子关系的节点,后选择的节点是作为父关系的节点。

点击 Edit>Parent,建立父子关系。也可以使用快捷键 P 将选中对象建立父子关系。

此时我们刚才选中的两个对象已经建立父子关系,可以在 Hypergraph 超图窗口中看到先选择的子关系对象已归属于后选择的父关系对象之下。

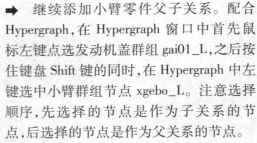

➡ 继续添加小臂零件父子关系。配合 Hypergraph，在 Hypergraph 窗口中首先鼠标左键点选发动机盖群组 gai01_L，之后按住键盘 Shift 键的同时，在 Hypergraph 中左键选中小臂群组节点 xgebo_L。注意选择顺序，先选择的节点是作为子关系的节点，后选择的节点是作为父关系的节点。

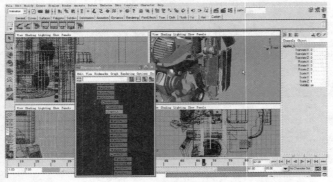

➡ 点击 Edit>Parent，建立父子关系。也可以使用快捷键（键盘 P 键）将选中对象建立父子关系。

此时我们刚才选中的两个对象已经建立父子关系，可以在 Hypergraph 超图窗口选中左小臂 xgebo_L 群组节点时，发动机盖零件群组也被关联选中。

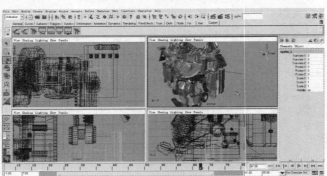

➡ 移动群组的中心点。

选择小臂群组节点，按键盘移动快捷键 W，之后按键盘 Insert 键，此时可以将该群组中心点进行移动。

将群组中心点移动到图中合适位置后点击键盘 Insert 键。

此时回到群组选择模式。

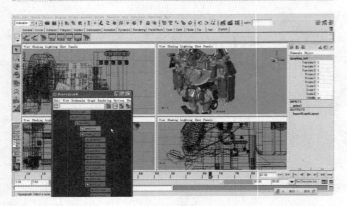

➡ 继续添加拳头零件和小臂零件的父子关系。配合 Hypergraph，在 Hypergraph 窗口中首先鼠标左键点选左拳头群组 quantou_left。

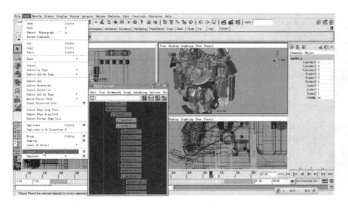

➡　之后按住键盘 Shift 键的同时，在
Hypergraph 中左键选中小臂群组节点
xgebo_L。注意选择顺序，先选择的节点是
作为子关系的节点，后选择的节点是作为
父关系的节点。

　　点击 Edit>Parent，建立父子关系。也
可以使用快捷键（键盘 P 键）将选中对象
建立父子关系。

　　此时我们刚才选中的两个对象已经
建立父子关系，可以在 Hypergraph 超图窗
口选中左小臂 xgebo_L 群组节点时，左拳
头零件群组也被关联选中。此时左小臂
零件父子关系归属好。

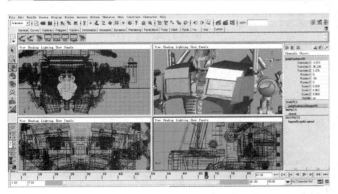

➡　配合使用 Hypergraph 选中擎天柱左
挡风玻璃连接处零件群组 qw_Link。

　　移动该群组的中心点，按键盘移动快
捷键 W，之后按键盘 Insert 键，此时可以将
该群组中心点进行移动。

　　将群组中心点移动到图中合适位置
后点击键盘 Insert 键。

　　此时回到群组选择模式。

➡　配合 Hypergraph 选中擎天柱脖子连
接处零件，如图所示。

　　移动该群组的中心点，按键盘移动快
捷键 W，之后按键盘 Insert 键，此时可以将
该群组中心点进行移动。

　　将群组中心点移动到合适位置，
如图。

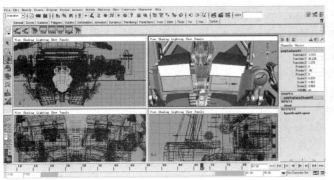

➡　将群组中心点移动到图中合适位置
后点击键盘 Insert 键。

　　此时回到群组选择模式。

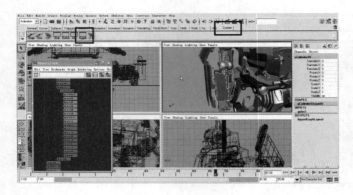

➡ 左键点击自定义快捷栏中刚才已经创建的 Hypergraph 超图窗口快捷键，调出 Hypergraph 超图窗口。

也可以手动操作点击 Window > Hypergraph，调出 Hypergraph 超图窗口。

使用 Hypergraph 超图窗口，可以在一个大场景中，很快找到所需的节点。

在点选选中擎天柱右小臂零件的情况下，将鼠标放在 Hypergraph 窗口中，按键盘 F 键，窗口会扩展以适应所有的显示物体，按 F 键，则 Hypergraph 窗口中将显示我们此时选中的节点对象。

按住键盘 Shift 键，在 Hypergraph 超图窗口中点选多个右小臂所需零件节点，如图所示。

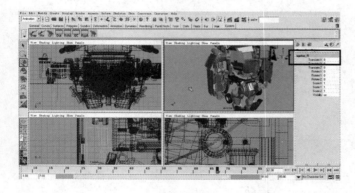

➡ 按住键盘 Shift 键选中多个所需物体后，点击 Edit > Group 后的方框进行设置，将选中的物体群组。

此时生成的群组要在原来的大群组之下，所以在 Guoup Under 下点选 Parent，此时生成的新的群组保留原来的层级父子关系。

在弹出的对话框中，进行参数设置，点击 Group 进行群组操作。

可以在 Hypergraph 超图窗口中看，到此时生成的新的群组在原先群组之下，同时保留有原来的层级父子关系。

点击此处将这个群组命名为 xgebo_R。

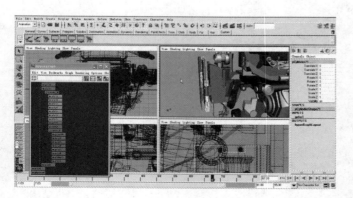

➡ 配合使用 Hypergraph 超图窗口，选中右侧胳膊上的车头折叠发动机盖零件。按住键盘 Shift 键，在 Hypergraph 超图窗口中点选多个折叠发动机盖所需零件节点，如图所示。

➡　按住键盘 Shift 键选中多个所需物体后，点击 Edit>Group 后的方框进行设置，将选中的物体群组。

在弹出的对话框中，进行参数设置，此时生成的群组要在原来的大群组之下，所以要在 Guoup Under 下点选 Parent，此时生成的新的群组保留原来的层级父子关系。点击 Group，进行群组操作。

执行操作之后新的群组呈现绿色。

点击此处将这个群组命名为 gai01_R。

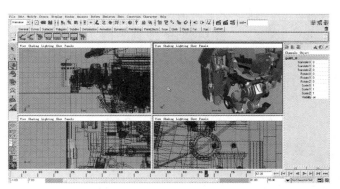

➡　移动群组的中心点。

选择小臂群组节点，按键盘移动快捷键 W，再按键盘 Insert 键，此时可以将该群组中心点进行移动。

将群组中心点移动到图中合适位置后点击键盘 Insert 键。

此时回到群组选择模式。

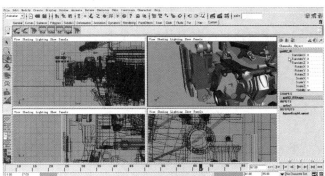

➡　准备添加创建新的右小臂发动机盖零件父子关系。

在视图中选中右胳膊小臂外的发动机盖外侧零件 gai02_R，如图，此节点作为子关系节点。

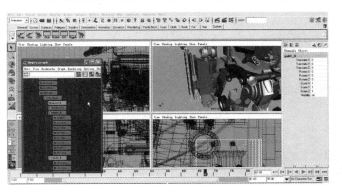

➡　之后配合使用 Hypergraph，按住键盘 Shift 键的同时，左键选中右小臂发动机盖群组节点 gai01_R。注意选择顺序，先选择的节点是作为子关系的节点，后选择的节点是作为父关系的节点。

点击 Edit>Parent，建立父子关系。也可以使用快捷键（键盘 P 键）将选中对象建立父子关系。

此时我们刚才选中的两个对象已经建立父子关系，可以在 Hypergraph 超图窗口中看到先选择的子关系对象已归属于后选择的父关系对象之下。

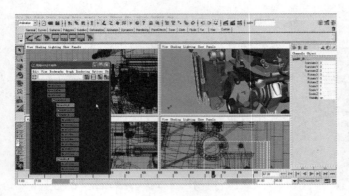

➡️ 继续添加小臂零件父子关系。配合Hypergraph，在 Hypergraph 窗口中首先鼠标左键点选发动机右盖群组 gai01_R，之后按住键盘 Shift 键的同时，在 Hypergraph中左键选中右小臂群组节点 xgebo_R。注意选择顺序，先选择的节点是作为子关系的节点，后选择的节点是作为父关系的节点。

点击 Edit>Parent，建立父子关系。也可以使用快捷键（键盘 P 键）将选中对象建立父子关系。

此时我们刚才选中的两个对象已经建立父子关系，可以在 Hypergraph 超图窗口选中左小臂 xgebo_L 群组节点时，发动机盖零件群组也被关联选中。

➡️ 继续添加右拳头零件和右小臂零件的父子关系。配合使用 Hypergraph，在Hypergraph 窗口中首先鼠标左键点选右拳头群组 quantou_R，之后按住键盘 Shift 键的同时，在 Hypergraph 中左键选中右小臂群组节点 xgebo_L。

注意选择顺序，先选择的节点是作为子关系的节点，后选择的节点是作为父关系的节点。

点击 Edit>Parent，建立父子关系。也可以使用快捷键（键盘 P 键）将选中对象建立父子关系。此时右小臂零件父子关系已归属好。

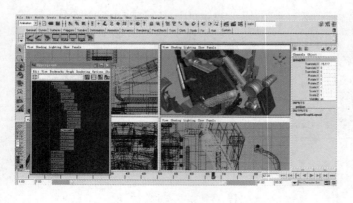

➡️ 配合使用 Hypergraph，选中左侧烟囱零件群组。

移动群组的中心点。

选择小臂群组节点，按键盘移动快捷键 W，之后按键盘 Insert 键，此时可以将该群组中心点进行移动。

将群组中心点移动到合适位置，如图。

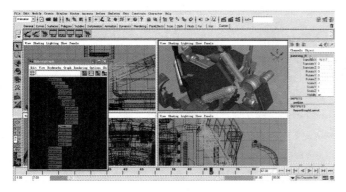

➡　将群组中心点移动到图中合适位置后点击键盘 Insert 键。

此时回到群组选择模式。

点击此处将这个群组命名为 yancong_R。

擎天柱左胳膊动画

知识点：

调节变形速度。

剪贴关键帧，复制粘贴关键帧。

➡ 左键点击自定义快捷栏中刚才已经创建的 Hypergraph 超图窗口快捷键，调出 Hypergraph 超图窗口。

也可以手动操作点击 Window > Hypergraph，调出 Hypergraph 超图窗口。

配合使用 Hypergraph 选中并控制控制整个左肩膀的肩膀连接零件群组节点 jianbanglian01。

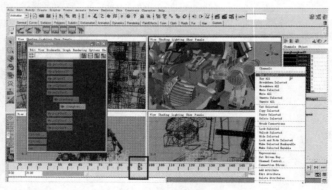

➡ 点击第 95 帧，准备将此时选中的对象在此帧上创建关键帧。

首先在物体通道栏中按住鼠标左键自上而下进行拖拽，将变化所需的控制项拖拽成黑色状态，如图。之后将鼠标放于选中的黑色参数项上，按住鼠标右键不放弹出对话框，不松开鼠标右键的同时，将鼠标移动到 Key Selected 上，最后松开鼠标右键，完成创建关键帧的操作。

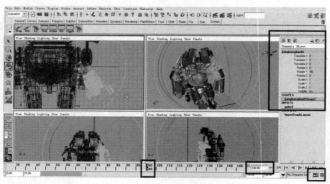

➡ 对象设置关键帧成功之后，通道框中参数项呈现红色。

在时间轴点选第 100 帧，将所选对象在此帧上设置另一关键帧，在确保右下角的自动关键帧锁处于红色打开状态下点击旋转工具，如图所示将对象旋转，放置到合适位置。也可以使用旋转快捷键 E，对对象进行操作。如精确控制，可在 Rotate Y 参数栏中输入参数 56，将对象进行旋转。此时物体对象在此帧下设置了关键帧。

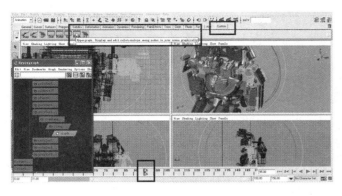

→ 左键点击自定义快捷栏中刚才已经创建的 Hypergraph 超图窗口快捷键，调出 Hypergraph 超图窗口。

也可以手动操作点击 Window > Hypergraph，调出 Hypergraph 超图窗口。

配合 Hypergraph 选中左肩膀关节群组节点 jianbanguanjie_left。

点击第 95 帧，准备将此时选中的对象在此帧上创建关键帧。

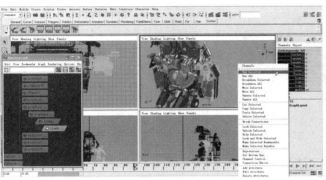

→ 首先在物体通道栏中按住鼠标左键自上而下进行拖拽，将变化所需的控制项拖拽成黑色状态，如图。之后将鼠标放于选中的黑色参数项上，按住鼠标右键不放弹出对话框，不松开鼠标右键的同时，将鼠标移动到 Key Selected 上，最后松开鼠标右键，完成创建关键帧的操作。

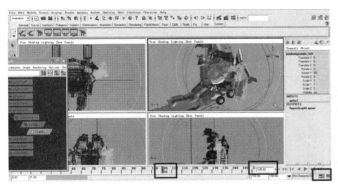

→ 对象设置关键帧成功之后，通道框中参数项呈现红色。

在时间轴点选第 105 帧，将所选对象在此帧上设置另一关键帧，在确保自动关键帧锁处于红色打开状态下点击旋转工具，如图所示将对象旋转，放置到合适位置。也可以使用旋转快捷键 E，对对象进行操作。如精确控制，可在 Rotate Y 参数栏中输入参数 90，将对象进行旋转。

此时物体对象在此帧下设置了关键帧。

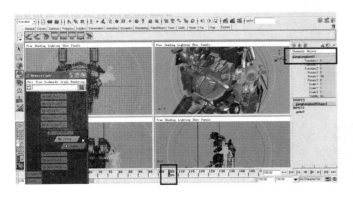

→ 配合 Hypergraph 选中控制整个左肩膀的肩膀连接零件群组节点 jianbanglian01。

在时间轴点选第 105 帧，在此帧上设置另一关键帧。

补充知识：如果物体在某一帧上位移或缩放变化，右下角自动关键帧锁处于红色打开状态时，可将此帧变成关键帧。若某一帧上物体没有变化，将此帧设置为关键帧需要我们进行手动设置。

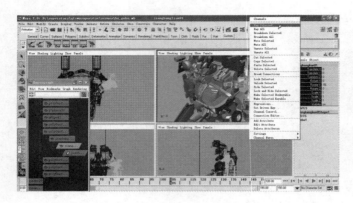

➡ 首先在物体通道栏中按住鼠标左键自上而下进行拖拽，将变化所需的控制项拖拽成黑色状态，如图。之后将鼠标放于选中的黑色参数项上，按住鼠标右键不放弹出对话框，不松开鼠标右键的同时，将鼠标移动到 Key Selected 上，最后松开鼠标右键，完成创建关键帧的操作。

对象设置关键帧成功之后，通道框中参数项呈现红色。

时间轴上第 105 帧也呈现红色。

➡ 在时间轴点选第 110 帧，将所选对象在此帧上设置另一关键帧，在确保右下角的自动关键帧锁处于红色打开状态下点击旋转工具，如图所示将对象旋转，放置到合适位置。也可以使用旋转快捷键 E，对对象进行操作。如精确控制，可在 Rotate Y 参数栏中输入参数-90，将对象进行旋转。此时物体对象在此帧下设置了关键帧。

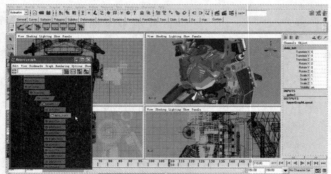

➡ 配合 Hypergraph 选中控制整个左大臂零件群组节点 dabi_left。

移动群组的中心点。

选择群组，按键盘移动快捷键 W，再按键盘 Insert 键，此时可以将该群组中心点进行移动。

将群组中心点移动到图中合适位置后点击键盘 Insert 键。

此时回到群组选择模式。

➡ 点击第 110 帧，准备将此时选中的对象在此帧上创建关键帧。

首先在物体通道栏中按住鼠标左键自上而下进行拖拽，将变化所需的控制项拖拽成黑色状态，如图。之后将鼠标放于选中的黑色参数项上，按住鼠标右键不放弹出对话框，不松开鼠标右键的同时，将鼠标移动到 Key Selected 上，最后松开鼠标右键，完成创建关键帧的操作。

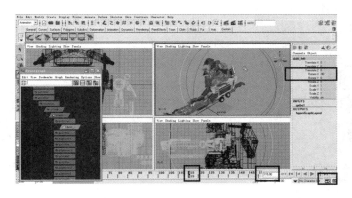

➡　对象设置关键帧成功之后，通道框中参数项呈现红色。

　　在时间轴点选第 115 帧，将所选对象在此帧上设置另一关键帧，在确保自动关键帧锁处于红色打开状态下点击旋转工具，如图所示将对象旋转，放置到合适位置。也可以使用旋转快捷键 E，对对象进行操作。如精确控制，可在 Rotate X 参数栏中输入参数-90，将对象进行旋转。

　　此时物体对象在此帧下设置了关键帧。

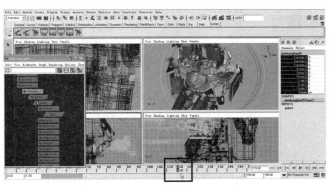

➡　配合 Hypergraph 选中左肩膀与身体连接处的肩膀连接零件群组节点 jianbanglian02，如图。

　　点击第 115 帧，准备将此时选中的对象在此帧上创建关键帧。

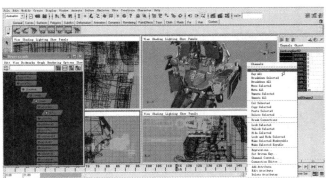

➡　首先在物体通道栏中按住鼠标左键自上而下进行拖拽，将变化所需的控制项拖拽成黑色状态，如图。之后将鼠标放于选中的黑色参数项上，按住鼠标右键不放弹出对话框，不松开鼠标右键的同时，将鼠标移动到 Key Selected 上，最后松开鼠标右键，完成创建关键帧的操作。

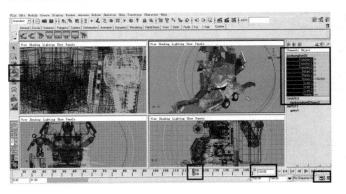

➡　对象设置关键帧成功之后，通道框中参数项呈现红色。

　　在时间轴点选第 120 帧，将所选对象在此帧上设置另一关键帧，在确保自动关键帧锁处于红色打开状态下点击旋转工具，如图所示将对象旋转，放置到合适位置。也可以使用旋转快捷键 E，对对象进行操作。如精确控制，可在 Rotate Z 参数栏中输入参数-100.002，将对象进行旋转。

　　此时物体对象在此帧下设置了关键帧。

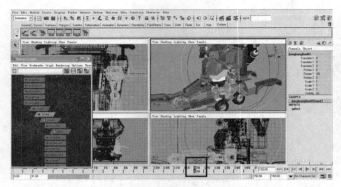

➡️　配合 Hypergraph 选中控制整个左肩膀的肩膀连接零件群组节点 jianbangli-an01。

　　点击第 120 帧，准备将此物体的第 120 帧设为关键帧。

➡️　首先在物体通道栏中按住鼠标左键自上而下进行拖拽，将变化所需的控制项拖拽成黑色状态，如图。之后将鼠标放于选中的黑色参数项上，按住鼠标右键不放弹出对话框，不松开鼠标右键的同时，将鼠标移动到 Key Selected 上，最后松开鼠标右键，完成创建关键帧的操作。

　　对象设置关键帧成功之后，此对象时间轴上第 120 帧呈现红色。

➡️　在时间轴点选第 130 帧，将所选对象在此帧上设置另一关键帧，在确保自动关键帧锁处于红色打开状态下点击旋转工具，如图所示将对象旋转，放置到合适位置。也可以使用旋转快捷键 E，对象进行操作。如精确控制，可在 Rotate Y 参数栏中输入参数−180，将对象进行旋转。

　　此时物体对象在此帧下设置了关键帧。

➡️　双击旋转工具图标，在右侧通道栏中确认旋转设置 Rotate Settings，旋转模式 Rotate Mode 中，选中 World 模式（世界模式旋转方式）。

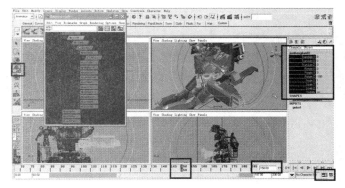

➡　配合 Hypergraph 选中左肩膀与身体连接处的肩膀连接零件群组节点 jianbanglian02，如图。

在时间轴点选第 150 帧，将所选对象在此帧上设置另一关键帧，在确保自动关键帧锁处于红色打开状态下点击旋转工具，如图所示将对象旋转，放置到合适位置。也可以使用旋转快捷键 E，对对象进行操作。如精确控制，可在 Rotate Z 参数栏中输入参数-180，将对象进行旋转。

此时物体对象在此帧下设置了关键帧。

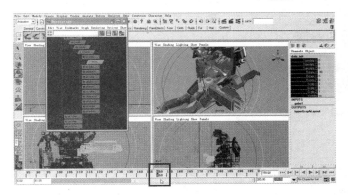

➡　点击此处，输入 200，将时间轴总长度加长至 200 帧。

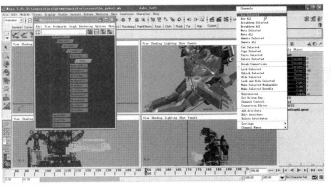

➡　配合 Hypergraph 选中控制整个左大臂零件群组节点 dabi_left。

点击第 150 帧，准备此物体的第 150 帧设为关键帧。

➡　首先在物体通道栏中按住鼠标左键自上而下进行拖拽，将变化所需的控制项拖拽成黑色状态，如图。之后将鼠标放于选中的黑色参数项上，按住鼠标右键不放弹出对话框，不松开鼠标右键的同时，将鼠标移动到 Key Selected 上，最后松开鼠标右键，完成创建关键帧的操作。

对象设置关键帧成功之后，此对象时间轴上第 150 帧呈现红色。

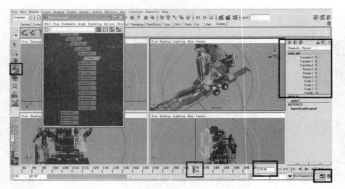

➡ 在时间轴点选第 170 帧，将所选对象在此帧上设置另一关键帧，在确保自动关键帧锁处于红色打开状态下点击旋转工具，如图所示将对象旋转，放置到合适位置。也可以使用旋转快捷键 E，对对象进行操作。如精确控制，可在 Rotate X 参数栏中输入参数 0，将对象进行旋转。

此时物体对象在此帧下设置了关键帧。

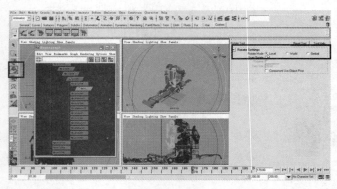

➡ 双击旋转工具图标，在右侧通道栏中确认旋转设置 Rotate Settings，旋转模式 Rotate Mode 中，选中 Local 模式（当地模式旋转方式）。

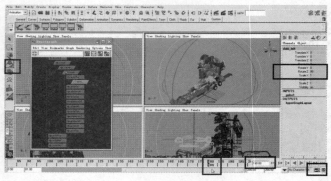

➡ 在时间轴点选第 180 帧，将所选对象在此帧上设置另一关键帧，在确保自动关键帧锁处于红色打开状态下点击旋转工具，如图所示将对象旋转，放置到合适位置。也可以使用旋转快捷键 E，对对象进行操作。如精确控制，可在 Rotate Z 参数栏中输入参数 90，将对象进行旋转。

此时物体对象在此帧下设置了关键帧。

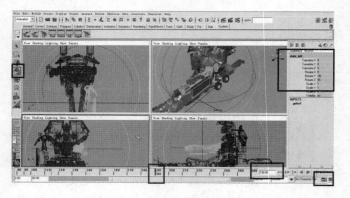

➡ 在时间轴点选第 190 帧，将所选对象在此帧上设置另一关键帧，在确保自动关键帧锁处于红色打开状态下点击旋转工具，如图所示将对象旋转，放置到合适位置。也可以使用旋转快捷键 E，对对象进行操作。如精确控制，可在 Rotate Y 参数栏中输入参数 -90，将对象进行旋转。

此时物体对象在此帧下设置了关键帧。

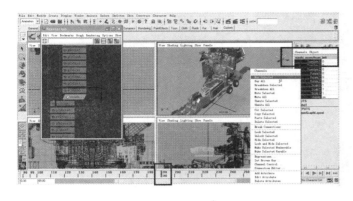

➡️　配合运用 Hypergraph 选中控制整个左小臂的小臂连接零件群组节点 xiaobi_xuanzhuan_left。

　　点击第 190 帧，准备将此时选中的对象在此帧上创建关键帧。

　　首先在物体通道栏中按住鼠标左键自上而下进行拖拽，将变化所需的控制项拖拽成黑色状态，如图。之后将鼠标放于选中的黑色参数项上，按住鼠标右键不放弹出对话框，不松开鼠标右键的同时，将鼠标移动到 Key Selected 上，最后松开鼠标右键，完成创建关键帧的操作。

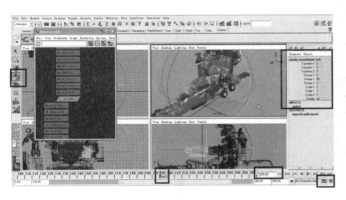

➡️　对象设置关键帧成功之后，通道框中参数项呈现红色。

　　在时间轴点选第 200 帧，将所选对象在此帧上设置另一关键帧，在确保自动关键帧锁处于红色打开状态下点击旋转工具，如图所示将对象旋转，放置到合适位置。也可以使用旋转快捷键 E，对对象进行操作。如精确控制，可在 Rotate Y 参数栏中输入参数 90，将对象进行旋转。

　　此时物体对象在此帧下设置了关键帧。

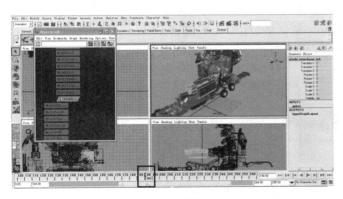

➡️　点击第 190 帧，准备在此帧上选择对象。

➡️　配合运用 Hypergraph 选中控制整个左车门的连接零件 polysurface278。

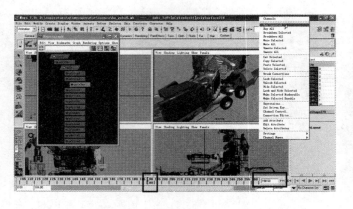

➡ 点击第 190 帧,准备将此时选中的对象在此帧上创建关键帧。

首先在物体通道栏中按住鼠标左键自上而下进行拖拽,将变化所需的控制项拖拽成黑色状态,如图。之后将鼠标放于选中的黑色参数项上,按住鼠标右键不放弹出对话框,不松开鼠标右键的同时,将鼠标移动到 Key Selected 上,最后松开鼠标右键,完成创建关键帧的操作。

此时物体对象在此帧下设置了关键帧,对象有了动画效果,可以点播放按钮查看。

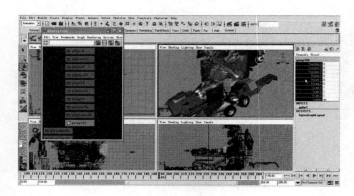

➡ 配合运用 Hypergraph 选中左车门处油桶零件群组节点 group104。

复习知识

使用 Hypergraph 超图窗口,可以在一个大场景中,很快找到所需的节点。

在选中对象的情况下,将鼠标放在 Hypergraph 窗口中,按键盘 F 键,窗口会扩展以适应所有的显示物体,按 F 键,则 Hypergraph 窗口中只显示我们此时选中的节点对象。

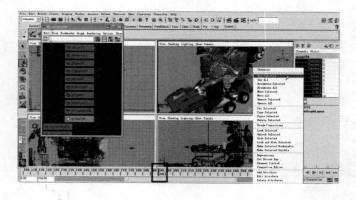

➡ 点击第 195 帧,准备将选中的对象在此创建关键帧。

首先在物体通道栏中按住鼠标左键自上而下进行拖拽,将变化所需的控制项拖拽成黑色状态,如图。之后将鼠标放于选中的黑色参数项上,按住鼠标右键不放弹出对话框,不松开鼠标右键的同时,将鼠标移动到 Key Selected 上,最后松开鼠标右键,完成创建关键帧的操作。

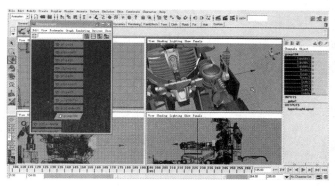

➡　对象设置关键帧成功之后,通道框中参数项会呈现红色。

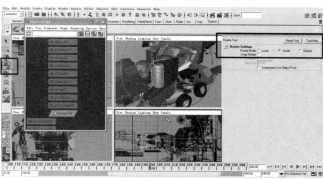

➡　双击旋转工具图标,在右侧通道栏中确认旋转设置 Rotate Settings,旋转模式 Rotate Mode 中,选中 World 模式(世界模式旋转方式)。

　　在时间轴点选第 200 帧,将所选对象在此帧上设置另一关键帧,在确保自动关键帧锁处于红色打开状态下点击旋转工具,如图所示将对象旋转,放置到合适位置。也可以使用旋转快捷键 E,对对象进行操作。

　　至此物体对象在此帧下设置了关键帧。

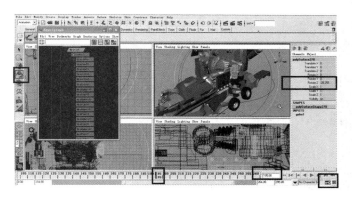

➡　配合运用 Hypergraph 选中控制整个左车门的连接零件 polysurface278。

　　在时间轴点选第 195 帧,将所选对象在此帧上设置另一关键帧,在确保自动关键帧锁处于红色打开状态下点击旋转工具,如图所示将对象旋转,放置到合适位置。也可以使用旋转快捷键 E,对对象进行操作。如精确控制,可在 Rotate Z 参数栏中输入参数-28.55,将对象进行旋转。

　　至此物体对象在此帧下设置了关键帧。

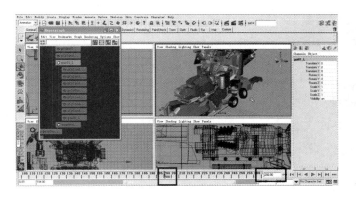

➡　配合 Hypergraph 选中控制整个左发动机盖的发动机盖连接零件群组节点 gai01_L。

　　点击第 200 帧,准备将此时选中的对象在此帧上创建关键帧。

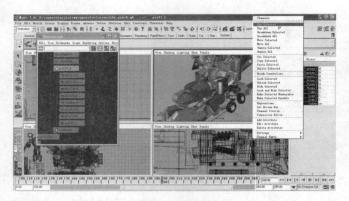

➡ 首先在物体通道栏中按住鼠标左键自上而下进行拖拽，将变化所需的控制项拖拽成黑色状态，如图。之后将鼠标放于选中的黑色参数项上，按住鼠标右键不放弹出对话框，不松开鼠标右键的同时，将鼠标移动到 Key Selected 上，最后松开鼠标右键，完成创建关键帧的操作。

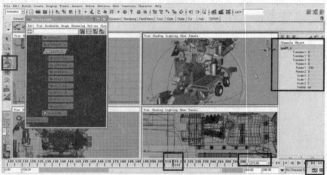

➡ 对象设置关键帧成功之后，通道框中参数项呈现红色。

在时间轴点选第 215 帧，将所选对象在此帧上设置另一关键帧，在确保自动关键帧锁处于红色打开状态下点击旋转工具，如图所示将对象旋转，放置到合适位置。也可以使用旋转快捷键 E，对象进行操作。如精确控制，可在 Rotate Y 参数栏中输入参数–180，将对象进行旋转。

此时物体对象在此帧下设置了关键帧。

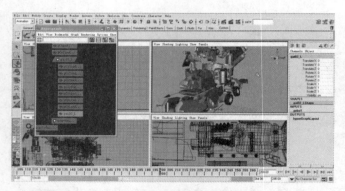

➡ 配合 Hypergraph 选中顶部发动机盖零件节点 gai02_L。

点击第 200 帧，准备将此时选中的对象在此帧上创建关键帧。

➡ 首先在物体通道栏中按住鼠标左键自上而下进行拖拽，将变化所需的控制项拖拽成黑色状态，如图。之后将鼠标放于选中的黑色参数项上，按住鼠标右键不放弹出对话框，不松开鼠标右键的同时，将鼠标移动到 Key Selected 上，最后松开鼠标右键，完成创建关键帧的操作。

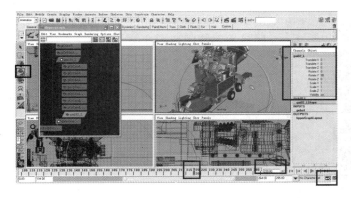

→　对象设置关键帧成功之后，通道框中参数项呈现红色。

　　在时间轴点选第 220 帧，将所选对象在此帧上设置另一关键帧，在确保自动关键帧锁处于红色打开状态下点击旋转工具，如图所示将对象旋转，放置到合适位置。也可以使用旋转快捷键 E，对对象进行操作。如精确控制，可在 Rotate Y 参数栏中输入参数 90，将对象进行旋转。

　　此时物体对象在此帧下设置了关键帧。

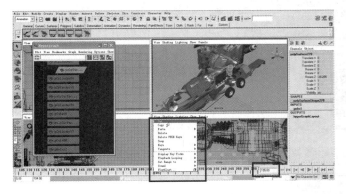

→　配合 Hypergraph 选中控制整个左车门的连接零件 polysurface278。

　　点击第 195 帧。

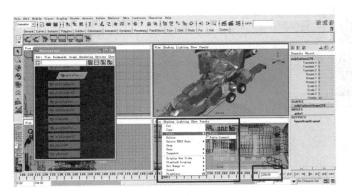

→　当观看动画发现物体变形得太快时，可以随时调整关键帧，通过改变关键帧间的距离，以达到改变物体的变化时间长短的效果。

　　进行剪切关键帧操作。

　　首先在时间轴上，将鼠标置于第 195 红色关键帧上，之后按住鼠标右键不放，此时弹出对话框，不要松开鼠标右键，将鼠标移动到 Cut（剪切）上，松开鼠标右键，完成剪切关键帧的操作。

→　进行拷贝、粘贴关键帧操作。

　　在时间轴上，将鼠标置于第 200 帧位置之上，之后按住鼠标右键不放，此时弹出对话框，不要松开鼠标右键，将鼠标移动到 Paste（拷贝、粘贴）上，不松鼠标右键，在弹出菜单中移动到 Paste 上，松开鼠标右键，完成拷贝粘贴关键帧的操作。

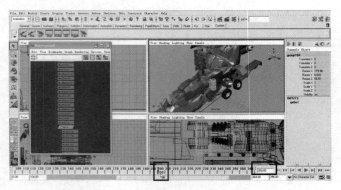

➡　此时点播放按钮查看动画效果可以明显发现侧门变形变缓。

　　配合 Hypergraph 选中左车门处油桶零件群组节点 group104。

　　点击第 200 帧。

➡　调整侧门油桶动画变形速率。

　　进行剪切关键帧操作。

　　首先在时间轴上,将鼠标置于第 200 红色关键帧上,之后按住鼠标右键不放,此时弹出对话框,不要松开鼠标右键,将鼠标移动到 Cut(剪切)进行拷贝、粘贴关键帧操作。

➡　在时间轴上,将鼠标置于第 220 帧位置之上,之后按住鼠标右键不放,此时弹出对话框,不要松开鼠标右键,将鼠标移动到 Paste(拷贝、粘贴)上,不松鼠标右键,在弹出菜单中移动到 Paste 上,松开鼠标右键,完成拷贝粘贴关键帧的操作。

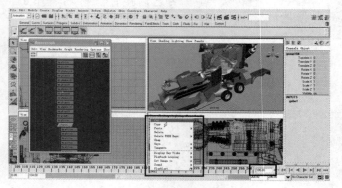

➡　继续进行剪切关键帧操作。

　　在时间轴上,将鼠标置于第 195 红色关键帧上,之后按住鼠标右键不放,此时弹出对话框,不要松开鼠标右键,将鼠标移动到 Cut(剪切)上,松开鼠标右键,完成剪切关键帧的操作。

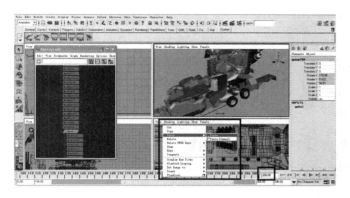

➡　进行拷贝、粘贴关键帧操作。

首先在时间轴上，将鼠标置于第 200 帧位置之上，之后按住鼠标右键不放，此时弹出对话框，不要松开鼠标右键，将鼠标移动到 Paste（拷贝、粘贴）上，不松鼠标右键，在弹出菜单中移动到 Paste 上，松开鼠标右键，完成拷贝粘贴关键帧的操作。

此时点播放按钮查看动画效果可以明显发现侧门油桶变形速度变缓。

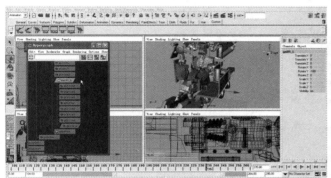

➡　配合 Hypergraph 选中控制整个左发动机盖的发动机盖连接零件群组节点 gai01_L。

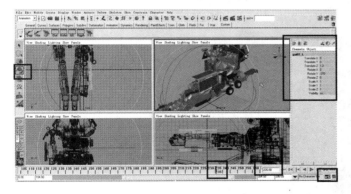

➡　在时间轴点选第 235 帧，将所选对象在此帧上设置另一关键帧，在确保自动关键帧锁处于红色打开状态下点击旋转工具，如图所示将对象旋转，放置到合适位置。也可以使用旋转快捷键 E，对对象进行操作。如精确控制，可在 Rotate Y 参数栏中输入参数 -270，将对象进行旋转。

此时物体对象在此帧下设置了关键帧。

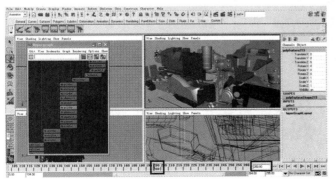

➡　配合 Hypergraph 选中左肩膀耸起零件 polySurface213。

点击第 200 帧，准备将此时选中的对象在此帧上创建关键帧。

➡ 首先在物体通道栏中按住鼠标左键自上而下进行拖拽,将变化所需的控制项拖拽成黑色状态,如图。之后将鼠标放于选中的黑色参数项上,按住鼠标右键不放弹出对话框,不松开鼠标右键的同时,将鼠标移动到 Key Selected 上,最后松开鼠标右键,完成创建关键帧的操作。

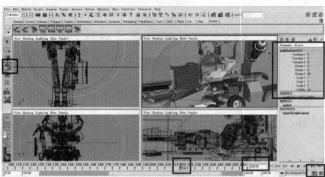

➡ 对象设置关键帧成功之后,通道框中参数项呈现红色。

在时间轴点选第 220 帧,将所选对象在此帧上设置另一关键帧,在确保自动关键帧锁处于红色打开状态下点击旋转工具,如图所示将对象旋转,放置到合适位置。也可以使用旋转快捷键 E,对对象进行操作。如精确控制,可在 Rotate Z 参数栏中输入参数 90,将对象进行旋转。

此时物体对象在此帧下设置了关键帧。

➡ 配合 Hypergraph 选中控制整个左大臂零件群组节点 dabi_left。

点击第 235 帧,准备此物体的第 235 帧设为关键帧。

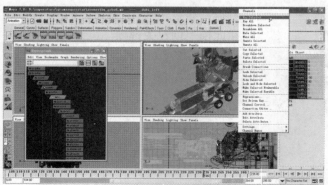

➡ 首先在物体通道栏中按住鼠标左键自上而下进行拖拽,将变化所需的控制项拖拽成黑色状态,如图。之后将鼠标放于选中的黑色参数项上,按住鼠标右键不放弹出对话框,不松开鼠标右键的同时,将鼠标移动到 Key Selected 上,最后松开鼠标右键,完成创建关键帧的操作。

对象设置关键帧成功之后,此对象时间轴上第 235 帧呈现红色。

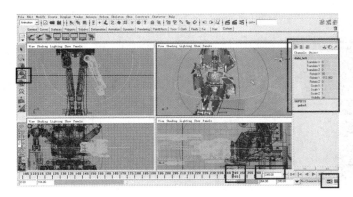

➡ 对象设置关键帧成功之后,通道框中参数项呈现红色。

在时间轴点选第 245 帧,将所选对象在此帧上设置另一关键帧,在确保自动关键帧锁处于红色打开状态下点击旋转工具,如图所示将对象旋转,放置到合适位置。也可以使用旋转快捷键 E,对对象进行操作。如精确控制,可在 Rotate X 参数栏中输入参数 90,Rotate Y 参数栏中输入参数-112.982,Rotate Z 参数栏中输入参数 0,将对象进行旋转。

此时物体对象在此帧下设置了关键帧。

➡ 配合 Hypergraph 选中左肩膀关节群组节点 jianbanguanjie_left。

点击第 245 帧,准备此帧设为关键帧。

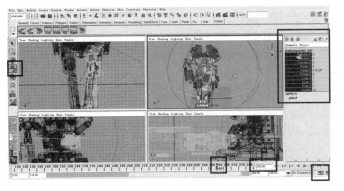

➡ 首先在物体通道栏中按住鼠标左键自上而下进行拖拽,将变化所需的控制项拖拽成黑色状态,如图。之后将鼠标放于选中的黑色参数项上,按住鼠标右键不放弹出对话框,不松开鼠标右键的同时,将鼠标移动到 Key Selected 上,最后松开鼠标右键,完成创建关键帧的操作。

对象设置关键帧成功之后,此对象时间轴上第 245 帧呈现红色。

➡ 在时间轴点选第 260 帧,将所选对象在此帧上设置另一关键帧,在确保自动关键帧锁处于红色打开状态下点击旋转工具,如图所示将对象旋转,放置到合适位置。也可以使用旋转快捷键 E,对对象进行操作。如精确控制,可在 Rotate Y 参数栏中输入参数 116.241,将对象进行旋转。

此时物体对象在此帧下设置了关键帧。

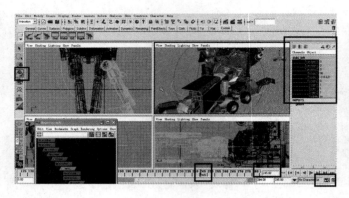

➡ 配合 Hypergraph 选中控制整个左大臂零件群组节点 dabi_left。

在时间轴点选第 245 帧，修改此关键帧，在确保自动关键帧锁处于红色打开状态下点击旋转工具，如图所示将对象旋转，放置到合适位置。也可以使用旋转快捷键 E，对对象进行操作。如精确控制，可在 Rotate Y 参数栏中输入参数 -116.631，将对象进行旋转。

此时擎天柱左胳膊动画变形已设置好，动画效果可以点播放按钮查看。

擎天柱胳膊动画微调

更改物体关键帧设置,细微控制动画的效果状态。

点击播放按钮播放观察动画,如发现变化过程中有不满意的情况,可以细微调整对象的关键帧设置,更改动画状态。

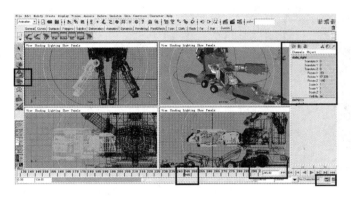

➡ 配合 Hypergraph 选中控制整个右大臂零件群组节点 dabi_right。

在时间轴点选该对象的红色第 245 关键帧,将对象的这个关键帧稍作修改,在确保自动关键帧锁处于红色打开状态下点击旋转工具,如图所示将对象旋转,放置到合适位置。也可以使用旋转快捷键 E,对对象进行操作。Rotate Y 参数栏中输入参数 57.303,将对象进行旋转。

至此选中对象的这一关键帧更改完成。

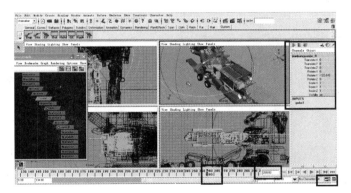

➡ 配合 Hypergraph 选中右肩膀关节群组节点 jianbanguanjie_R。

在时间轴点选该对象的红色第 260 关键帧,将对象的这个关键帧稍作修改,在确保自动关键帧锁处于红色打开状态下点击旋转工具,如图所示将对象旋转,放置到合适位置。也可以使用旋转快捷键 E,对对象进行操作。Rotate Y 参数栏中输入参数 -112.646,将对象进行旋转。

至此选中对象的关键帧更改完成。

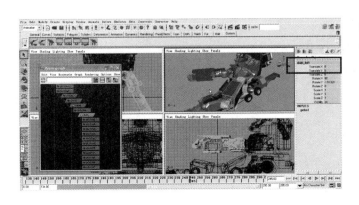

➡ 配合 Hypergraph 选中控制整个左大臂零件群组节点 dabi_left。

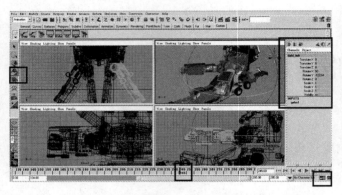

➡   在时间轴点选该对象的红色第 245 关键帧,将对象的这个关键帧稍作修改,在确保自动关键帧锁处于红色打开状态下点击旋转工具,如图所示将对象旋转,放置到合适位置。也可以使用旋转快捷键 E,对对象进行操作。Rotate Y 参数栏中输入参数−122.64,将对象进行旋转。

此时选中对象的此关键帧更改完成。

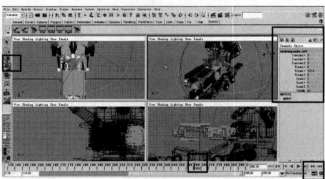

➡   配合 Hypergraph 选中左肩膀关节群组节点 jianbanguanjie_left。

在时间轴点选该对象的红色第 260 关键帧,将对象的这个关键帧稍作修改,在确保自动关键帧锁处于红色打开状态下点击旋转工具,如图所示将对象旋转,放置到合适位置。也可以使用旋转快捷键 E,对对象进行操作。Rotate Y 参数栏中输入参数 122.6,将对象进行旋转。

至此选中对象的此关键帧更改完成。

第 4 章　储藏仓变形动画的制作

　　本章对擎天柱背后的储藏仓零件进行了变形设置。在制作过程中讲解了新的控制零件运动的方法。在制作中运用 locator 对零件进行控制,达到精确变形的目的。在零件很多的场景中,locator 可以控制所需要的零件,达到精准的动画控制效果。最后实现了所有擎天柱背后储藏仓零件的变形动画。

　　首先将左侧储藏仓零件父子关系进行再加工。主要是使用创建添加可以控制零件群的 Locator 控制节点,对部分复杂零件的变形进行集体控制。添加父子关系之后,下面进行变形动画设置。

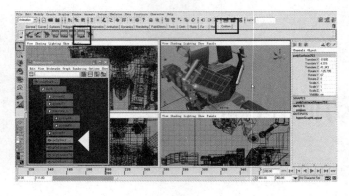

➡　左键点击自定义快捷栏中刚才已经创建的 Hypergraph 超图窗口快捷键,调出 Hypergraph 超图窗口。

　　也可以手动操作点击 Window > Hypergraph,调出 Hypergraph 超图窗口。

　　点击左侧后背部储藏仓零件 polySurface253,如图,将鼠标移到 Hypergraph 窗口中,按键盘 F 键,使被选中物体在 Hypergraph 窗口中显示出来。

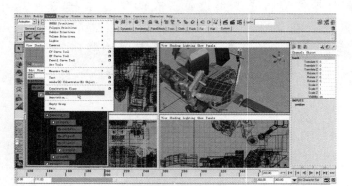

➡　使用 Hypergraph 窗口便于查找到控制整个后背零件的后背群组 back。

　　左键点击 Create > Locator,创建 Locator。

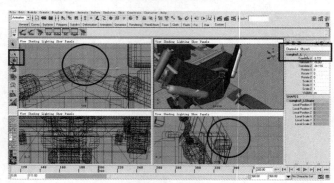

➡　点击移动工具,如图所示将创建出的 Locator 进行移动,放置到储藏仓连接部件处,如图。也可以使用移动快捷建 W,对对象进行操作。点击此处将 locator 更名为 cangku1_L。

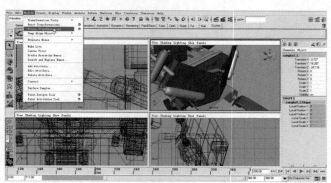

➡　点击 Modify > Freeze Transformations 后的方框,将 locator 当前所处位置的位移、缩放、旋转参数设置成 0。

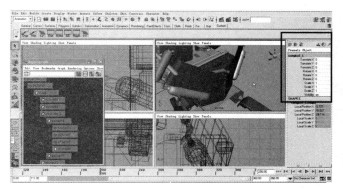

➡ 此时可以看到，locator 当前所处位置的位移、缩放、旋转参数都变为0。

➡ 在视图中，鼠标左键单击选择我们刚创建的 Locator 节点 cangku1_L，此节点作为子关系节点。

之后配合运用 Hypergraph，在 Hypergraph 窗口中按住键盘 Shift 键的同时，左键选中控制整个后背零件的后背 back 群组节点，选中之后节点在 Hypergraph 中呈现黄色，此节点作为父关系节点。此时准备创建父子关系的节点都被选中。

点击 Edit>Parent，建立父子关系。也可以使用快捷键（键盘 P 键）将选中对象建立父子关系。

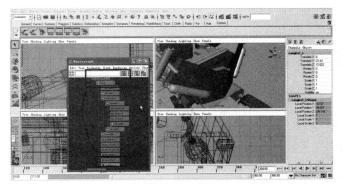

➡ 此时我们刚才选中的两个对象已经建立父子关系，可以在 Hypergraph 超图窗口中看到先选择的子关系对象已归属于后选择的父关系对象之下。

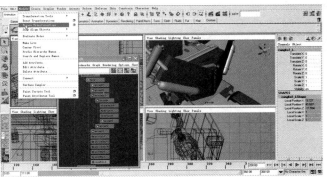

➡ 在视图中，鼠标左键单击选择 Locator 节点 cangku1_L。点击 Modify > Freeze Transformations，将物体所处位置的位移、缩放、旋转参数设置成0。再次确保它的位置归零。

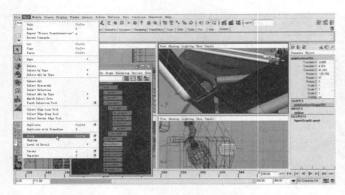

➡ 　按住键盘 Shift 键选中左侧外部储藏仓和连接零件后，点击键盘"Ctrl＋G"键（或者手动点选 Edit＞Group）进行群组操作，将选中的物体群组。

➡ 　执行操作之后新的群组呈现绿色。

　　配合 Hypergraph，在 Hypergraph 窗口中鼠标左键点选这个新建立的 group105 节点，此节点作为子关系节点。

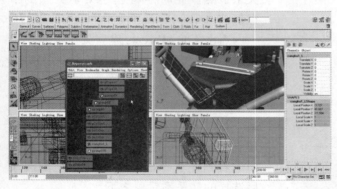

➡ 　之后在 Hypergraph 窗口里，按住键盘 Shift 键的同时，左键选中 Locator 节点 cangku1_L，此节点作为父关系节点。此时准备创建父子关系的节点都被选中。

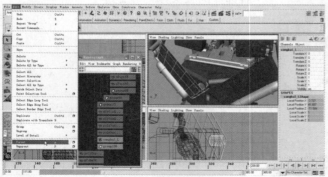

➡ 　点击 Edit＞Parent，建立父子关系。也可以使用快捷键（键盘 P 键）将选中对象建立父子关系。

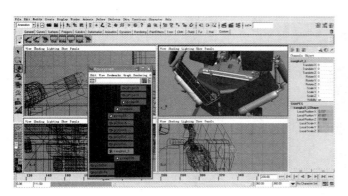

➡ 此时我们刚才选中的两个对象已经建立父子关系,可以在 Hypergraph 超图窗口中看到先选择的子关系对象已归属于后选择的父关系对象之下。

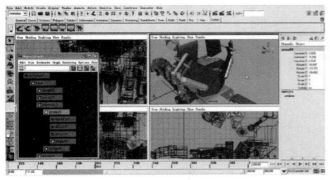

➡ 配合 Hypergraph 选中控制整个左侧烟囱的群组节点 group64,如图所示。

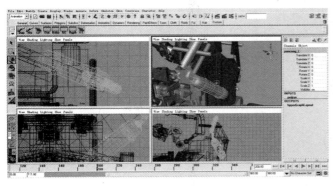

➡ 移动对象的中心点。

选择群组节点 group64,按键盘移动快捷键 W,之后按键盘 Insert 键,此时可以将群组中心点进行移动。

将物体中心点移动到合适位置,如图。

将物体中心点移动到图中合适位置后点击键盘 Insert 键。

此时回到物体移动模式。

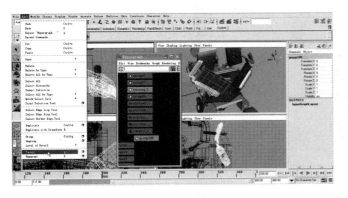

➡ 配合运用 Hypergraph,在 Hypergraph 窗口中首先鼠标左键点选左侧烟囱的群组节点 group64,之后按住键盘 Shift 键的同时,左键选中左侧外部储藏仓和连接零件群组 group105 节点。注意选择顺序,先选择的节点是作为子关系的节点,后选择的节点是作为父关系的节点。

点击 Edit>Parent,建立父子关系。也可以使用快捷键(键盘 P 键)将选中对象建立父子关系。

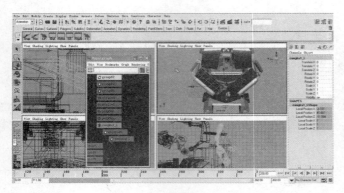

➡ 此时我们刚才选中的两个对象已经建立父子关系,可以在 Hypergraph 超图窗口中看到先选择的子关系对象已归属于后选择的父关系对象之下。

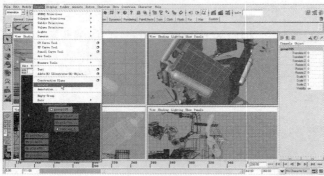

➡ 左键点击 Create>Locator,创建 Locator。

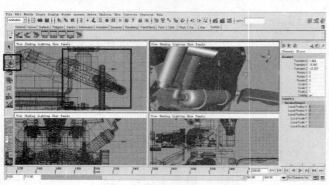

➡ 点击移动工具,如图所示将创建出的 Locator 进行移动,放置到储藏仓与烟囱连接处,如图。也可以使用移动快捷建 W,对对象进行操作。

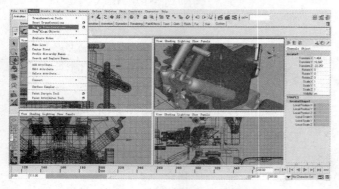

➡ 点击 Modify>Freeze Transformations 后的方框,准备将 locator 当前所处位置的位移、缩放、旋转参数设置成 0。

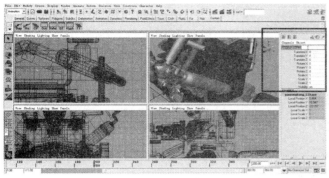

→ 此时可以看到，locator 当前所处位置的位移、缩放、旋转参数都变为 0。

点击此处将 locator 更名为 yancongkong_L。

→ 左键点击自定义快捷栏中刚才已经创建的 Hypergraph 超图窗口快捷键，调出 Hypergraph 超图窗口。

也可以手动操作点击 Window > Hypergraph，调出 Hypergraph 超图窗口。

在视图中，鼠标左键单击选择我们刚创建的 Locator 节点 cangku1_L，此节点作为子关系节点。

→ 之后配合 Hypergraph，在 Hypergraph 窗口中按住键盘 Shift 键的同时，左键选中左侧外部储藏仓和连接零件群组 group105 节点，选中之后节点在 Hypergraph 中呈现黄色，此节点作为父关系节点。此时准备创建父子关系的节点都被选中。

点击 Edit>Parent，建立父子关系。也可以使用快捷键（键盘 P 键）将选中对象建立父子关系。

→ 此时我们刚才选中的两个对象已经建立父子关系，可以在 Hypergraph 超图窗口选中左侧外部储藏仓和连接零件群组 group105 节点时，cangku1_L 节点也被关联选中。

➡ 配合 Hypergraph，在 Hypergraph 窗口中首先鼠标左键点选控制整个左侧烟囱零件的群组节点 yancong_L，选中之后节点在 Hypergraph 中呈现黄色，此节点作为子关系节点。

➡ 在视图中，鼠标左键单击选择我们刚创建的用来控制整个右侧储藏仓烟囱零件群组的 Locator 节点 yancongkong_L，此节点作为父关系节点。此时准备创建父子关系的节点都被选中。

点击 Edit>Parent，建立父子关系。也可以使用快捷键（键盘 P 键）将选中对象建立父子关系。

➡ 此时我们刚才选中的两个对象已经建立父子关系，可以在 Hypergraph 超图窗口选中 Locator 节点 yancongkong_L 时，右侧储藏仓烟囱零件群组也被关联选中。

➡ 选中 Locator 节点 yancongkong_L。

点击 Modify > Freeze Transformations，将节点所处位置的位移、缩放、旋转参数设置成 0。

➡　此时可以看到，节点 yancongkong _ L
当前所处位置的位移、缩放、旋转参数都
变为 0。

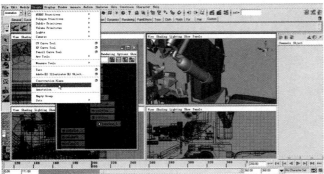

➡　左键点击 Create>Locator，创建 Loca-
tor。

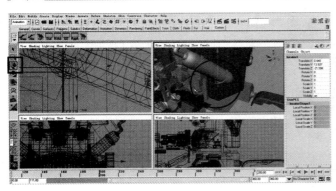

➡　点击移动工具，如图所示将创建出的
Locator 进行移动，放置到储藏仓体合页
处，用来控制仓侧面零件的打开，如图。
也可以使用移动快捷建 W 对对象进行
操作。

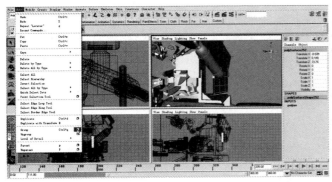

➡　按住键盘 Shift 键选中左边内侧储藏
仓零件和合叶零件后，点击 Edit>Group 后
的方框，进行群组操作，将选中的物体
群组。

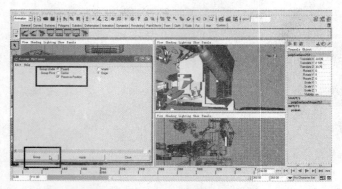

➡ 此时所要求生成的群组要在原来的大群组之下，所以在 GuoupUnder 下点选 Parent，此时生成的新的群组保留原来的层级父子关系。

在弹出的对话框中，进行参数设置，点击 Group，进行群组操作。

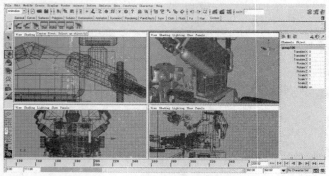

➡ 执行操作之后新的群组呈现绿色，如图所示。

➡ 在 Hypergraph 窗口中，按键盘 F 键，会在 Hypergraph 窗口直接搜索找到我们此时选中的节点对象，可以看到此时新生成的群组（新群组在原先的大群组之下）保留了原来的层级父子关系。

点击此处将这个群组命名为 cangkuce1_L。

➡ 在视图中，鼠标左键单击选择我们刚创建的用来控制仓侧面零件打开的 Locator 节点 Locator1，此节点作为子关系节点。

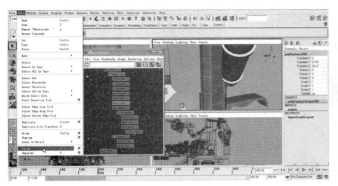

➡　接着在视图中，按住键盘 Shift 键的同时，左键选中储藏仓内侧多边形 polySurface250，此节点作为父关系节点。此时准备创建父子关系的节点都被选中。

　　点击 Edit>Parent，建立父子关系。也可以使用快捷键（键盘 P 键）将选中对象建立父子关系。

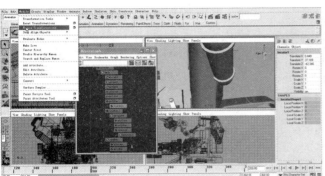

➡　在视图中，鼠标左键单击选择 Locator1 节点。点击 Modify > FreezeTransformations，将物体所处位置的位移、缩放、旋转参数设置成 0。再次确保它的位置归零。

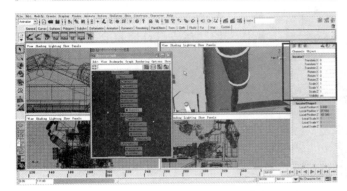

➡　此时可以看到，locator1 当前所处位置的位移、缩放、旋转参数都变为 0。

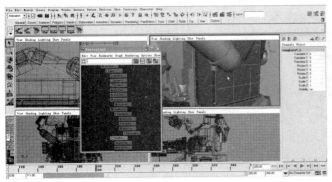

➡　配合在 Hypergraph 窗口中，点选控制初段打开储藏仓的 cangkuce1_L 群组，如图所示，选中之后节点在 Hypergraph 中呈现黄色，此节点作为子关系节点。

➡ 之后在视图中,按住键盘 Shift 键的同时,左键选中 locator1,此节点作为父关系节点。此时准备创建父子关系的节点都被选中。

点击 Edit>Parent,建立父子关系。也可以使用快捷键(键盘 P 键)将选中对象建立父子关系。

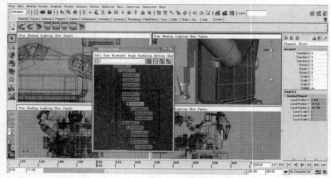

➡ 此时我们刚才选中的两个对象已经建立父子关系,可以在 Hypergraph 超图窗口选中 locator1 节点时,控制初段打开储藏仓的 cangkuce1_L 群组也被关联选中。

➡ 点击此处,将 locator1 更名为 cangkong1_L,用来控制初段打开储藏仓零件。

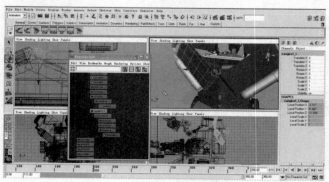

➡ 配合 Hypergraph,选中控制外端的二段储藏仓零件群组的 locator,cangku1_L。

选中之后节点在 Hypergraph 中呈现黄色,此节点作为子关系节点。

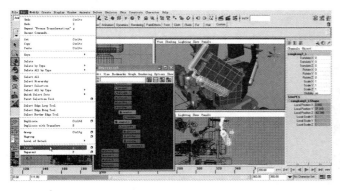

➡ 之后在 Hypergraph 窗口里,按住键盘 Shift 键的同时,左键选中用来控制初段打开储藏仓零件的 locaotr 节点 cangkong1 _ L,此节点作为父关系节点。此时准备创建父子关系的节点都被选中。

点击 Edit>Parent,建立父子关系。也可以使用快捷键(键盘 P 键)将选中对象建立父子关系。

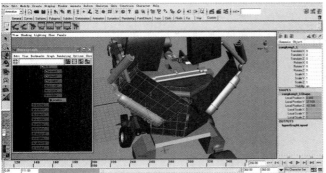

➡ 此时我们刚才选中的两个对象已经建立父子关系,可以在 Hypergraph 超图窗口中看到先选择的子关系对象已归属于后选择的父关系对象之下。

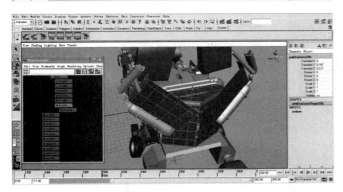

➡ 此时,储藏仓左侧零件控制进一步调整完毕。

选择储藏仓内侧的零件 polySurface250,它控制了整个左侧储藏仓。

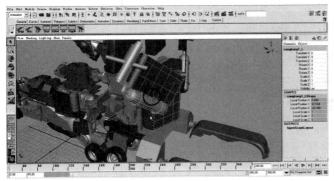

➡ 可以从图中观察,当储藏仓左侧零件控制进一步调整完毕后,选中控制初段储藏仓零件的 locaotr 节点 cangkong1 _L 时,此节点控制了左侧储藏仓零件。

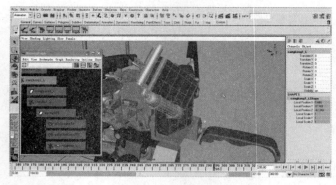

➡　配合 Hypergraph,在 Hypergraph 窗口中选中控制所有左侧零件的 locator 节点 cangkong1_L。

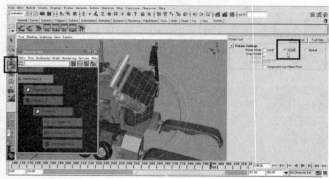

➡　双击旋转工具图标,在右侧通道栏中确认旋转设置 RotateSettings,旋转模式 Rotate Mode 中,选中 World 模式(世界模式旋转方式)。

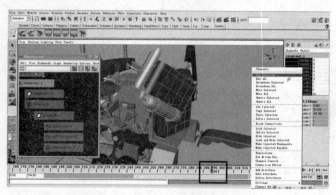

➡　点击第 295 帧,准备将此时选中的对象在此帧上创建关键帧。

首先在物体通道栏中按住鼠标左键自上而下进行拖拽,将变化所需的控制项拖拽成黑色状态,如图。之后将鼠标放于选中的黑色参数项上,按住鼠标右键不放弹出对话框,不松开鼠标右键的同时,将鼠标移动到 Key Selected 上,最后松开鼠标右键,完成创建关键帧的操作。

➡　在时间轴点选第 335 帧,将所选对象在此帧上设置另一关键帧,在确保自动关键帧锁处于红色打开状态下点击旋转工具,如图所示将对象旋转,放置到合适位置。也可以使用旋转快捷键 E 对对象进行操作。如精确控制,可在 Rotate Y 参数栏中输入参数−67,将对象进行旋转。

此时物体对象在此帧下设置了关键帧。

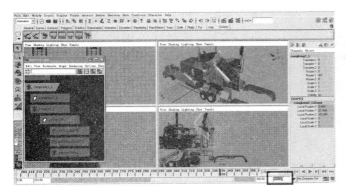

➡　点击此处，将时间轴的结束端定为 400，这样使时间轴总长增加，时间轴向后延续。

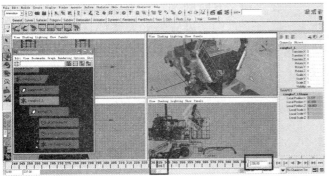

➡　配合 Hypergraph，在 Hypergraph 窗口中选中控制储藏仓的左侧外部零件的 locator 节点 cangku1_L，如图所示。

点击第 335 帧，准备将此时选中的对象在此帧上创建关键帧。

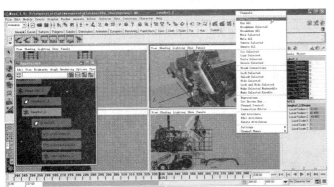

➡　首先在物体通道栏中按住鼠标左键自上而下进行拖拽，将变化所需的控制项拖拽成黑色状态，如图。之后将鼠标放于选中的黑色参数项上，按住鼠标右键不放弹出对话框，不松开鼠标右键的同时，将鼠标移动到 Key Selected 上，最后松开鼠标右键，完成创建关键帧的操作。

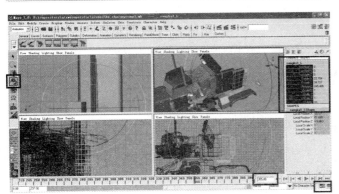

➡　在时间轴点选第 355 帧，将所选对象在此帧上设置另一关键帧，在确保自动关键帧锁处于红色打开状态下点击旋转工具，如图所示将对象旋转，放置到合适位置。也可以使用旋转快捷键 E，对对象进行操作。此时物体对象在此帧下设置了关键帧。

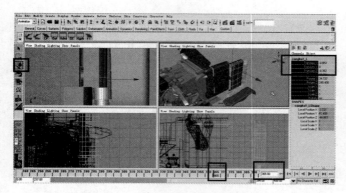

在时间轴点选第 365 帧,将所选对象在此帧上设置另一关键帧,在确保自动关键帧锁处于红色打开状态下点击移动工具,如图所示将对象移动,放置到合适位置。也可以使用移动快捷键 W,对对象进行操作。此时物体对象在此帧下设置了关键帧。

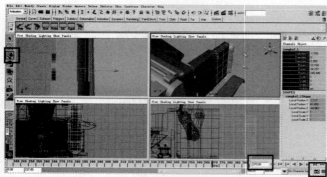

在时间轴点选第 370 帧,将所选对象在此帧上设置另一关键帧,在确保自动关键帧锁处于红色打开状态下点击移动工具,如图所示将对象移动,放置到合适位置。也可以使用移动快捷键 W,对对象进行操作。此时物体对象在此帧下设置了关键帧。

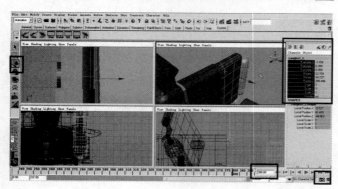

在时间轴点选第 380 帧,将所选对象在此帧上设置另一关键帧,在确保自动关键帧锁处于红色打开状态下点击移动工具,如图所示将对象移动,放置到合适位置。也可以使用移动快捷键 W,对对象进行操作。此时物体对象在此帧下设置了关键帧。

此时物体对象在此帧下设置了关键帧,对象有了动画效果,可以点播放按钮查看。

至此擎天柱储藏仓左侧变形动画已制作好。

储藏仓右侧变形动画制作同左侧。

第 5 章 腰部连接处零件的变形和动画关键帧调节操作

　　本章用来制作擎天柱腰部连接处零件的变形动画。在制作过程中，主要用到动画中关键帧的相关操作，以及结合动画变形，对关键帧进行细微调整，进而修改动画动态效果的方法。通过反复观察，调整关键帧的设置，可以让动画更流畅。

身体连接关节动画

知识点

设置关键帧的操作。

结合动画变形,对关键帧进行微小调整修改。观察动画,调整关键帧的设置,使动画更流畅。

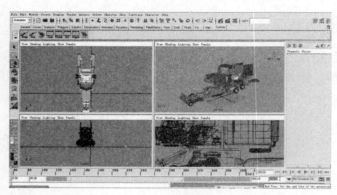

➡　调整视图,准备进行腰部连接关节的动画变形。

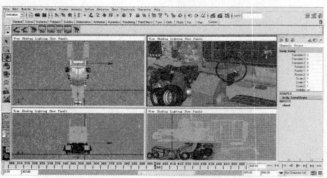

➡　鼠标左键单击选中腰部的多边体零件 body_kong,如图所示。因为这个零件之前我们设置了父子关系,选中 body_kong 零件时,其他处于子关系的物体都被选中。

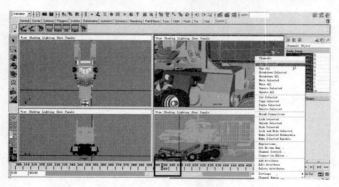

➡　点击第 400 帧,准备将选中的对象在此帧创建关键帧。

首先在物体通道栏中按住鼠标左键自上而下进行拖拽,将变化所需的控制项拖拽成黑色状态,如图。之后将鼠标放于选中的黑色参数项上,按住鼠标右键不放弹出对话框,不松开鼠标右键的同时,将鼠标移动到 Key Selected 上,最后松开鼠标右键,完成创建关键帧的操作。

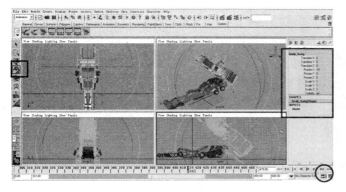

➡　对象设置关键帧成功之后，通道框中参数项呈现红色。

　　在时间轴点选第 415 帧，将所选对象在此帧上设置另一关键帧，在确保自动关键帧锁处于红色打开状态下点击旋转工具，如图所示将对象旋转，放置到合适位置。也可以使用旋转快捷键 E，对对象进行操作。如精确控制，可在 Rotate X 参数栏中输入参数−41，将对象进行旋转。

　　此时物体对象在此帧设置了关键帧，要观看动画效果可以点播放按钮。

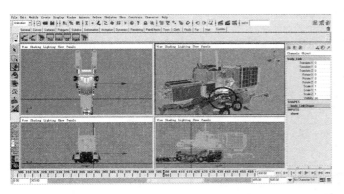

➡　选中上半身与下半身连接处零件 body_Link，如图所示。

　　点击第 400 帧，准备将此时选中的对象在此帧上创建关键帧。

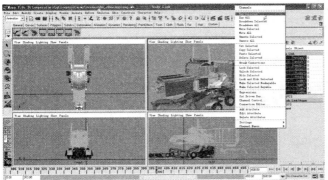

➡　首先在物体通道栏中按住鼠标左键自上而下进行拖拽，将变化所需的控制项拖拽成黑色状态，如图。之后将鼠标放于选中的黑色参数项上，按住鼠标右键不放弹出对话框，不松开鼠标右键的同时，将鼠标移动到 Key Selected 上，最后松开鼠标右键，完成创建关键帧的操作。

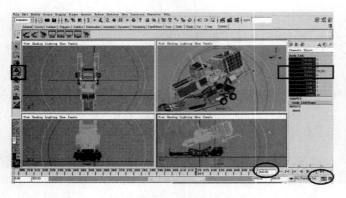

➡　对象设置关键帧成功之后，通道框中参数项呈现红色。

在时间轴点选第 420 帧，将所选对象在此帧上设置另一关键帧，在确保自动关键帧锁处于红色打开状态下点击旋转工具，如图所示将对象旋转，放置到合适位置。也可以使用旋转快捷键 E，对对象进行操作。如精确控制，可在 Rotate X 参数栏中输入参数 59.283，将对象进行旋转。

此时物体对象在此帧下设置了关键帧。

此时物体对象在此帧下设置了关键帧，要观看动画效果可以点播放按钮。

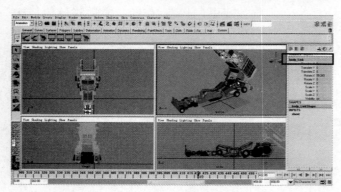

➡　鼠标左键单击选中腰部的多边体零件，body_kong，如图所示。

在时间轴点选第 430 帧，在确保自动关键帧锁处于红色打开状态下在此帧上设置另一关键帧。

点击旋转工具，如图所示将对象旋转，放置到合适位置。如需精确控制，可在 Rotate X 参数栏中输入参数 -180，将对象进行旋转。

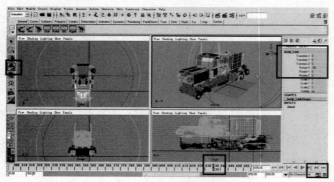

➡　选中上半身与下半身连接处零件 body_Link，如图所示。

➡　在时间轴点选第 435 帧，将所选对象在此帧上设置另一关键帧，在确保自动关键帧锁处于红色打开状态下点击旋转工具，如图所示将对象旋转，放置到合适位置。也可以使用旋转快捷键 E，对对象进行操作。如精确控制，可在 Rotate X 参数栏中输入参数 180，将对象进行旋转。

此时物体对象在此帧下设置了关键帧。

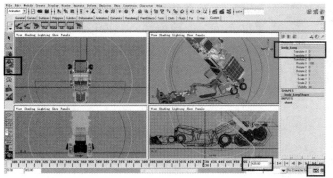

➡　鼠标左键单击选中腰部的多边体零件 body_kong，如图所示。

在时间轴点选第 430 帧，修改物体此帧上的关键帧设置在确保自动关键帧锁处于红色打开状态下。

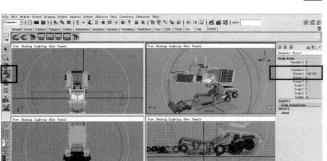

➡　点击旋转工具，如图所示将对象旋转，放置到合适位置。也可以使用旋转快捷键 E，对象进行操作。如精确控制，可在 Rotate X 参数栏中输入参数 −146.126，将对象进行旋转。

修改这个关键帧对物体的变形作细微调整。

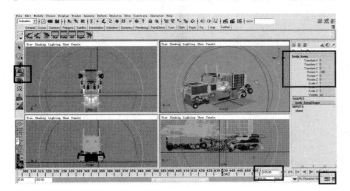

➡　在时间轴点选第 435 帧，将所选对象在此帧上设置另一关键帧，在确保自动关键帧锁处于红色打开状态下点击旋转工具，如图所示将对象旋转，放置到合适位置。也可以使用旋转快捷键 E，对对象进行操作。如精确控制，可在 Rotate X 参数栏中输入参数 −180，将对象进行旋转。

此时物体对象在此帧下设置了关键帧。

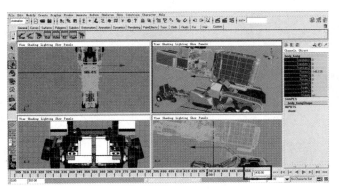

➡　准备将上身缩放，首先确保 body_kong 被选中。

点击第 430 帧，准备将此时选中的对象在此帧上创建关键帧。

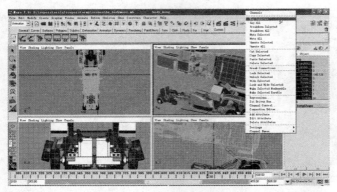

➡️ 首先在物体通道栏中按住鼠标左键自上而下进行拖拽，将变化所需的控制项拖拽成黑色状态，如图。之后将鼠标放于选中的黑色参数项上，按住鼠标右键不放弹出对话框，不松开鼠标右键的同时，将鼠标移动到 Key Selected 上，最后松开鼠标右键，完成创建关键帧的操作。

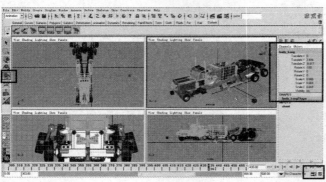

➡️ 在时间轴点选第 435 帧，在此帧上设置另一关键帧，在确保自动关键帧锁处于红色打开状态下点击缩放工具，如图所示将对象缩小到合适位置。也可以使用缩放快捷键 R 对对象进行操作。如精确控制，可在 ScaleX、Y、Z 参数栏中输入参数 0.668，将对象进行缩放。

此时物体对象在此帧下设置了关键帧，要观看动画效果可以点播放按钮。

至此擎天柱上半身连接处变形制作好。

关键帧调整

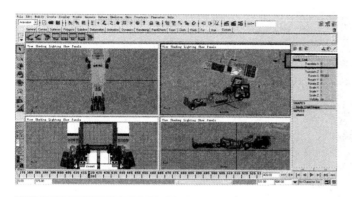

➡ 在动画播放中,如果希望这个时间段物体变形速度加快,我们可以通过调整动画的关键帧来达到目的。

主要通过关键帧的复制和剪切操作实现。

鼠标左键单击选中上半身与下半身连接处零件 body_Link,如图所示。

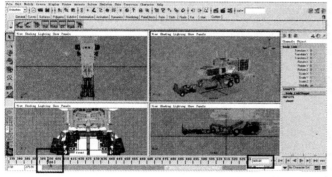

➡ 当观看动画时发现物体变形得太快时,可以随时调整关键帧,通过改变关键帧间的距离,来达到改变物体的变化时间长短的效果。

下面进行剪切关键帧操作。

首先在时间轴上,鼠标点选第 400 红色关键帧。

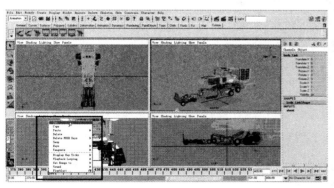

➡ 将鼠标置于 400 红色关键帧上,之后按住鼠标右键不放,此时弹出对话框,不要松开鼠标右键,将鼠标移动到 Cut(剪切)上,松开鼠标右键,完成剪切关键帧的操作。

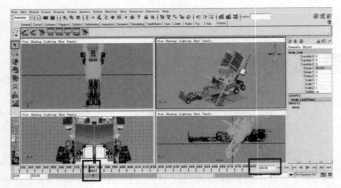

➡　进行拷贝、粘贴关键帧操作。

　　首先在时间轴上，将鼠标置于第 380 帧位置之上。

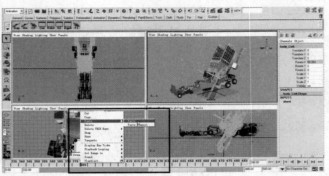

➡　将鼠标置于时间轴 380 红色关键帧上，之后按住鼠标右键不放，此时弹出对话框，不要松开鼠标右键，将鼠标移动到 Paste（拷贝、粘贴）上，不松鼠标右键，在弹出菜单中移动到 Paste 上，松开鼠标右键，完成拷贝粘贴关键帧的操作。

➡　继续进行剪切关键帧操作。

　　在时间轴上，鼠标点选第 420 红色关键帧。

➡　将鼠标置于时间轴第 420 红色关键帧上，之后按住鼠标右键不放，此时弹出对话框，不要松开鼠标右键，将鼠标移动到 Cut（剪切）上，松开鼠标右键，完成剪切关键帧的操作。

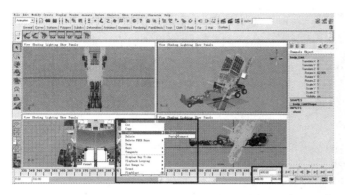

➡️　进行拷贝、粘贴关键帧操作。

首先在时间轴上,将鼠标置于第 400 帧位置之上,之后按住鼠标右键不放,此时弹出对话框,不要松开鼠标右键,将鼠标移动到 Paste(拷贝、粘贴)上,不松鼠标右键,在弹出菜单中移动到 Paste 上,松开鼠标右键,完成拷贝粘贴关键帧的操作。

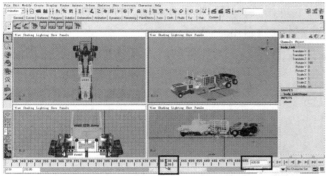

➡️　继续进行剪切关键帧操作。

在时间轴上,鼠标点选第 435 红色关键帧。

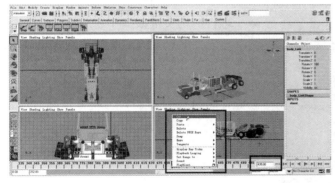

➡️　将鼠标置于时间轴第 435 红色关键帧上,之后按住鼠标右键不放,此时弹出对话框,不要松开鼠标右键,将鼠标移动到 Cut(剪切)上,松开鼠标右键,完成剪切关键帧的操作。

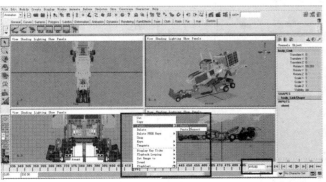

➡️　进行拷贝、粘贴关键帧操作。

首先在时间轴上,将鼠标置于第 415 帧位置之上,之后按住鼠标右键不放,此时弹出对话框,不要松开鼠标右键,将鼠标移动到 Paste(拷贝、粘贴)上,不松鼠标右键,在弹出菜单中移动到 Paste 上,松开鼠标右键,完成拷贝粘贴关键帧的操作。

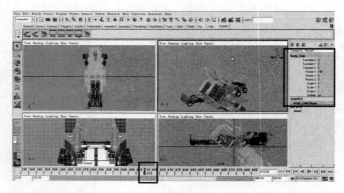

➡ 关键帧拷贝创建完成,可以看到时间轴第 415 帧位置呈现红色。物体通道栏中参数呈现红色。

至此 body_Link 零件关键帧调整完成。

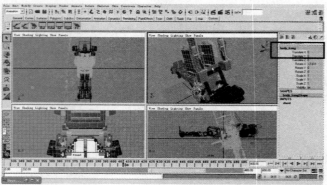

➡ 鼠标左键单击选中腰部的多边体零件 body_kong。

当观看动画发现物体变形不连贯时,可以随时调整关键帧,通过改变关键帧间的位置和距离,来达到改变物体的变化时间长短,改变物体变化状态和层次的效果。

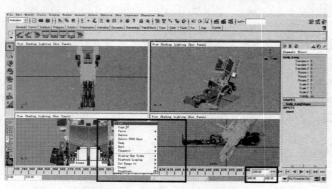

➡ 进行剪切关键帧操作。

首先在时间轴上,将鼠标置于第 400 红色关键帧上,之后按住鼠标右键不放,此时弹出对话框,不要松开鼠标右键,将鼠标移动到 Cut(剪切)上,松开鼠标右键,完成剪切关键帧的操作。

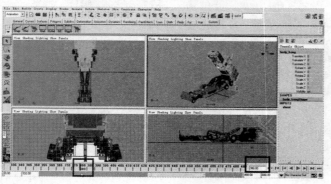

➡ 进行拷贝、粘贴关键帧操作。

首先在时间轴上,将鼠标置于第 380 帧位置之上。

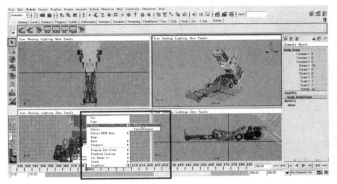

➡　将鼠标置于时间轴第 380 红色关键帧上,之后按住鼠标右键不放,此时弹出对话框,不要松开鼠标右键,将鼠标移动到 Paste(拷贝、粘贴)上,不松鼠标右键,在弹出菜单中移动到 Paste 上,松开鼠标右键,完成拷贝粘贴关键帧的操作。

➡　继续进行剪切关键帧操作。

　　首先在时间轴上,将鼠标置于第 415 红色关键帧上,之后按住鼠标右键不放,此时弹出对话框,不要松开鼠标右键,将鼠标移动到 Cut(剪切)上,松开鼠标右键,完成剪切关键帧的操作。

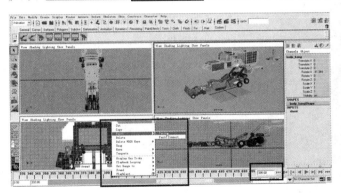

➡　进行拷贝、粘贴关键帧操作。

　　首先在时间轴上,将鼠标置于第 395 帧位置之上,之后按住鼠标右键不放,此时弹出对话框,不要松开鼠标右键,将鼠标移动到 Paste(拷贝、粘贴)上,不松鼠标右键,在弹出菜单中移动到 Paste 上,松开鼠标右键,完成拷贝粘贴关键帧的操作。

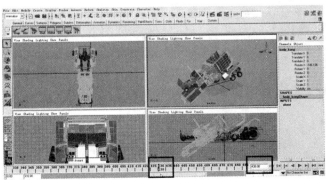

➡　继续进行剪切关键帧操作。

　　首先在时间轴上,鼠标点选第 430 红色关键帧。

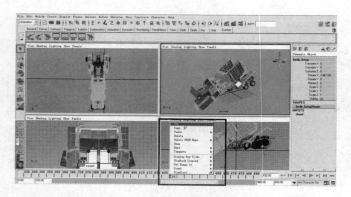

➡　将鼠标置于时间轴第 430 红色关键帧上,之后按住鼠标右键不放,此时弹出对话框,不要松开鼠标右键,将鼠标移动到 Cut(剪切)上,松开鼠标右键,完成剪切关键帧的操作。

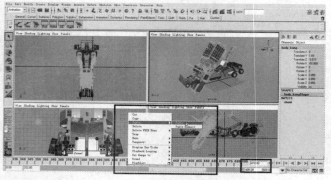

➡　进行拷贝、粘贴关键帧操作。

首先在时间轴上,将鼠标置于第 410 帧位置之上,之后按住鼠标右键不放,此时弹出对话框,不要松开鼠标右键,将鼠标移动到 Paste(拷贝、粘贴)上,不松鼠标右键,在弹出菜单中移动到 Paste 上,松开鼠标右键,完成拷贝粘贴关键帧的操作。

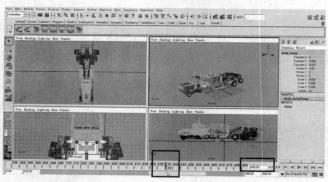

➡　继续进行剪切关键帧操作。

首先在时间轴上,鼠标点选第 435 红色关键帧。

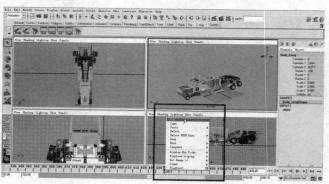

➡　将鼠标置于时间轴第 435 红色关键帧上,之后按住鼠标右键不放,此时弹出对话框,不要松开鼠标右键,将鼠标移动到 Cut(剪切)上,松开鼠标右键,完成剪切关键帧的操作。

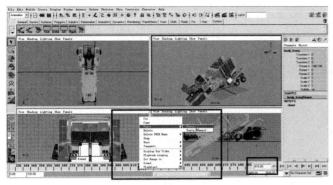

➡ 进行拷贝、粘贴关键帧操作。

首先在时间轴上,将鼠标置于第 415 帧位置之上,之后按住鼠标右键不放,此时弹出对话框,不要松开鼠标右键,将鼠标移动到 Paste(拷贝、粘贴)上,不松鼠标右键,在弹出菜单中移动到 Paste 上,松开鼠标右键,完成拷贝粘贴关键帧的操作。

➡ 至此,关键帧拷贝创建完成,可以看到时间轴第 415 帧位置呈现红色。物体通道栏中参数呈现红色。

至此,擎天柱腰部的多边体零件,body _kong 关键帧调整完成。

细微零件变形效果

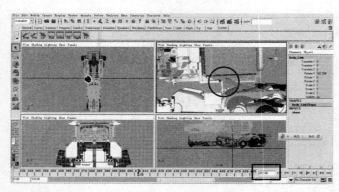

➡ 在时间轴上，鼠标点选第 408 帧，在 persp 视图中观察发现零件与零件之间有较大缝隙，我们现将它进行调整。

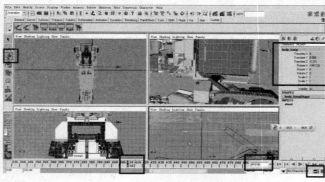

➡ 鼠标左键单击选中腰部的多边体零件 body_kong，如图所示。

在时间轴点选第 410 帧，将所选对象在此帧上创建设置关键帧，在确保自动关键帧锁处于红色打开状态下点击移动工具，如图所示将选中对象进行移动，放置到合适位置，使零件缝隙变没，零件接触，如图所示。

也可以使用移动快捷建 W，对对象进行操作。将对象进行移动。

至此物体对象在此帧下设置了关键帧。

➡ 在时间轴点选第 415 帧，观察发现擎天柱后挡泥瓦位置很靠下，我们下面对动画进行调整。

确保鼠标左键单击选中腰部的多边体零件 body_kong，如图所示。

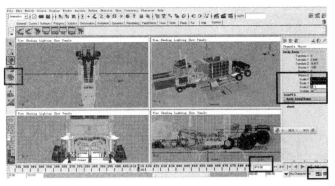

➡　调整关键帧,在时间轴点选第 415 帧,将所选对象在此帧上的关键帧作调整,在确保自动关键帧锁处于红色打开状态下点击缩放工具,如图所示将对象缩放,放置到合适位置。也可以使用缩放快捷键 R,对象进行操作。如精确控制,可在 Scale X、Y、Z 参数栏中都输入参数 1,将对象进行缩放。

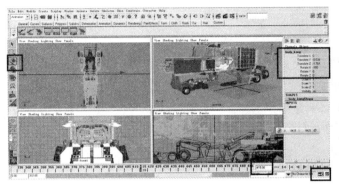

➡　继续调整关键帧,在时间轴点选第 415 帧,将所选对象在此帧上的关键帧作调整,在确保自动关键帧锁处于红色打开状态下点击移动工具,如图所示将选中对象向上方移动,放置到合适位置。也可以使用移动快捷建 W,对对象进行操作。此时物体对象在此关键帧下的动画进行了变化调整。

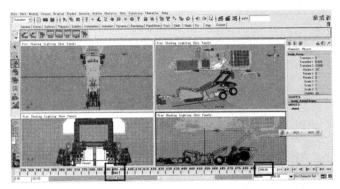

➡　在时间轴点选第 395 帧,对动画进行细微调整。

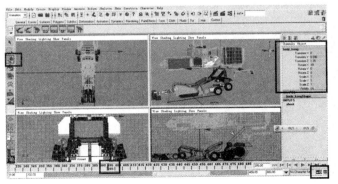

➡　调整关键帧,在时间轴 395 帧上,确保自动关键帧锁处于红色打开状态时点击移动工具,如图所示将选中对象向下方稍作位置调整移动,放置到合适位置。也可以使用移动快捷建 W,对对象进行操作。此时物体对象在此关键帧下的动画进行了变化调整。

　　至此,擎天柱上半身连接处变形动画制作好。

第6章 拳头和后轮变形

　　本章介绍了机器人拳头和后轮零件变形动画的制作过程。知识点方面,在制作拳头零件的变形中,用到了 Outliner 大纲的操作方法。在众多零件物体中,可以从大纲中快速找到所需的物体群组。在制作擎天柱机器人后轮零件变形动画中,回顾了关键帧动画的制作。

拳头动画

知识点

Outliner 大纲可以让我们在众多零件物体中,快速地找到所需物体群组。

复习关键帧动画制作。

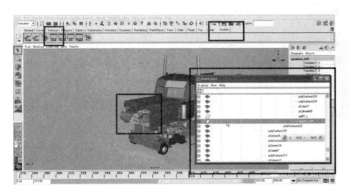

➡ 大纲视图,便于我们在众多物体中选择我们需要的物体。点击菜单栏中的 Window>Outliner,调出大纲视图。

也可以左键点击自定义快捷栏中刚才已经创建的大纲视图快捷键,调出大纲视图。

鼠标左键单击点选擎天柱左拳头的任意一个零件,再在 Outliner 大纲窗口中,按键盘 F 键,找到我们选中的节点,从在 Outliner 中顺着往上找到左拳头零件群组。从图中可以看到,擎天柱左拳头零件群组节点 quantou_left 已经被找到并选中。

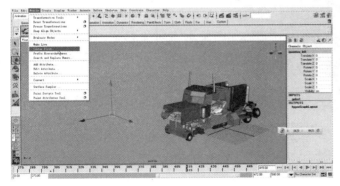

➡ 选中对象之后左键点击自定义快捷栏中刚才已经创建的快捷键,将所选物体中心点移动到对象的中心。

也可以手动操作点选 Modify > Center Pivot。

➡ 此时,所选物体中心点的位置已移动到对象的中心,点击第 415 帧,准备将此时选中的对象在此帧上创建关键帧。

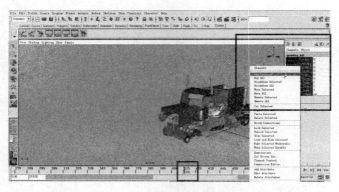

➡ 首先在物体通道栏中按住鼠标左键自上而下进行拖拽，将变化所需的控制项拖拽成黑色状态，如图。之后将鼠标放于选中的黑色参数项上，按住鼠标右键不放弹出对话框，不松开鼠标右键的同时，将鼠标移动到 Key Selected 上，最后松开鼠标右键，完成创建关键帧的操作。

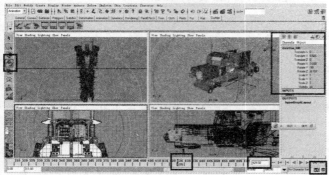

➡ 对象设置关键帧成功之后，通道框中参数项呈现红色。

在时间轴点选第 425 帧，将所选对象在此帧上设置另一关键帧，在确保自动关键帧锁处于红色打开状态下点击旋转工具，如图所示将对象旋转，放置到合适位置。也可以使用旋转快捷键 E，对对象进行操作。如精确控制，可在 Rotate X、Rotate Y、Rotate Z 参数栏中输入参数，将对象进行旋转。

至此物体对象在此帧下设置了关键帧。

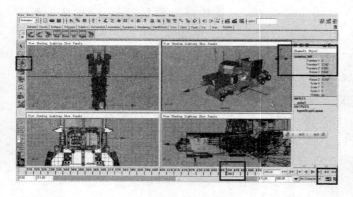

➡ 在时间轴点选第 450 帧，将所选对象在此帧上设置另一关键帧，在确保自动关键帧锁处于红色打开状态下点击移动工具，如图所示将对象移动，放置到合适位置。也可以使用移动快捷键 W，对对象进行操作。此时物体对象在此帧下设置了关键帧。

此时物体对象在此帧下设置了关键帧，要观看动画效果可以点播放按钮。

至此擎天柱左拳变形动画制作好。

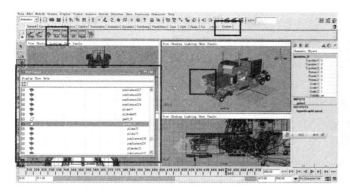

点选大纲视图，便于我们在众多物体中选择我们需要的物体。点击菜单栏中的 Window>Outliner，调出大纲视图。

也可以左键点击自定义快捷栏中刚才已经创建的大纲视图快捷键，调出大纲视图。

鼠标左键单击点选擎天柱左拳头的任意一个零件，再在 Outliner 大纲窗口中，按键盘 F 键，找到我们选中的节点，在 Outliner 中顺着往上找到右拳头零件群组。可以看到，擎天柱左拳头零件群组节点，quantou＿R 节点已经被找到并被选中了。

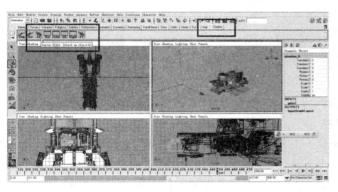

选中对象之后左键点击自定义快捷栏中刚才已经创建的快捷键，将所选物体中心点移动到对象的中心。

也可以手动操作点选 Modify＞Center Pivot。

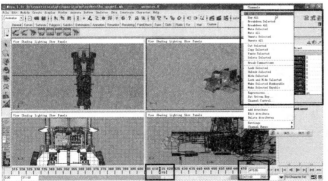

此时，所选物体中心点已移动到对象的中心。点击第 415 帧，准备将此时选中的对象在此帧上创建关键帧。

首先在物体通道栏中按住鼠标左键自上而下进行拖拽，将变化所需的控制项拖拽成黑色状态，如图。之后将鼠标放于选中的黑色参数项上，按住鼠标右键不放弹出对话框，不松开鼠标右键的同时，将鼠标移动到 Key Selected 上，最后松开鼠标右键，完成创建关键帧的操作。

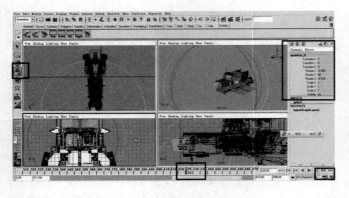

➡ 对象设置关键帧成功之后,通道框中参数项呈现红色。

在时间轴点选第 425 帧,将所选对象在此帧上设置另一关键帧,在确保自动关键帧锁处于红色打开状态下点击旋转工具,如图所示将对象旋转,放置到合适位置。也可以使用旋转快捷键 E,对对象进行操作。如精确控制,可在 Rotate X、Rotate Y、Rotate Z 参数栏中输入参数,将对象进行旋转。

此时物体对象在此帧下设置了关键帧。

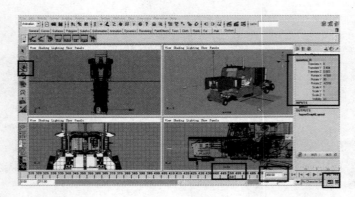

➡ 在时间轴点选第 450 帧,将所选对象在此帧上设置另一关键帧,在确保自动关键帧锁处于红色打开状态下点击移动工具,如图所示将对象移动,放置到合适位置。也可以使用移动快捷键 W,对对象进行操作。此时物体对象在此帧下设置了关键帧。

此时物体对象在此帧下设置了关键帧,动画效果可以点播放按钮查看。

至此擎天柱右拳变形动画制作好。

后轮动画

设置关键帧的操作。

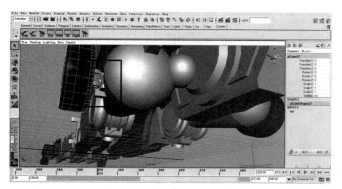

➡　点击选中大腿部位零件 pCube27，如图所示，我们之前已将零件建立父子关系，这个零件控制着左侧中后车轮。

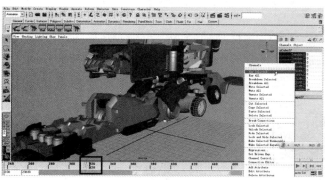

➡　点击第 320 帧，准备将选中的对象在此帧上创建关键帧。

首先在物体通道栏中按住鼠标左键自上而下进行拖拽，将变化所需的控制项拖拽成黑色状态，如图。之后将鼠标放于选中的黑色参数项上，按住鼠标右键不放弹出对话框，不松开鼠标右键的同时，将鼠标移动到 Key Selected 上，最后松开鼠标右键，完成创建关键帧的操作。

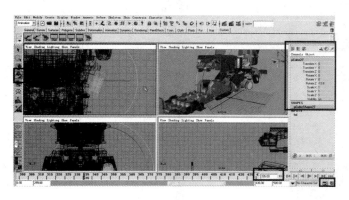

➡　对象设置关键帧成功之后，通道框中参数项呈现红色。

在时间轴点选 335 帧，将所选对象在此帧上设置另一关键帧，在确保自动关键帧锁处于红色打开状态下点击旋转工具，如图所示将对象旋转，放置到合适位置。也可以使用旋转快捷键 E，对对象进行操作。如精确控制，可在 Rotate Z 参数栏中输入参数-13.8，将对象进行旋转。

此时物体对象在此帧下设置了关键帧，该对象有了动画效果，可以点播放按钮查看。

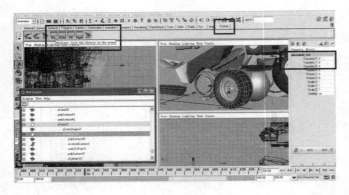

➡ 点选大纲视图，以便于在众多物体中选择我们需要的物体。点击菜单栏中的 Window>Outliner，调出大纲视图。

也可以左键点击自定义快捷栏中刚才创建的大纲视图快捷键，调出大纲视图。

鼠标左键单击点选擎天柱大腿左中后轮的任意一个零件，再在 Outliner 大纲窗口中，按键盘 F 键，找到我们选中的节点，从在 Outliner 中顺着往上找到擎天柱左中后轮零件群组 wheelmid_left。

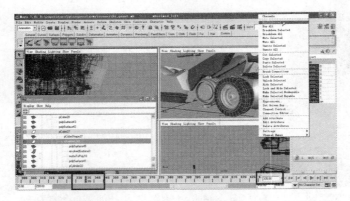

➡ 点击第 335 帧，准备将选中的对象在此帧上创建关键帧。

首先在物体通道栏中按住鼠标左键自上而下进行拖拽，将变化所需的控制项拖拽成黑色状态，如图。之后将鼠标放于选中的黑色参数项上，按住鼠标右键不放弹出对话框，不松开鼠标右键的同时，将鼠标移动到 Key Selected 上，最后松开鼠标右键，完成创建关键帧的操作。

➡ 对象设置关键帧成功之后，通道框中参数项呈现红色。

在时间轴点选第 350 帧，在此帧上设置另一关键帧，在确保自动关键帧锁处于红色打开状态下点击旋转工具，如图所示将对象旋转，放置到合适位置。也可以使用旋转快捷键 E，对对象进行操作。如精确控制，可在 Rotate Z 参数栏中输入参数20.086，将对象进行旋转。

此时物体对象在此帧下设置了关键帧，有了动画效果，可以点播放按钮查看。

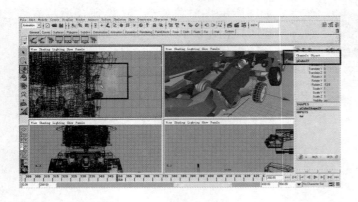

➡ 再次点击选中控制着左侧中后车轮的大腿部位零件 pCube27，如图所示。

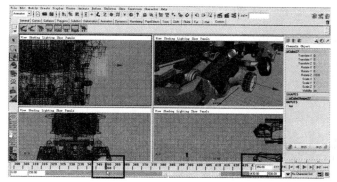

➡ 点击第 350 帧，准备将选中的对象在此帧上创建关键帧。

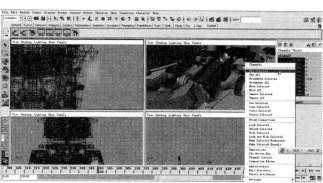

➡ 首先在物体通道栏中按住鼠标左键自上而下进行拖拽，将变化所需的控制项拖拽成黑色状态，如图。之后将鼠标放于选中的黑色参数项上，按住鼠标右键不放弹出对话框，不松开鼠标右键的同时，将鼠标移动到 Key Selected 上，最后松开鼠标右键，完成创建关键帧的操作。

对象设置关键帧成功之后，通道框中参数项呈现红色。

至此擎天柱左侧中后车轮变形动画制作好。

第 7 章 cluster 簇调整卡车头动画

本章介绍了擎天柱机器人变形成卡车动画中,车头部位的零件变形动画。详细讲解了新的知识点:关于 Maya 中 cluster 簇的介绍和操作。簇,可以用来控制物体的形状,既可以控制一个物体的形状,也可以控制多个物体以及群组的形状,在 Maya 动画设置制作中非常重要。利用簇控制物体节点的方法在之后的制作中还有更深入的操作实例。另外,还介绍了将物体对象放入图层、隐藏图层、显示图层的操作。

车头局部零件调整

知识点

关于 Maya cluster 簇的介绍和操作。

簇，可用来控制物体的形状，既可以控制一个物体的形状，也可以控制多个物体以及群组的形状，在 Maya 动画设置制作中具有非常重要的地位。

利用簇控制物体节点的方法在之后的制作中还将有更深入的操作实例。

复习将对象放入图层、隐藏图层、显示图层的操作。

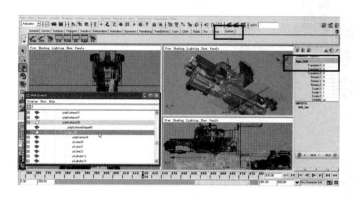

➡　点选大纲视图，以便于我们在众多物体中选择我们需要的物体。点击菜单栏中的 Window>Outliner，调出大纲视图。

也可以左键点击自定义快捷栏中刚才已经创建的大纲视图快捷键，调出大纲视图。

鼠标左键单击点选擎天柱大腿左腿任意一个零件，再在 Outliner 大纲窗口中，按键盘 F 键，找到我们选中的节点，从在 Outliner 中顺着往上找到擎天柱左腿零件群组节点 legs_left。

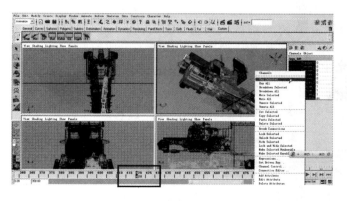

➡　点击第 420 帧，准备将选中的对象在此帧上创建关键帧。

首先在物体通道栏中按住鼠标左键自上而下进行拖拽，将变化所需的控制项拖拽成黑色状态，如图。之后将鼠标放于选中的黑色参数项上，按住鼠标右键不放弹出对话框，不松开鼠标右键的同时，将鼠标移动到 Key Selected 上，最后松开鼠标右键，完成创建关键帧的操作。

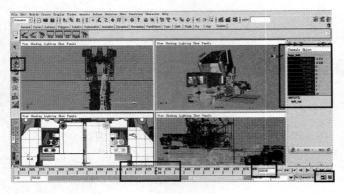

➡ 对象设置关键帧成功之后,通道框中参数项呈现红色。

在时间轴点选第 430 帧,将所选对象在此帧上设置另一关键帧,在确保自动关键帧锁处于红色打开状态下点击移动工具,如图所示将对象移动,放置到合适位置。也可以使用移动快捷键 W 进行操作。此时物体对象在此帧下设置了关键帧,有了动画效果,可以点播放按钮查看。

➡ 点选大纲视图,以便于我们在众多物体中选择我们所需要的物体。点击菜单栏中的 Window>Outliner,调出大纲视图。

也可以左键点击自定义快捷栏中刚才创建的大纲视图快捷键,调出大纲视图。

鼠标左键单击点选擎天柱大腿右腿任意一个零件,再在 Outliner 大纲窗口中,按键盘 F 键,找到我们选中的节点,在 Outliner 中顺着往上找到擎天柱右腿零件群组节点 legs_Right。

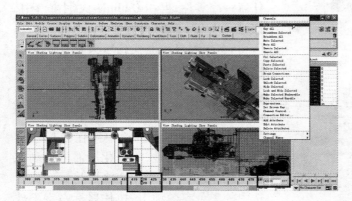

➡ 点击第 335 帧,准备将选中的对象在此帧上创建关键帧。

首先在物体通道栏中按住鼠标左键自上而下进行拖拽,将变化所需的控制项拖拽成黑色状态,如图。之后将鼠标放于选中的黑色参数项上,按住鼠标右键不放弹出对话框,不松开鼠标右键的同时,将鼠标移动到 Key Selected 上,最后松开鼠标右键,完成创建关键帧的操作。

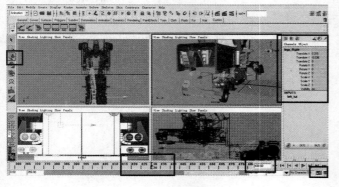

➡ 对象设置好关键帧后,在通道框中参数项呈现红色。

在时间轴点选第 430 帧,将所选对象在此帧上设置另一关键帧,在确保自动关键帧锁处于红色打开状态下点击移动工具,如图所示将对象移动,放置到合适位置。也可以使用移动快捷键 W 进行操作。此时物体对象在此帧下设置了关键帧,有了动画效果,可以点播放按钮查看。

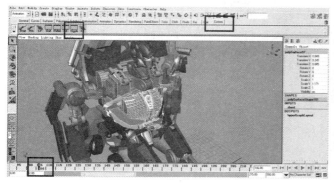

➡　点击第 106 帧，在此帧上，较容易选中所需零件。

　　左键点击自定义快捷栏中刚才已经创建的 Hypergraph 超图窗口快捷键，调出 Hypergraph 超图窗口。

　　也可以手动操作点选 Window > Hypergraph，调出 Hypergraph 超图窗口。

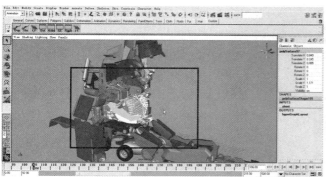

➡　点击擎天柱胸部任意一个零件，如图，将鼠标移到 Hypergraph 窗口中，按键盘 F 键，使被选中物体在 Hypergraph 窗口中显示出来。

　　配合 Hypergraph 选中整个胸部的所有零件，如图所示。

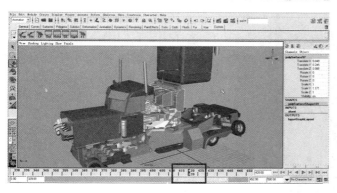

➡　点击第 420 帧，准备将选中的对象的创建簇，使用簇可以有效的控制对象变形的形态。

　　因为后储藏仓在后面变形的时候，胸部的零件会顶出来，所以我们创建簇，使用簇将胸部零件作适当调整，使整个动画更加逼真。

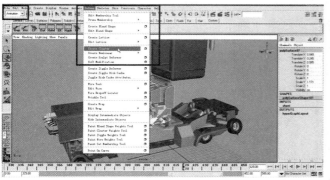

➡　在胸部零件处于被选中状态后，选择 Animation，动画模块，鼠标左键单击点选 Deform>Create Cluster 后面的方形，如图，执行创建簇命令。

➡　在弹出的对话框中按照图中参数进行设置,然后点击 Create。

　　此时,所选对象创建成簇。簇可以有效自由控制我们之前所选择的对象。

➡　此时,产生了控制所有胸部零件的簇 cluster1 Handle。

　　我们对这个簇进行缩放、移动或者旋转操作,与这个簇相关的所有对象(这里是我们之前选中的所有胸部零件)会产生相应的缩放、移动或旋转变化。

➡　点击通道栏,我们将这个簇改名为 shenti_C,这样便于我们操作记忆。

　　下面对这个簇设置变形动画。

➡　点击第 430 帧,准备将选中的簇在此帧上创建关键帧。

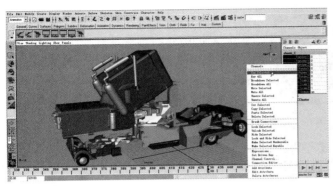

　　首先在物体通道栏中按住鼠标左键自上而下进行拖拽，将变化所需的控制项拖拽成黑色状态，如图。之后将鼠标放于选中的黑色参数项上，按住鼠标右键不放弹出对话框，不松开鼠标右键的同时，将鼠标移动到 Key Selected 上，最后松开鼠标右键，完成创建关键帧的操作。

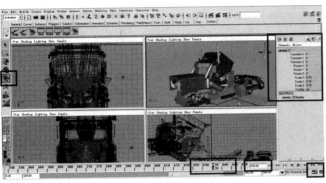

　　对象设置关键帧成功之后，通道框中参数项呈现红色。

　　在时间轴点选第 435 帧，在此帧上设置另一关键帧，在确保自动关键帧锁处于红色打开状态下点击缩放工具，如图所示将对象缩放，放置到合适位置。也可以使用缩放快捷键 R，对对象进行操作。如精确控制，可在 Scale X、Y、Z 参数栏中输入参数 0.75，将对象进行缩放。

　　此时物体对象在此帧下设置了关键帧，对象已经有了动画效果，可以点播放按钮查看。

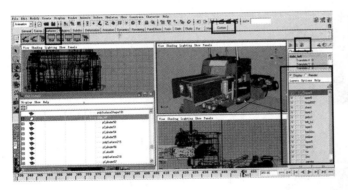

　　点击通道栏中的图标，将图层面板调出。

　　点选大纲视图，以便于我们在众多物体中选择我们需要的物体。点击菜单栏中的 Window>Outliner，调出大纲视图。

　　也可以左键点击自定义快捷栏中刚才创建的大纲视图快捷键，调出大纲视图。

　　鼠标左键单击点选擎天柱左大臂的任意一个零件，再在 Outliner 大纲窗口中，按键盘 F 键，找到我们选中的节点，在 Outliner 中顺着往上找到左大臂零件群组。可以看到控制整个左大臂所有零件的节点，dabi_left 节点已经被找到并被选中。

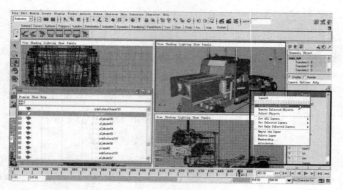

➡ 框选控制整个左大臂所有零件的节点 dabi_left 后，将鼠标放在 layer9 图层上，点鼠标右键并按住，选择 Add SelectedObjects，之后松开鼠标右键，将所选对象放入指定图层中。

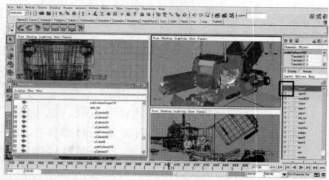

➡ 将 layer9 图层前的 V 点掉，这样该图层中的物体便处于隐藏状态，不会被我们看到，在视图中我们可以看到被这些物体遮挡的物体，以方便我们对其他物体进行编辑操作。

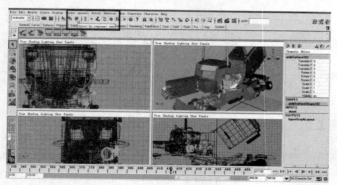

➡ 点击状态栏中图标，进入物体的点选择状态，选中所需点。也可以点击键盘 F8 切换到该模式。

➡ 进入物体的点选择状态后，按住键盘 Shift 键，选中所需点。

也可以按住鼠标左键框选所需点。

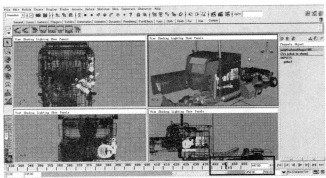

➡　点击第447帧,可以看到,储藏仓扣下来之后,胸部零件会露出来,我们需要将胸部零件变形到储藏仓盖子内部。

准备将选中的点创建变形簇,使用簇控制这些选点的变形。

➡　将layer9图层前的V点出,该图层中的物体便处于显示状态,以方便我们整体观察操作。

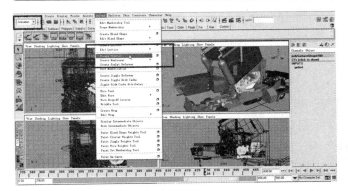

➡　创建簇:确认需要变形的点处于被选中状态后,选择Animation动画模块,鼠标左键单击点选Deform > Create Cluster,如图,执行创建簇命令。

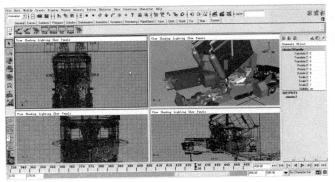

➡　此时,产生了控制所选节点的簇cluster2Handle。

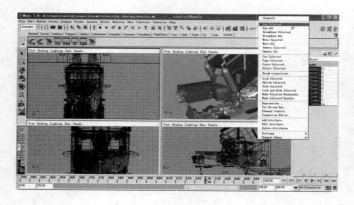

➡ 对这个簇设置变形动画,点击第 430 帧,准备将选中的对象在此帧上创建关键帧。

首先在物体通道栏中按住鼠标左键自上而下进行拖拽,将变化所需的控制项拖拽成黑色状态,如图。之后将鼠标放于选中的黑色参数项上,按住鼠标右键不放弹出对话框,不松开鼠标右键的同时,将鼠标移动到 Key Selected 上,最后松开鼠标右键,完成创建关键帧的操作。

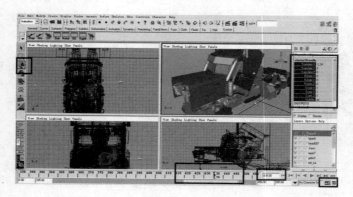

➡ 对象设置关键帧成功之后,通道框中参数项呈现红色。

在时间轴点选第 435 帧,将所选对象在此帧上设置另一关键帧,在确保自动关键帧锁处于红色打开状态下点击移动工具,如图所示将对象移动,放置到合适位置。也可以使用移动快捷键 W,对对象进行操作。如精确控制,可在 Translate X 参数栏中输入参数-2.24,将对象进行移动。

此时物体对象在此帧下设置了关键帧,有了动画效果,可以点播放按钮查看。

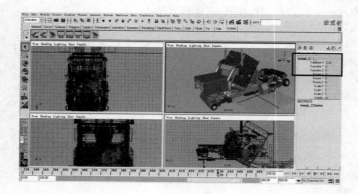

➡ 点击此处,我们将这个簇改名为 bangL_C,这样便于我们操作记忆。

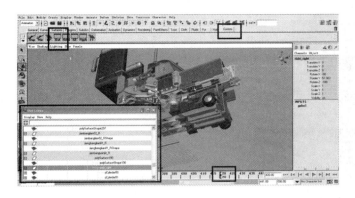

→ 在时间轴上点击第 420 帧。

点选大纲视图,以便于我们在众多物体中选择我们需要的物体。点击菜单栏中的 Window>Outliner,调出大纲视图。

也可以左键点击自定义快捷栏中刚才已经创建的大纲视图快捷键,调出大纲视图。

鼠标左键单击点选擎天柱右大臂的任意一个零件,再在 Outliner 大纲窗口中,按键盘 F 键,找到我们选中的节点,在 Outliner 中顺着往上找到右大臂零件群组。可以看到控制整个右大臂所有零件的节点,dabi_right 节点已经被找到并被选中。

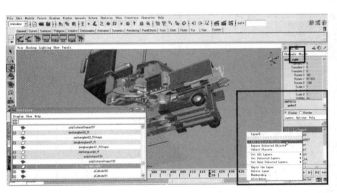

→ 框选控制整个右大臂所有零件的节点 dabi_right 后,将鼠标放在 layer9 图层上,点鼠标右键并按住,选择 Add Selected Objects,之后松开鼠标右键,将所选对象放入指定图层中。

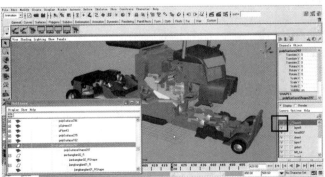

→ 将 layer9 图层前的 V 点掉,使图层中的物体处于隐藏状态,不会被我们看到,在视图中我们可以看到被这些物体遮挡的物体,方便我们对其他物体进行编辑操作。

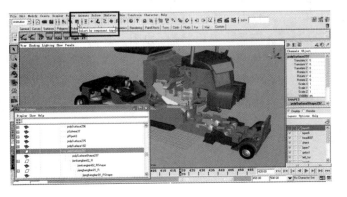

→ 点击状态栏中图标,进入物体的点选择状态,选中所需点。也可以点击键盘 F8切换到该模式。

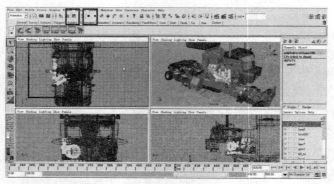

➡　进入物体的点选择状态后，按住键盘 Shift 键，选中所需点。

也可以按住鼠标左键框选所需点。

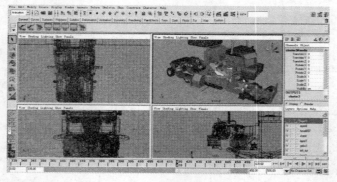

➡　准备将所选中的点创建变形簇，使用簇控制这些所选点的变形。

创建簇：确认需要变形的点处于被选中状态后，选择 Animation 动画模块，鼠标左键单击点选 Deform > Create Cluster，如图，执行创建簇命令。

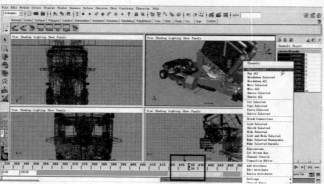

➡　此时，产生了控制所选节点的簇 cluster2Handle。

➡　对这个簇设置变形动画，点击第 430 帧，准备将选中的对象在此帧上创建关键帧。

首先在物体通道栏中按住鼠标左键自上而下进行拖拽，将变化所需的控制项拖拽成黑色状态，如图。之后将鼠标放于选中的黑色参数项上，按住鼠标右键不放弹出对话框，不松开鼠标右键的同时，将鼠标移动到 Key Selected 上，最后松开鼠标右键，完成创建关键帧的操作。

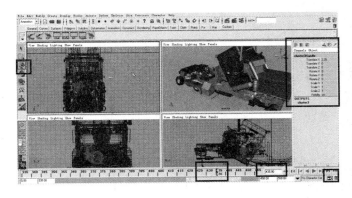

对象设置关键帧成功之后，通道框中参数项呈现红色。

在时间轴点选第 435 帧，将所选对象在此帧上设置另一关键帧，在确保自动关键帧锁处于红色打开状态下点击移动工具，如图所示将对象移动，放置到合适位置。也可以使用移动快捷键 W，对对象进行操作。如精确控制，可在 Translate X 参数栏中输入参数 2.25，将对象进行移动。

此时物体对象在此帧下设置了关键帧，有了动画效果，可以点播放按钮查看。

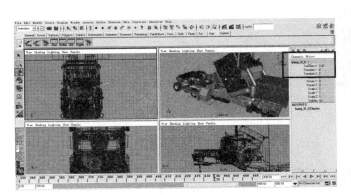

将 layer9 图层前的 V 点出，使图层中的物体处于显示状态，以方便我们整体观察操作。

点击此处，我们将这个簇改名为 bang _R_C，这样便于我们日后操作。

至此，擎天柱胸部零件簇调整动画制作好。

储藏仓调整和臀部调整动画

➡　点选大纲视图,以便于我们在众多物体中选择我们需要的物体。点击菜单栏中的 Window>Outliner,调出大纲视图。

也可以左键点击自定义快捷栏中刚才已经创建的大纲视图快捷键,调出大纲视图。

鼠标左键单击点选擎天柱臀部任意一个零件,再在 Outliner 大纲窗口中,按键盘 F 键,找到我们选中的节点,从在 Outliner 中顺着往上找到控制擎天柱臀部所有零件的群组节点 tun。

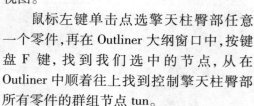

➡　点击第 450 帧,准备将选中的对象在此帧上创建关键帧。

➡　首先在物体通道栏中按住鼠标左键自上而下进行拖拽,将变化所需的控制项拖拽成黑色状态,如图。之后将鼠标放于选中的黑色参数项上,按住鼠标右键不放弹出对话框,在不松开鼠标右键的同时,将鼠标移动到 Key Selected 上,最后松开鼠标右键,完成创建关键帧的操作。

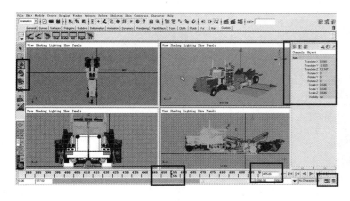

对象设置关键帧成功之后,通道框中参数项呈现红色。

在时间轴点选第 455 帧,在此帧上设置另一关键帧,在确保自动关键帧锁处于红色打开状态下点击缩放工具、移动工具,如图所示将对象缩放、移动,放置到合适位置。也可以使用缩放快捷键 R、移动快捷键 W,对象进行操作。此时物体对象在此帧下设置了关键帧,对象有了动画效果,可以点播放按钮查看。储藏仓簇动画调整好。

鼠标左键点击此处,创建一个新的图层。

英文提示是:Create a new layer。

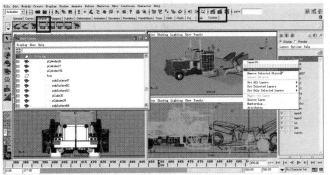

点选大纲视图,以便于我们在众多物体中选择我们需要的物体。点击菜单栏中的 Window>Outliner,调出大纲视图。

也可以左键点击自定义快捷栏中刚才已经创建的大纲视图快捷键,调出大纲视图。

配合 Outliner 大纲视图选中控制擎天柱臀部所有零件的群组节点 tun。

选中控制擎天柱臀部所有零件的群组节点 tun 后,将鼠标放在 layer10 图层上,点右键按住,选择 Add Selected Objects,松开鼠标右键,将所选物体放入指定图层中。

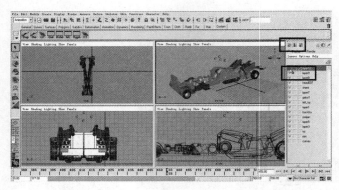

➡ 将 layer10 图层前的 V 点掉,使图层中的物体处于隐藏状态,不会被我们看到,在视图中我们可以看到被这些物体遮挡的物体,方便我们对其他物体进行编辑操作。

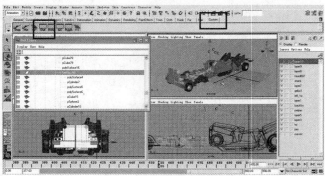

➡ 点选大纲视图,以便于在众多物体中选择我们需要的物体。点击菜单栏中的 Window>Outliner,调出大纲视图。

也可以左键点击自定义快捷栏中刚才已经创建的大纲视图快捷键,调出大纲视图。

配合 Outliner 大纲视图选中控制擎天柱左小腿所有零件的群组节点 foottop_left。

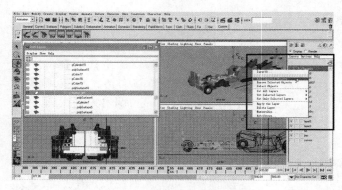

➡ 选中控制擎天柱左小腿所有零件的群组节点 foottop_left 后,将鼠标放在 layer10 图层上,点鼠标右键并按住,选择 Add Selected Objects,之后松开鼠标右键,将所选对象放入指定图层中。

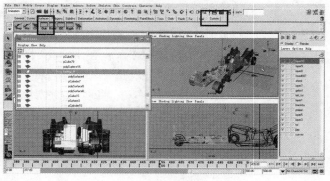

➡ 点选大纲视图,以便于在众多物体中选择我们需要的物体。点击菜单栏中的 Window>Outliner,调出大纲视图。

也可以左键点击自定义快捷栏中刚才创建的大纲视图快捷键,调出大纲视图。

配合 Outliner 大纲视图选中控制擎天柱右小腿所有零件的群组节点 foottop_R。

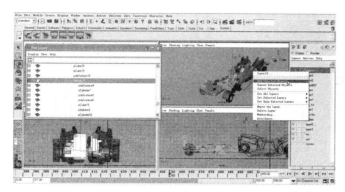

➡　选中控制擎天柱左小腿所有零件的群组节点 foottop_left 后，将鼠标放在 layer10 图层上，点鼠标右键并按住，选择 Add Selected Objects，松开鼠标右键，将所选对象放入指定图层中。

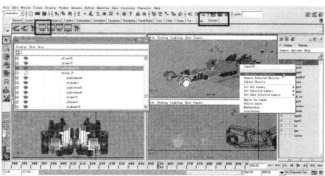

➡　点选大纲视图，以便于在众多物体中选择我们需要的物体。点击菜单栏中的 Window>Outliner，调出大纲视图。

也可以左键点击自定义快捷栏中刚才创建的大纲视图快捷键，调出大纲视图。

配合 Outliner 大纲视图选中控制擎天柱左侧和右侧小腿车侧部零件的 polySurface16。

将鼠标放在 layer10 图层上，点鼠标右键并按住，选择 Add Selected Objects，松开鼠标右键，将所选对象放入指定图层中。

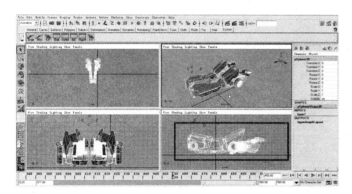

➡　将 layer10 图层前的 V 点掉，使图层中的物体处于隐藏状态，不会被我们看到，在视图中我们可以看到被这些物体遮挡的物体，方便了我们对其他物体进行编辑操作。

鼠标左键框选中后大腿我们将要变形的零件，如图所示。

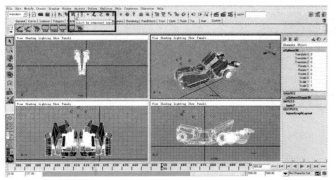

➡　点击状态栏中图标，进入物体的点选择状态，选中所需点。也可以点击键盘 F8 切换到该模式。

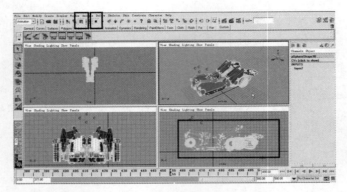

➡ 进入物体的点选择状态后,按住键盘 Shift 键,选中所需点。

也可以按住鼠标左键框选所需点。

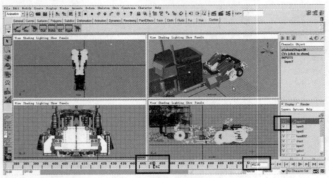

➡ 点击第 452 帧,从图中可以看到,大腿零件不太谐调,我们需要将大腿零件变形到后轮胎内侧。

准备将所选中的点创建成变形簇,使用簇控制这些所选点的变形。

将 layer10 图层前的 V 点出,使图层中的物体处于显示状态,以方便我们整体观察操作。

➡ 创建簇:确认需要变形的点处于被选中状态后,选择 Animation 动画模块,鼠标左键单击点选 Deform > Create Cluster,如图,执行创建簇命令。

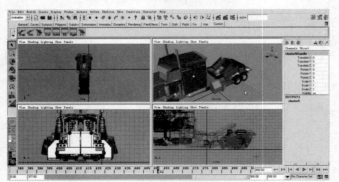

➡ 此时,产生了控制所选节点的簇 cluster5 Handle。

可以看到,当选中簇时,与之关联的零件呈现紫色。

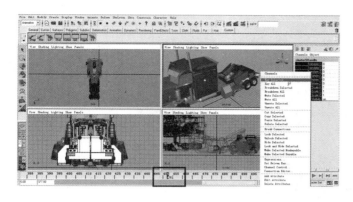

➡　对这个簇设置变形动画,点击第 452
帧,准备将选中的对象在此帧上创建关
键帧。

　　首先在物体通道栏中按住鼠标左键
自上而下进行拖拽,将变化所需的控制项
拖拽成黑色状态,如图。之后将鼠标放于
选中的黑色参数项上,按住鼠标右键不放
弹出对话框,不松开鼠标右键的同时,将
鼠标移动到 Key Selected 上,最后松开鼠
标右键,完成创建关键帧的操作。

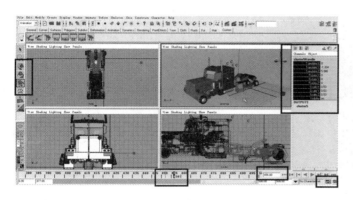

➡　对象设置关键帧成功之后,通道框中
参数项呈现红色。

　　在时间轴点选第 456 帧,在此帧上设
置另一关键帧,在确保自动关键帧锁处于
红色打开状态下点击缩放工具、移动工
具,如图所示将对象缩放、移动,放置到合
适位置。也可以使用缩放快捷键 R、移动
快捷键 W,对对象进行操作。此时物体对
象在此帧下设置了关键帧,对象有了动画
效果,可以点播放按钮查看。至此大腿簇
动画已调整好。

➡　点击此处,我们将这个簇改名为
houtui_C,这样便于我们操作记忆。

　　至此,擎天柱储藏仓动画调整和后大
腿变形动画已调整好。

油筒和储藏仓变形动画

知识点：

关键帧动画图层的操作重点；控制点的簇动画操作要领。

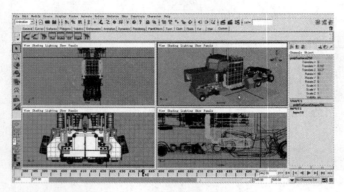

➡ 选中之前建立过父子关系的能够控制擎天柱储藏仓和两个油筒零件的 poly-Surface250 零件。

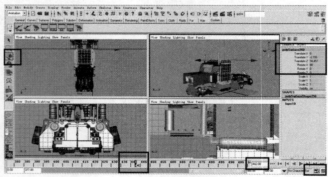

➡ 在时间轴点选第 442 帧，将所选对象在此帧上设置另一关键帧，在确保自动关键帧锁处于红色打开状态下点击移动工具，如图所示将对象移动，放置到合适位置。也可以使用移动快捷键 W，对对象进行操作。此时物体对象在此帧下设置了关键帧，对象有了动画效果，可以点播放按钮查看。

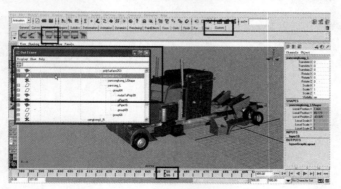

➡ 点击第 455 帧。

点选大纲视图，以便于在众多物体中选择我们需要的物体。点击菜单栏中的 Window>Outliner，调出大纲视图。

也可以左键点击自定义快捷栏中刚才创建的大纲视图快捷键，调出大纲视图。

鼠标左键单击点选擎天柱左侧烟囱的任意一个零件，再在 Outliner 大纲窗口中按键盘 F 键，找到我们选中的节点，在 Outliner 中顺着往上找到左侧烟囱零件群组。选中控制整个左侧烟囱所有零件的 yancongkong_L 节点。

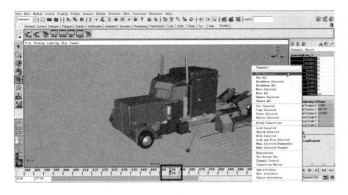

➡ 　点击第 455 帧,准备将选中的对象在此帧上创建关键帧。

　　首先在物体通道栏中按住鼠标左键自上而下进行拖拽,将变化所需的控制项拖拽成黑色状态,如图。之后将鼠标放于选中的黑色参数项上,按住鼠标右键不放弹出对话框,不松开鼠标右键的同时,将鼠标移动到 Key Selected 上,最后松开鼠标右键,完成创建关键帧的操作。

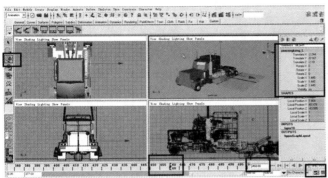

➡ 　对象设置关键帧成功之后,通道框中参数项呈现红色。

　　在时间轴点选第 460 帧,在此帧上设置另一关键帧,在确保自动关键帧锁处于红色打开状态下点击缩放工具、移动工具,如图所示将对象缩放、移动,放置到合适位置。也可以使用缩放快捷键 R、移动快捷键 W,对对象进行操作。此时物体对象在此帧下设置了关键帧,对象有了动画效果,可以点播放按钮查看。

➡ 　选中之前设置好父子关系,可以控制左侧挡泥瓦零件群组的零件 polySur-face67。

　　点击第 455 帧,准备将选中的对象在此帧上创建关键帧。

➡ 　首先在物体通道栏中按住鼠标左键自上而下进行拖拽,将变化所需的控制项拖拽成黑色状态,如图。之后将鼠标放于选中的黑色参数项上,按住鼠标右键不放弹出对话框,不松开鼠标右键的同时,将鼠标移动到 Key Selected 上,最后松开鼠标右键,完成创建关键帧的操作。

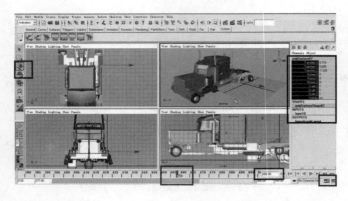

在时间轴点选第 458 帧,将所选对象在此帧上设置另一关键帧,在确保自动关键帧锁处于红色打开状态下点击移动工具,如图所示将对象移动,放置到合适位置。也可以使用移动快捷键 W,对对象进行操作。此时物体对象在此帧下设置了关键帧,对象有了动画效果,可以点播放按钮查看。

至此,擎天柱左侧油筒和挡泥瓦动画已制作好。

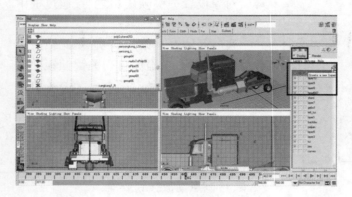

点选大纲视图,以便于在众多物体中选择我们需要的物体。点击菜单栏中的 Window>Outliner,调出大纲视图。

也可以左键点击自定义快捷栏中刚才创建的大纲视图快捷键,调出大纲视图。

配合 Outliner 大纲视图,选中控制整个左侧烟囱所有零件的 yancongkong_L 节点。

鼠标左键点击此处,创建一个新的图层。英文提示是:Create a new layer。

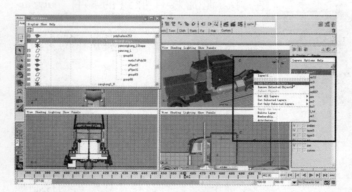

选中所需的控制整个左侧烟囱所有零件的 yancongkong_L 节点后,将鼠标放在 layer11 图层上,点右键按住,选择 Add Selected Objects,之后松开鼠标右键,将所选物体放入指定图层中。

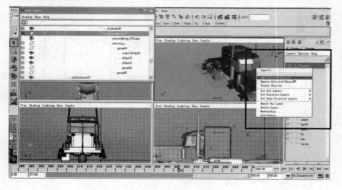

配合 Outliner 大纲视图,选中控制整个右侧烟囱所有零件的 yancongkong_R 节点。

选中所需的控制整个右侧烟囱所有零件的 yancongkong_R 节点后,将鼠标放在 layer11 图层上,点右键按住,选择 Add Selected Objects,之后松开鼠标右键,将所选物体放入指定图层中。

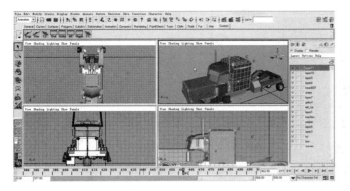

➡　选中能够控制擎天柱储藏仓和两个油筒零件的 poly Surface250 零件。

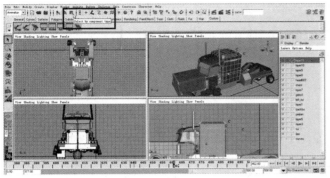

➡　点击状态栏中图标,进入物体的点选择状态,选中所需点。也可以点击键盘 F8 切换到该模式。

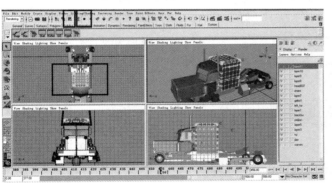

➡　进入物体的点选择状态后,按住键盘 Shift 键,选中所需点。

也可以按住鼠标左键框选所需点,如图所示。

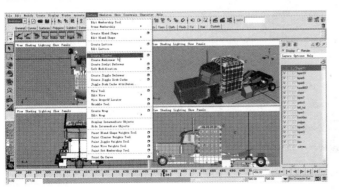

➡　准备将所选中的点创建变形簇,使用簇控制这些所选点的变形。

创建簇:确认需要变形的点处于被选中状态后,选择 Animation 动画模块,鼠标左键单击点选 Deform > Create Cluster,如图,执行创建簇命令。

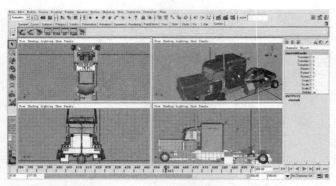

➡ 此时，产生了控制所选节点的簇 cluster6Handle。

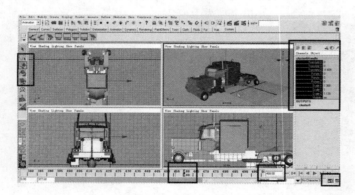

➡ 对这个簇设置变形动画，点击第 456 帧，准备将选中的对象在此帧上创建关键帧。

首先在物体通道栏中按住鼠标左键自上而下进行拖拽，将变化所需的控制项拖拽成黑色状态，如图。之后将鼠标放于选中的黑色参数项上，按住鼠标右键不放弹出对话框，不松开鼠标右键的同时，将鼠标移动到 Key Selected 上，最后松开鼠标右键，完成创建关键帧的操作。

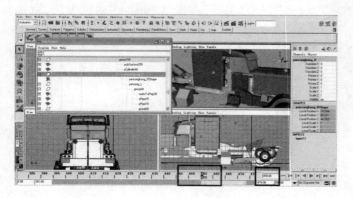

➡ 对象设置关键帧成功之后，通道框中参数项呈现红色。

在时间轴点选第 460 帧，在此帧上设置另一关键帧，在确保自动关键帧锁处于红色打开状态下点击缩放工具、移动工具，如图所示将对象缩放、移动，放置到合适位置。也可以使用缩放快捷键 R、移动快捷键 W，对对象进行操作。此时物体对象在此帧下设置了关键帧，对象有了动画效果，可以点播放按钮查看。至此储藏仓簇动画已调整好。

➡ 配合 Outliner 大纲视图，选中控制整个右侧烟囱所有零件的 yancongkong_R 节点。

点击第 455 帧，准备将选中的对象在此帧上创建关键帧。

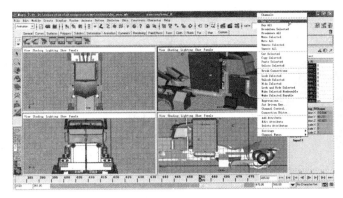

➡　首先在物体通道栏中按住鼠标左键自上而下进行拖拽，将变化所需的控制项拖拽成黑色状态，如图。之后将鼠标放于选中的黑色参数项上，按住鼠标右键不放弹出对话框，不松开鼠标右键的同时，将鼠标移动到 Key Selected 上，最后松开鼠标右键，完成创建关键帧的操作。

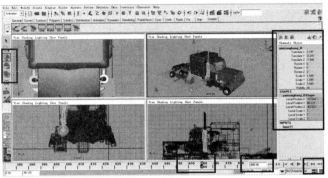

➡　对象设置关键帧成功之后，通道框中参数项呈现红色。

　　在时间轴点选第 460 帧，在此帧上设置另一关键帧，在确保自动关键帧锁处于红色打开状态下点击缩放工具、移动工具，如图所示将对象缩放、移动，放置到合适位置。也可以使用缩放快捷键 R、移动快捷键 W，对对象进行操作。此时物体对象在此帧下设置了关键帧，对象有了动画效果，可以点播放按钮查看。

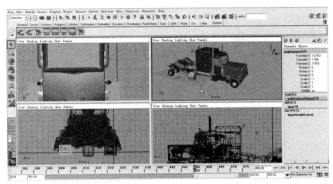

➡　选中之前设置好父子关系，可以控制右侧挡泥瓦零件群组的零件 polySurface275。

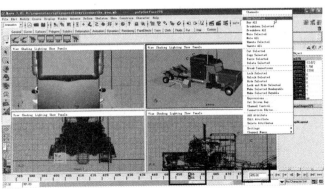

➡　点击第 455 帧，准备将选中的对象在此帧上创建关键帧。

　　首先在物体通道栏中按住鼠标左键自上而下进行拖拽，将变化所需的控制项拖拽成黑色状态，如图。之后将鼠标放于选中的黑色参数项上，按住鼠标右键不放弹出对话框，不松开鼠标右键的同时，将鼠标移动到 Key Selected 上，最后松开鼠标右键，完成创建关键帧的操作。

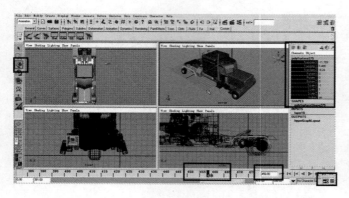

→　对象设置关键帧成功之后,通道框中参数项呈现红色。

在时间轴点选第 458 帧,将所选对象在此帧上设置另一关键帧,在确保自动关键帧锁处于红色打开状态下点击移动工具,如图所示将对象移动,放置到合适位置。也可以使用移动快捷键 W,对对象进行操作。此时物体对象在此帧下设置了关键帧,对象有了动画效果,可以点播放按钮查看。

至此,擎天柱右侧油筒和挡泥瓦动画制作好。

第 8 章 车后方簇调整动画

　　本章介绍了变形金刚擎天柱由机器人变形到卡车过程中,卡车后部零件变形动画的详细制作过程。主要包括四部分:车侧零件的变形动画、车后方零件的变形动画、擎天柱机器人变形到卡车形态时卡车最后面轮胎的变形动画和车中间轮子的变形动画。同时,回顾了簇cluster调整动画的重要作用和常用技巧。

车侧变形动画

➡ 选中控制擎天柱左侧小腿车侧部零件的 polySurface16。

➡ 点击第 452 帧,准备将选中的对象在此帧上创建关键帧。

首先在物体通道栏中按住鼠标左键自上而下进行拖拽,将变化所需的控制项拖拽成黑色状态,如图。之后将鼠标放于选中的黑色参数项上,按住鼠标右键不放弹出对话框,不松开鼠标右键的同时,将鼠标移动到 Key Selected 上,最后松开鼠标右键,完成创建关键帧的操作。

➡ 对象设置关键帧成功之后,通道框中参数项呈现红色。

在时间轴点选第 365 帧,将所选对象在此帧上设置另一关键帧,在确保自动关键帧锁处于红色打开状态下点击移动工具,如图所示将对象移动,放置到合适位置。也可以使用移动快捷键 W,对对象进行操作。此时物体对象在此帧下设置了关键帧,对象有了动画效果,可以点播放按钮查看。

➡　选中控制擎天柱右侧小腿车侧部零件的 polySurface16。

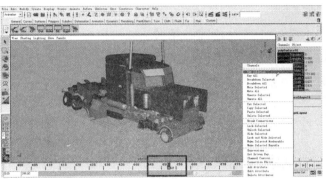

➡　点击第 452 帧，准备将选中的对象在此帧上创建关键帧。

　　首先在物体通道栏中按住鼠标左键自上而下进行拖拽，将变化所需的控制项拖拽成黑色状态，如图。之后将鼠标放于选中的黑色参数项上，按住鼠标右键不放弹出对话框，不松开鼠标右键的同时，将鼠标移动到 Key Selected 上，最后松开鼠标右键，完成创建关键帧的操作。

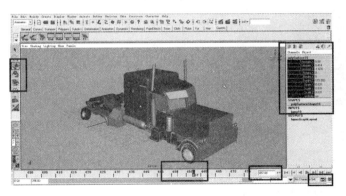

➡　对象设置关键帧成功之后，通道框中参数项呈现红色。

　　在时间轴点选第 365 帧，将所选对象在此帧上设置另一关键帧，在确保自动关键帧锁处于红色打开状态下点击移动工具，如图所示将对象移动，放置到合适位置。也可以使用移动快捷键 W，对对象进行操作。此时物体对象在此帧下设置了关键帧，对象有了动画效果，可以点播放按钮查看。

　　至此，擎天柱车头两侧动画调整变形好。

车后方变形动画

➡ 配合 Outliner 大纲视图,选中控制擎天柱臀部零件的群组节点 tun。

选中对象之后,左键点击自定义快捷栏中刚才已经创建的快捷键,将所选物体中心点的位置移动到对象的中心。

也可以手动操作点选 Modify>Center Pivot。

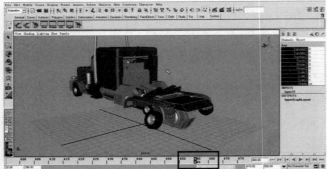

➡ 点击第 460 帧,准备将选中的对象在此帧上创建关键帧。

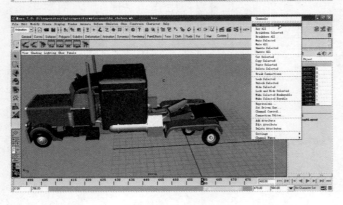

➡ 首先在物体通道栏中按住鼠标左键自上而下进行拖拽,将变化所需的控制项拖拽成黑色状态,如图。之后将鼠标放于选中的黑色参数项上,按住鼠标右键不放弹出对话框,不松开鼠标右键的同时,将鼠标移动到 Key Selected 上,最后松开鼠标右键,完成创建关键帧的操作。

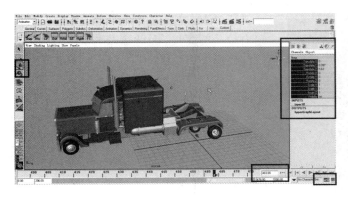

→　对象设置关键帧成功之后，通道框中参数项呈现红色。

在时间轴点选第 463 帧，将所选对象在此帧上设置另一关键帧，在确保自动关键帧锁处于红色打开状态下点击移动工具，如图所示将对象移动，放置到合适位置。也可以使用移动快捷键 W，对对象进行操作。此时物体对象在此帧下设置了关键帧，对象有了动画效果，可以点播放按钮查看。

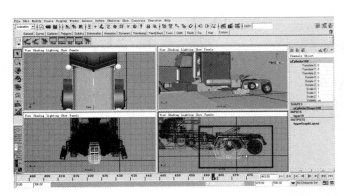

→　框选选中臀部下方的零件，如图所示。

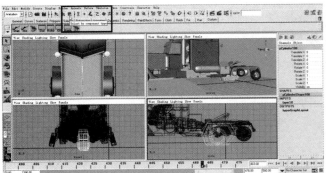

→　点击状态栏中图标，进入物体的点选择状态，选中所需点。也可以点击键盘 F8 切换到该模式。

→　进入物体的点选择状态后，按住键盘 Shift 键，选中所需点。

也可以按住鼠标左键框选所需点。

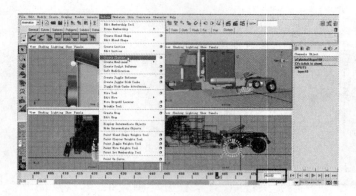

在第 463 帧,可以看到,臀部下方零件超出轮胎的高度,因此需要将臀部下方的零件变形。

准备将所选中的点创建变形簇,使用簇控制这些所选点的变形。

创建簇:确认需要变形的点处于被选中状态后,选择 Animation 动画模块,鼠标左键单击点选 Deform > Create Cluster,如图,执行创建簇命令。

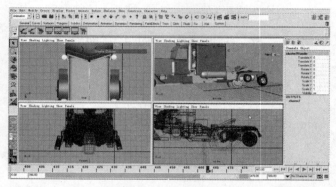

➡ 此时,产生了控制所选节点的簇 cluster7 Handle。

可以看到,当选中簇时候,与之关联的零件呈现紫色。

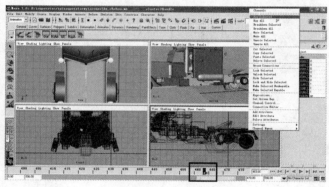

➡ 对这个簇设置变形动画,点击第 463 帧,准备将选中的对象在此帧上创建关键帧。

首先在物体通道栏中按住鼠标左键自上而下进行拖拽,将变化所需的控制项拖拽成黑色状态,如图。之后将鼠标放于选中的黑色参数项上,按住鼠标右键不放弹出对话框,不松开鼠标右键的同时,将鼠标移动到 Key Selected 上,最后松开鼠标右键,完成创建关键帧的操作。

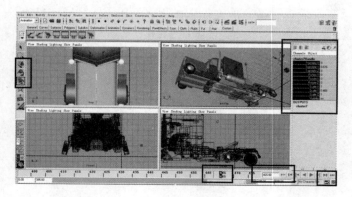

➡ 对象设置关键帧成功之后,通道框中参数项呈现红色。

在时间轴点选第 465 帧,在此帧上设置另一关键帧,在确保自动关键帧锁处于红色打开状态下点击缩放工具、移动工具,如图所示将对象缩放、移动,放置到合适位置。也可以使用缩放快捷键 R、移动快捷键 W,对对象进行操作。此时物体对象在此帧下设置了关键帧,对象有了动画效果,可以点播放按钮查看。至此,臀下方零件簇变形动画调整好。

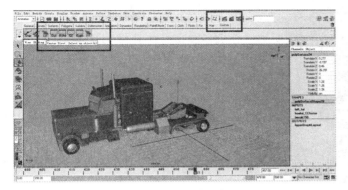

→ 选择左大腿膝盖处零件,如图所示。

选中对象之后,左键点击自定义快捷栏中刚才已经创建的快捷键,将所选物体中心点的位置移动到对象的中心。

也可以手动操作点选 Modify>Center Pivot。

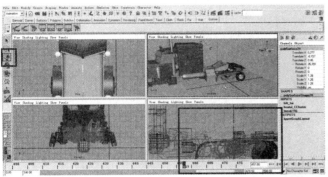

→ 移动物体的中心点。

选择物体,按键盘移动快捷键 W,之后按键盘 Insert 键,此时可以将物体中心点进行移动。

将物体中心点移动到左下方合适位置,如图。

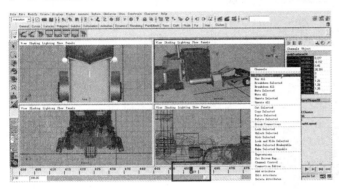

→ 将物体中心点移动到图中合适位置后点击键盘 Insert 键。

此时回到物体移动模式。

点击第 457 帧,准备将选中的对象在此帧上创建关键帧。

首先在物体通道栏中按住鼠标左键自上而下进行拖拽,将变化所需的控制项拖拽成黑色状态,如图。之后将鼠标放于选中的黑色参数项上,按住鼠标右键不放弹出对话框,不松开鼠标右键的同时,将鼠标移动到 Key Selected 上,最后松开鼠标右键,完成创建关键帧的操作。

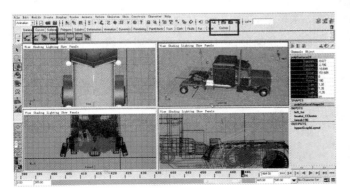

→ 选择右侧大腿膝盖处零件,如图所示。

选中对象之后,左键点击自定义快捷栏中刚才已经创建的快捷键,将所选物体中心点的位置移动到对象的中心。

也可以手动操作点选 Modify>Center Pivot。

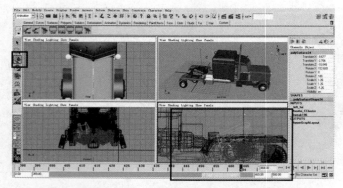

➡　移动物体的中心点。

选择物体,按键盘移动快捷键 W,之后按键盘 Insert 键,此时可以将物体中心点进行移动。

将物体中心点移动到左下方合适位置,如图。

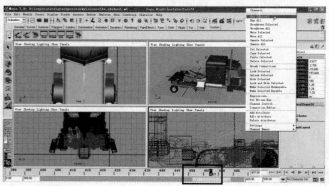

➡　将物体中心点移动到图中合适位置后点击键盘 Insert 键。

此时回到物体移动模式。

点击第 457 帧,准备将此时选中的对象在此帧上创建关键帧。

首先在物体通道栏中按住鼠标左键自上而下进行拖拽,将变化所需的控制项拖拽成黑色状态,如图。之后将鼠标放于选中的黑色参数项上,按住鼠标右键不放弹出对话框,不松开鼠标右键的同时,将鼠标移动到 Key Selected 上,最后松开鼠标右键,完成创建关键帧的操作。

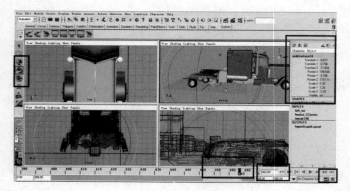

➡　对象设置关键帧成功之后,通道框中参数项呈现红色。

在时间轴点选第 463 帧,在此帧上设置另一关键帧,在确保自动关键帧锁处于红色打开状态下点击缩放工具、移动工具,如图所示将对象缩放、移动,放置到合适位置。也可以使用缩放快捷键 R、移动快捷键 W,对对象进行操作。此时物体对象在此帧下设置了关键帧,对象有了动画效果,可以点播放按钮查看。左侧膝盖处零件也按这个方法旋转放置。

至此,擎天柱臀部下方零件和汽车后方变型好。

车后轮变形动画

首先是车最后方的轮胎的变形动画。

之后是车后部位于前侧的两个轮胎的变形动画。

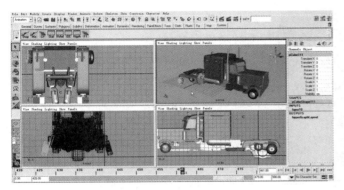

➡　左键选中控制车最后方的右侧轮子的多边体零件 pCube111，如图所示。

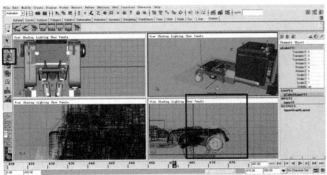

➡　移动物体的中心点。

选择物体，按键盘移动快捷键 W，之后按键盘 Insert 键，此时可以将物体中心点进行移动。

将物体中心点移动到最顶端的连接位置，如图。

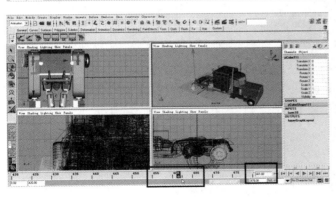

➡　将物体中心点移动到图中合适位置后点击键盘 Insert 键。

此时回到物体移动模式。

点击第 461 帧，准备将选中的对象在此帧上创建关键帧。

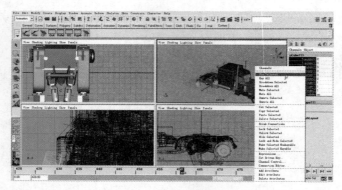

➡　首先在物体通道栏中按住鼠标左键自上而下进行拖拽，将变化所需的控制项拖拽成黑色状态，如图。之后将鼠标放于选中的黑色参数项上，按住鼠标右键不放弹出对话框，不松开鼠标右键的同时，将鼠标移动到 Key Selected 上，最后松开鼠标右键，完成创建关键帧的操作。

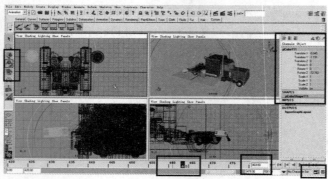

➡　对象设置关键帧成功之后，通道框中参数项呈现红色。

在时间轴点选第 463 帧，在此帧上设置另一关键帧，在确保自动关键帧锁处于红色打开状态下点击缩放工具、移动工具，如图所示将对象缩放、移动，放置到合适位置。也可以使用缩放快捷键 R、移动快捷键 W，对对象进行操作。此时物体对象在此帧下设置了关键帧，对象有了动画效果，可以点播放按钮查看。

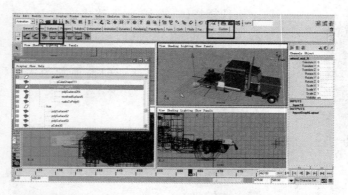

➡　点选大纲视图，便于我们在众多物体中选择我们需要的物体。点击菜单栏中的 Window>Outliner，调出大纲视图。

也可以左键点击自定义快捷栏中刚才已经创建的大纲视图快捷键，调出大纲视图。配合 Outliner 大纲视图选中控制擎天柱最后方右后轮所有零件的群组节点 wheel_mid_R。

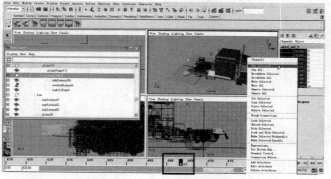

➡　点击第 463 帧，准备将选中的对象在此帧上创建关键帧。

首先在物体通道栏中按住鼠标左键自上而下进行拖拽，将变化所需的控制项拖拽成黑色状态，如图。之后将鼠标放于选中的黑色参数项上，按住鼠标右键不放弹出对话框，不松开鼠标右键的同时，将鼠标移动到 Key Selected 上，最后松开鼠标右键，完成创建关键帧的操作。

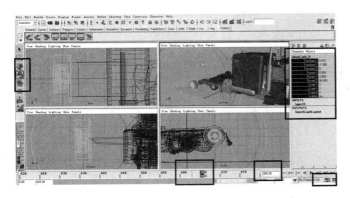

⇒　对象设置关键帧成功之后，通道框中参数项呈现红色。

在时间轴点选第 465 帧，在此帧上设置另一关键帧，在确保自动关键帧锁处于红色打开状态下点击缩放工具、移动工具，如图所示将对象缩放、移动，放置到合适位置。也可以使用缩放快捷键 R，移动快捷键 W，对对象进行操作。此时物体对象在此帧下设置了关键帧，对象有了动画效果，可以点播放按钮查看。

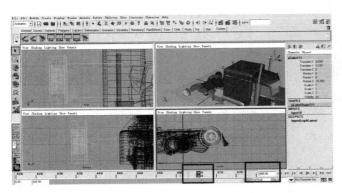

⇒　左键选中控制车最后方的右侧轮子的多边体零件 pCube111，如图所示。

将对象创建另一关键帧，点击第 465 帧，准备将选中的对象在此帧上创建关键帧。

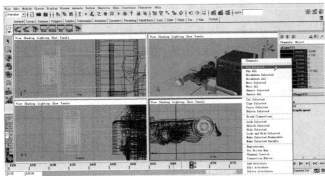

⇒　首先在物体通道栏中按住鼠标左键自上而下进行拖拽，将变化所需的控制项拖拽成黑色状态，如图。之后将鼠标放于选中的黑色参数项上，按住鼠标右键不放弹出对话框，不松开鼠标右键的同时，将鼠标移动到 Key Selected 上，最后松开鼠标右键，完成创建关键帧的操作。

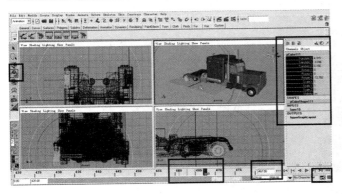

⇒　在时间轴点选第 467 帧，将所选对象在此帧上设置另一关键帧，在确保自动关键帧锁处于红色打开状态下点击移动工具，如图所示将对象移动，放置到合适位置。也可以使用移动快捷键 W，对对象进行操作。此时物体对象在此帧下设置了关键帧，对象有了动画效果，可以点播放按钮查看。

至此，擎天柱右侧最后方轮子变形动画制作好。

擎天柱最后方左侧的轮子的变形动画制作方法与这个右侧后方轮子变形动画制作方法一样，在此不再冗述。至此擎天柱最后方两侧两个轮子变形动画已制作好。

车中间车轮变形动画

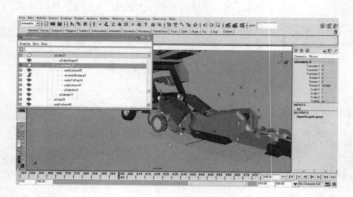

→　点选大纲视图，以便于我们在众多物体中选择我们需要的物体。点击菜单栏中的 Window>Outliner，调出大纲视图。

　　也可以左键点击自定义快捷栏中刚才已经创建的大纲视图快捷键，调出大纲视图。

　　鼠标左键单击点选擎天柱右侧中部轮任意一个零件，再 Outliner 大纲窗口中，按键盘 F 键，找到我们选中的节点，从在 Outliner 中顺着往上找到右中轮零件群组。可以看到，擎天柱右侧中部轮零件群组节点，wheelmid_R 节点，已经被找到并被选中了。

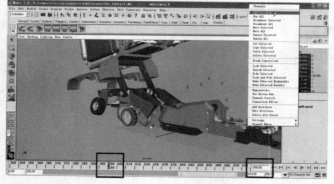

→　点击第 400 帧，准备将选中的对象在此帧上创建关键帧。

　　首先在物体通道栏中按住鼠标左键自上而下进行拖拽，将变化所需的控制项拖拽成黑色状态，如图。之后将鼠标放于选中的黑色参数项上，按住鼠标右键不放弹出对话框，不松开鼠标右键的同时，将鼠标移动到 Key Selected 上，最后松开鼠标右键，完成创建关键帧的操作。

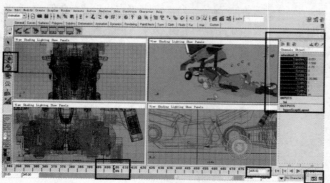

→　对象设置关键帧成功之后，通道框中参数项呈现红色。

　　在时间轴点选第 405 帧，将所选对象在此帧上设置另一关键帧，在确保自动关键帧锁处于红色打开状态下点击移动工具，如图所示将对象移动，放置到合适位置。也可以使用移动快捷键 W，对对象进行操作。此时物体对象在此帧下设置了关键帧，对象有了动画效果，可以点播放按钮查看。

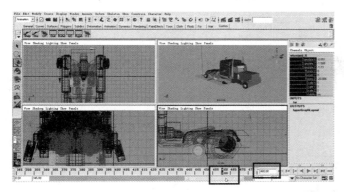

➡　在时间轴点选 460 帧，在此帧上继续进行关键帧设置（确保自动关键帧锁处于红色打开状态）。

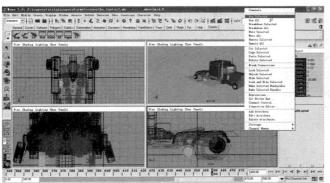

➡　首先在物体通道栏中按住鼠标左键自上而下进行拖拽，将变化所需的控制项拖拽成黑色状态，如图。之后将鼠标放于选中的黑色参数项上，按住鼠标右键不放弹出对话框，不松开鼠标右键的同时，将鼠标移动到 Key Selected 上，最后松开鼠标右键，完成创建关键帧的操作。

此时物体对象在此帧下设置了关键帧。

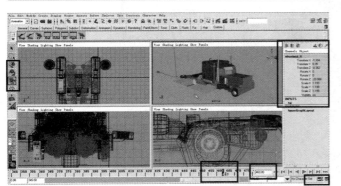

➡　在时间轴点选第 463 帧，在此帧上设置另一关键帧，在确保自动关键帧锁处于红色打开状态下点击缩放工具、移动工具，如图所示将对象缩放、移动，放置到合适位置。也可以使用缩放快捷键 R、移动快捷键 W，对对象进行操作。此时物体对象在此帧下设置了关键帧，对象有了动画效果，可以点播放按钮查看。

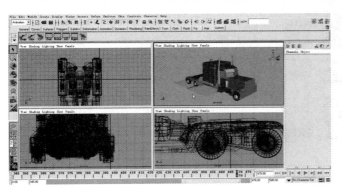

➡　至此擎天柱车中间右侧车轮变形动画已制作好。

至此擎天柱变形动画已大体制作好。

车中间左侧车轮变形动画制作

➡️　点击菜单栏中的 Window>Outliner，调出大纲视图。

　　配合 Outliner 选中擎天柱左侧中部轮零件群组 wheelmid_left 节点。

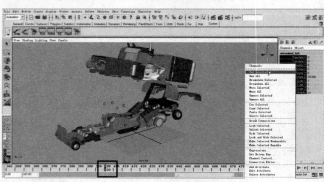

➡️　点击第 400 帧，准备将选中的对象在此帧上创建关键帧。

　　首先在物体通道栏中按住鼠标左键自上而下进行拖拽，将变化所需的控制项拖拽成黑色状态，如图。之后将鼠标放于选中的黑色参数项上，按住鼠标右键不放弹出对话框，不松开鼠标右键的同时，将鼠标移动到 Key Selected 上，最后松开鼠标右键，完成创建关键帧的操作。

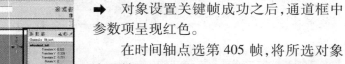

➡️　对象设置关键帧成功之后，通道框中参数项呈现红色。

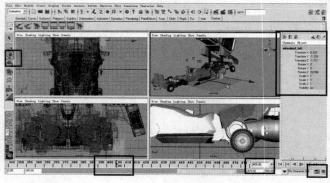

　　在时间轴点选第 405 帧，将所选对象在此帧上设置另一关键帧，在确保自动关键帧锁处于红色打开状态下点击移动工具，如图所示将对象移动，放置到合适位置。也可以使用移动快捷键 W，对对象进行操作。此时物体对象在此帧下设置了关键帧，对象有了动画效果，可以点播放按钮查看。

➡ 在时间轴点选第 460 帧,在此帧上继续进行关键帧设置(确保自动关键帧锁处于红色打开状态)。

➡ 首先在物体通道栏中按住鼠标左键自上而下进行拖拽,将变化所需的控制项拖拽成黑色状态,如图。之后将鼠标放于选中的黑色参数项上,按住鼠标右键不放弹出对话框,不松开鼠标右键的同时,将鼠标移动到 Key Selected 上,最后松开鼠标右键,完成创建关键帧的操作。

此时物体对象在此帧下设置了关键帧。

➡ 在时间轴点选第 463 帧,在此帧上设置另一关键帧,在确保自动关键帧锁处于红色打开状态下点击缩放工具、移动工具,如图所示将对象缩放、移动,放置到合适位置。也可以使用缩放快捷键 R、移动快捷键 W,对对象进行操作。此时物体对象在此帧下设置了关键帧,对象有了动画效果,可以点播放按钮查看。

➡ 至此擎天柱车中间左侧车轮变形动画已制作好。

第 9 章 储藏仓零件的细节动画

本章介绍了擎天柱机器人变成卡车形态之后,卡车车身的储藏仓部分的零件变形动画。在内容上除了介绍制作变形零件的新技巧和新知识外,更强调了在擎天柱变形局部动画中要做到像激光焊接一样精巧迅捷,零件微变形动画、融合动画的精细调节和设计制作具有重要的作用。实战中主要用到簇变形动画、点选择模式、创建簇等操作。

擎天柱变形微调动画储藏仓融合动画

　　擎天柱变形局部动画,要实现像激光焊接一样精巧迅捷,需要制作调整零件微变形动画,融合动画。

　　相关知识点:使用簇变形动画,选择物体的点,创建簇操作。

➡　　选择储藏仓左侧零件,poly Surface 252,如图所示。

　　点击状态栏中图标,进入物体的点选择状态,选中所需点。也可以点击键盘 F8 切换到该模式。

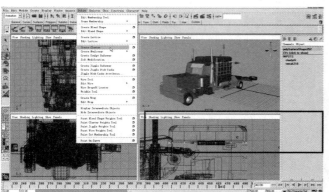

➡　　进入物体的点选择状态后,按住键盘 Shift 键,选中所需点。

　　也可以按住鼠标左键框选所需点。

　　创建簇:确认需要变形的点处于被选中状态后,选择 Animation 动画模块,鼠标左键单击点选 Deform > Create Cluster,如图,执行创建簇命令。

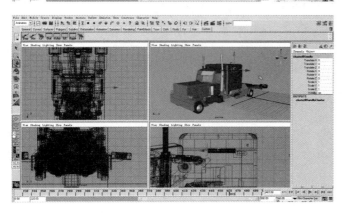

➡　　此时,产生了控制所选节点的簇 cluster 2 Handle。

　　可以看到,当选中簇时,与之关联的零件呈现紫色。

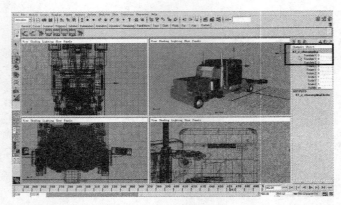

➡ 点击此处,我们将这个簇改名为 KT_c _chucangding,这样便于我们操作记忆。

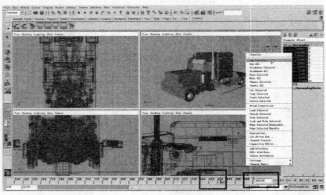

➡ 对这个簇设置变形动画,点击第 463 帧,准备将选中的对象在此帧上创建关键帧。

首先在物体通道栏中按住鼠标左键自上而下进行拖拽,将变化所需的控制项拖拽成黑色状态,如图。之后将鼠标放于选中的黑色参数项上,按住鼠标右键不放弹出对话框,不松开鼠标右键的同时,将鼠标移动到 Key Selected 上,最后松开鼠标右键,完成创建关键帧的操作。

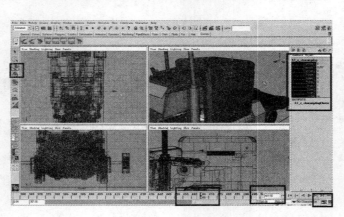

➡ 对象设置关键帧成功之后,通道框中参数项呈现红色。

在时间轴点选第 465 帧,将所选对象在此帧上设置另一关键帧,在确保自动关键帧锁处于红色打开状态下点击移动工具,如图所示将对象移动,放置到合适位置。也可以使用移动快捷键 W,对对象进行操作。如精确控制,可在 Translate Y 参数栏中输入参数 0.257,将对象进行移动。

此时物体对象在此帧下设置了关键帧,对象有了动画效果,可以点播放按钮查看。至此,左侧储藏仓簇微变形动画制作好。

右侧储藏仓簇微变形动画制作

➡ 选择储藏仓左侧零件, poly Surface 252, 如图所示。

点击状态栏中图标, 进入物体的点选择状态, 选中所需点。也可以点击键盘 F8 切换到该模式。

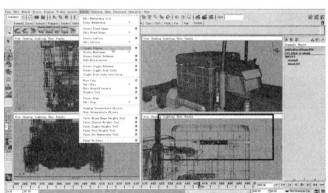

➡ 进入物体的点选择状态后, 按住键盘 Shift 键, 选中所需点。

也可以按住鼠标左键框选所需点。

创建簇: 确认需要变形的点处于被选中状态后, 选择 Animation(动画模块) 后, 鼠标左键单击点选 Deform>Create Cluster, 如图, 执行创建簇命令。

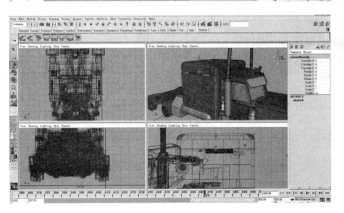

➡ 此时, 产生了控制所选节点的簇 cluster 2 Handle。

可以看到, 当选中簇时, 与之关联的零件呈现紫色。

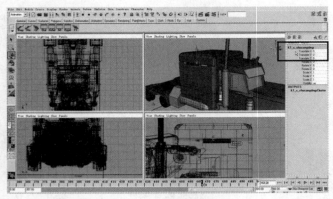

➡　点击此处，我们将这个簇改名为 KT_c _chucangdingr，这样便于我们操作记忆。

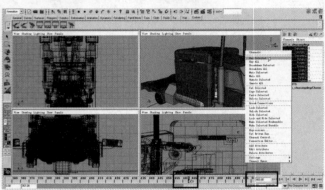

➡　对这个簇设置变形动画，点击第 463 帧，准备将选中的对象在此帧上创建关键帧。

首先在物体通道栏中按住鼠标左键自上而下进行拖拽，将变化所需的控制项拖拽成黑色状态，如图。之后将鼠标放于选中的黑色参数项上，按住鼠标右键不放弹出对话框，不松开鼠标右键的同时，将鼠标移动到 Key Selected 上，最后松开鼠标右键，完成创建关键帧的操作。

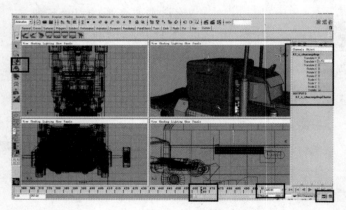

➡　对象设置关键帧成功之后，通道框中参数项呈现红色。

在时间轴点选第 465 帧，将所选对象在此帧上设置另一关键帧，在确保自动关键帧锁处于红色打开状态下点击移动工具，如图所示将对象移动，放置到合适位置。也可以使用移动快捷键 W，对象进行操作。如精确控制，可在 Translate Y 参数栏中输入参数 0.252，将对象进行移动。

此时物体对象在此帧下设置了关键帧，对象有了动画效果，可以点播放按钮查看。至此，右侧储藏仓簇微变形动画制作好。

第 10 章　排气管和油桶等细节零件的变形动画

　　本章对擎天柱机器人变形成卡车之后，卡车底部的油桶和卡车侧面的排气管零件进行零件变形制作。复习了关键帧动画的制作，新增了通过物体的控制点设置关键帧的方法。通过对物体控制点的关键帧设置，对物体零件的外观进行细微变形。

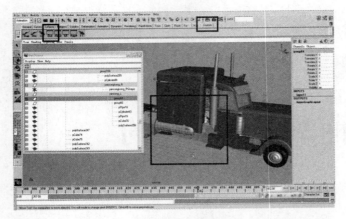

➡ 点选大纲视图，以便于我们在众多物体中选择我们需要的物体。点击菜单栏中的 Window>Outliner，调出大纲视图。

也可以左键点击自定义快捷栏中刚才已经创建的大纲视图快捷键，调出大纲视图。

配合 Outliner 选中擎天柱右侧下部油筒群组 group64 节点，如图所示。

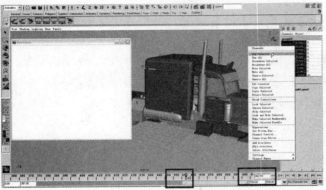

➡ 点击第 462 帧，准备将选中的对象在此帧上创建关键帧。

首先在物体通道栏中按住鼠标左键自上而下进行拖拽，将变化所需的控制项拖拽成黑色状态，如图。之后将鼠标放于选中的黑色参数项上，按住鼠标右键不放弹出对话框，不松开鼠标右键的同时，将鼠标移动到 Key Selected 上，最后松开鼠标右键，完成创建关键帧的操作。

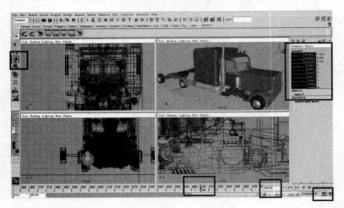

➡ 对象设置关键帧成功之后，通道框中参数项呈现红色。

在时间轴点选第 465 帧，将所选对象在此帧上设置另一关键帧，在确保自动关键帧锁处于红色打开状态下点击移动工具，如图所示将对象移动，放置到合适位置。也可以使用移动快捷键 W，对对象进行操作。此时物体对象在此帧下设置了关键帧，对象有了动画效果，可以点播放按钮查看。

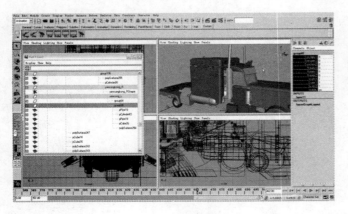

➡ 点击菜单栏中的 Window>Outliner，调出大纲视图。

配合 Outliner 选中擎天柱右侧排气筒中部零件群组节点 group66，如图所示。

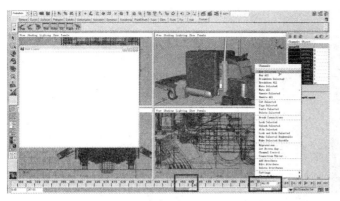

➡　点击第 462 帧,准备将选中的对象在此帧上创建关键帧。

　　首先在物体通道栏中按住鼠标左键自上而下进行拖拽,将变化所需的控制项拖拽成黑色状态,如图。之后将鼠标放于选中的黑色参数项上,按住鼠标右键不放弹出对话框,不松开鼠标右键的同时,将鼠标移动到 Key Selected 上,最后松开鼠标右键,完成创建关键帧的操作。

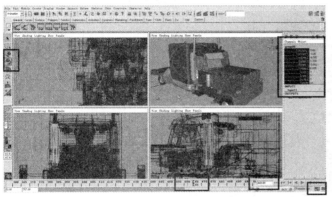

➡　对象设置关键帧成功之后,通道框中参数项呈现红色。

　　在时间轴点选第 465 帧,在此帧上设置另一关键帧,在确保自动关键帧锁处于红色打开状态下点击旋转工具、移动工具,如图所示将对象旋转、移动,放置到合适位置。也可以使用旋转快捷键 E、移动快捷键 W,对对象进行操作。此时物体对象在此帧下设置了关键帧,对象有了动画效果,可以点播放按钮查看。

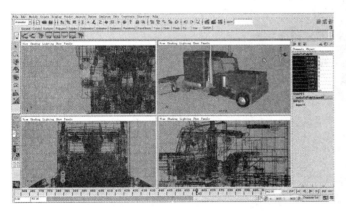

➡　选择右侧排气管下部连接零件 nurbsToPoly40,如图所示。

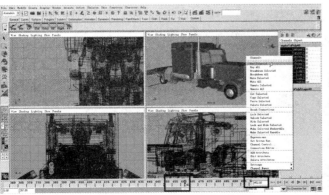

➡　点击第 462 帧,准备将选中的对象在此帧上创建关键帧。

　　首先在物体通道栏中按住鼠标左键自上而下进行拖拽,将变化所需的控制项拖拽成黑色状态,如图。之后将鼠标放于选中的黑色参数项上,按住鼠标右键不放弹出对话框,不松开鼠标右键的同时,将鼠标移动到 Key Selected 上,最后松开鼠标右键,完成创建关键帧的操作。

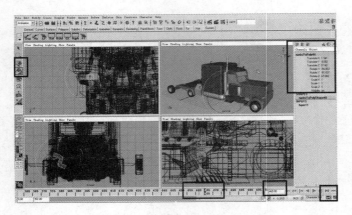

➡ 对象设置关键帧成功之后,通道框中参数项呈现红色。

在时间轴点选第 465 帧,在此帧上设置另一关键帧,在确保自动关键帧锁处于红色打开状态下点击旋转工具、移动工具,如图所示将对象旋转、移动,放置到合适位置。也可以使用旋转快捷键 E、移动快捷键 W,对对象进行操作。此时物体对象在此帧下设置了关键帧,对象有了动画效果,可以点播放按钮查看。

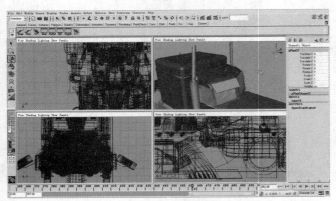

➡ 选择右侧排气管上部连接部位零件pPipe21,如图所示。

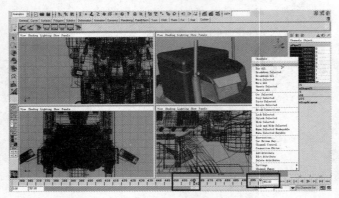

➡ 点击第 462 帧,准备将选中的对象在此帧上创建关键帧。

首先在物体通道栏中按住鼠标左键自上而下进行拖拽,将变化所需的控制项拖拽成黑色状态,如图。之后将鼠标放于选中的黑色参数项上,按住鼠标右键不放弹出对话框,不松开鼠标右键的同时,将鼠标移动到 Key Selected 上,最后松开鼠标右键,完成创建关键帧的操作。

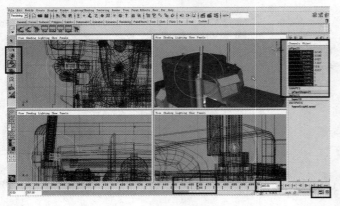

➡ 对象设置关键帧成功之后,通道框中参数项呈现红色。

在时间轴点选第 465 帧,在此帧上设置另一关键帧,在确保自动关键帧锁处于红色打开状态下点击旋转工具、移动工具,如图所示将对象旋转、移动,放置到合适位置。也可以使用旋转快捷键 E、移动快捷键 W,对对象进行操作。此时物体对象在此帧下设置了关键帧,对象有了动画效果,可以点播放按钮查看。

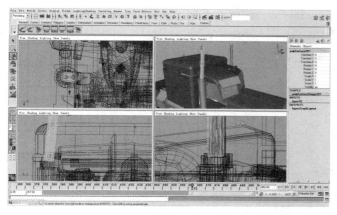

→　选择右侧排气管上部排气筒零件 polySurface257，如图所示。

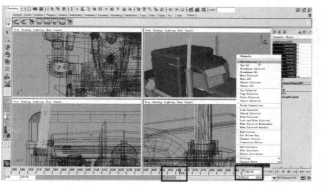

→　点击第 462 帧，准备将选中的对象在此帧上创建关键帧。

首先在物体通道栏中按住鼠标左键自上而下进行拖拽，将变化所需的控制项拖拽成黑色状态，如图。之后将鼠标放于选中的黑色参数项上，按住鼠标右键不放弹出对话框，不松开鼠标右键的同时，将鼠标移动到 Key Selected 上，最后松开鼠标右键，完成创建关键帧的操作。

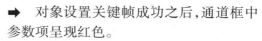

→　对象设置关键帧成功之后，通道框中参数项呈现红色。

在时间轴点选第 465 帧，在此帧上设置另一关键帧，在确保自动关键帧锁处于红色打开状态下点击旋转工具、移动工具，如图所示将对象旋转、移动，放置到合适位置。也可以使用旋转快捷键 E、移动快捷键 W，对对象进行操作。此时物体对象在此帧下设置了关键帧，对象有了动画效果，可以点播放按钮查看。

→　选择右侧排气管下部零件 pPipe17，如图所示。

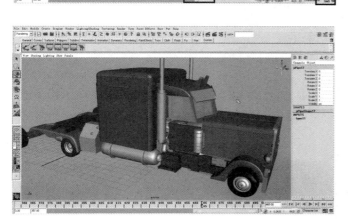

➡ 　点击第 465 帧,准备将选中的对象在此帧上创建关键帧。

　　首先在物体通道栏中按住鼠标左键自上而下进行拖拽,将变化所需的控制项拖拽成黑色状态,如图。之后将鼠标放于选中的黑色参数项上,按住鼠标右键不放弹出对话框,不松开鼠标右键的同时,将鼠标移动到 Key Selected 上,最后松开鼠标右键,完成创建关键帧的操作。

➡ 　对象设置关键帧成功之后,通道框中参数项呈现红色。

　　在时间轴点选第 467 帧,在此帧上设置另一关键帧,在确保自动关键帧锁处于红色打开状态下移动工具,如图所示将对象移动,放置到合适位置。也可以使用移动快捷键 W,对对象进行操作。此时物体对象在此帧下设置了关键帧,对象有了动画效果,可以点播放按钮查看。

　　至此,擎天柱排气管和油筒变形微动画制作好。

第11章 微调动画

  本章对变形金刚擎天柱由机器人变形到卡车过程中,卡车零件变形过程进行局部微调。主要包含以下九部分:卡车头进气隔扇零件变形调整动画、两侧车门微调整动画、卡车储藏仓后部的铁架子微调整动画、擎天柱头部调整变形动画、卡车头发动机盖零件微调动画、车尾部变形微调整动画、卡车储藏仓零件调整微动画、卡车左前轮变形微动画、卡左后轮变形微动画。本章对以上内容做了详细的介绍,并强化了cluster簇调整动画的重要用途,通过cluster簇调整来表现变形的方法,复习了关键帧动画的制作过程,针对性练习了对物体的控制点设置关键帧的方法;通过对物体控制点的关键帧设置,对物体零件的外观进行细微变形,最终完成擎天柱机器人状态到卡车伪装形态的精准变形。

擎天柱左侧进气隔扇微动画

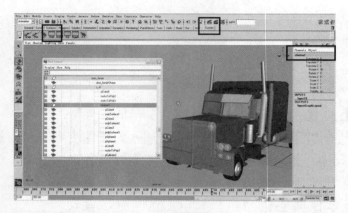

➡　点选大纲视图，以便于我们在众多物体中选择我们需要的物体。点击菜单栏中的 Window>Outliner，调出大纲视图。

　　也可以左键点击自定义快捷栏中刚才已经创建的大纲视图快捷键，调出大纲视图。

　　配合 Outliner 选中擎天柱左侧车头进气隔扇群组 chetou1 节点。

➡　点击状态栏中图标，进入物体的点选择状态，选中所需点。也可以点击键盘 F8 切换到该模式。

➡　进入物体的点选择状态后，按住键盘 Shift 键，选中所需点。

　　也可以按住鼠标左键框选所需点。

　　创建簇：确认需要变形的点处于被选中状态后，选择 Animation（动画模块）后，鼠标左键单击点选 Deform>Create Cluster，如图，执行创建簇命令。

➡ 此时，产生了控制所选点的簇 cluster10Handle。

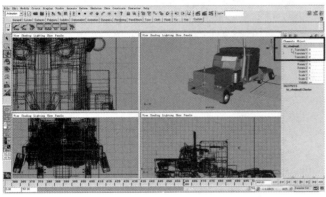

➡ 点击此处，我们将这个簇改名为 kt_chejinqiL，这样便于我们操作记忆。

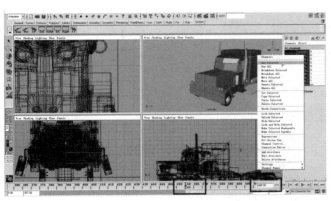

➡ 对这个簇设置变形动画，点击第 460 帧，准备将此时选中的对象在此帧上创建关键帧。

首先在物体通道栏中按住鼠标左键自上而下进行拖拽，将变化所需的控制项拖拽成黑色状态，如图。之后将鼠标放于选中的黑色参数项上，按住鼠标右键不放弹出对话框，不松开鼠标右键的同时，将鼠标移动到 Key Selected 上，最后松开鼠标右键，完成创建关键帧的操作。

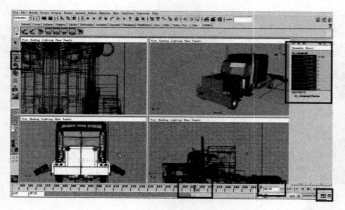

➡　对象设置关键帧成功之后,通道框中参数项呈现红色。

在时间轴点选第 462 帧,将所选对象在此帧上设置另一关键帧,在确保自动关键帧锁处于红色打开状态下点击移动工具,如图所示将对象移动,放置到合适位置。也可以使用移动快捷键 W,对象进行操作。如精确控制,可在 Translate X 参数栏中输入参数 - 0. 106,将对象进行移动。

此时物体对象在此帧下设置了关键帧,对象有了动画效果,可以点播放按钮查看。

至此,擎天柱左侧进气隔扇簇动画变形制作好。

擎天柱右侧进气隔扇微动画

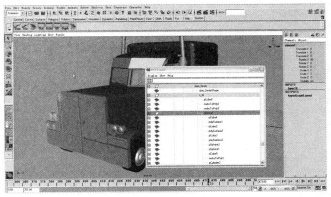

➡ 点击菜单栏中的 Window>Outliner，调出大纲视图。

　　配合 Outliner 选中擎天柱右侧车头进气隔扇群组 chetou1 节点。

➡ 点击状态栏中图标，进入物体的点选择状态，选中所需点。也可以点击键盘 F8 切换到该模式。

　　进入物体的点选择状态后，按住键盘 Shift 键，选中所需点。

　　也可以按住鼠标左键框选所需点。

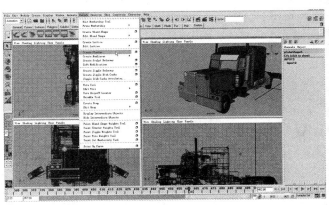

➡ 创建簇：确认需要变形的点处于被选中状态后，选择 Animation（动画模块）后，鼠标左键单击点选 Deform>Create Cluster，如图，执行创建簇命令。

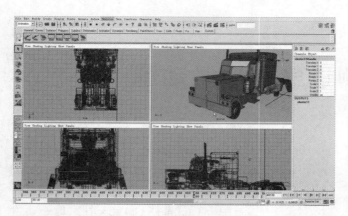

➡ 此时，产生了控制所选点的簇 cluster11Handle。

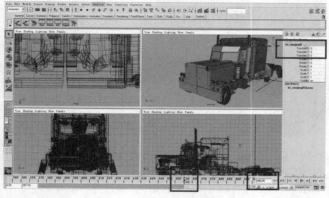

➡ 点击此处，我们将这个簇改名为 kt_ chejinqiR，这样便于我们操作记忆。

对这个簇设置变形动画，点击第 460 帧，准备将此时选中的对象在此帧上创建关键帧。

➡ 首先在物体通道栏中按住鼠标左键自上而下进行拖拽，将变化所需的控制项拖拽成黑色状态，如图。之后将鼠标放于选中的黑色参数项上，按住鼠标右键不放弹出对话框，不松开鼠标右键的同时，将鼠标移动到 Key Selected 上，最后松开鼠标右键，完成创建关键帧的操作。

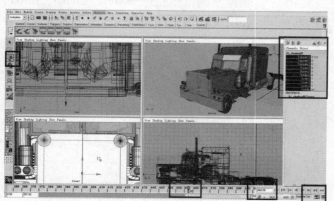

➡ 对象设置关键帧成功之后，通道框中参数项呈现红色。

在时间轴点选第 462 帧，将所选对象在此帧上设置另一关键帧，在确保自动关键帧锁处于红色打开状态下点击移动工具，如图所示将对象移动，放置到合适位置。也可以使用移动快捷键 W，对对象进行操作。如精确控制，可在 Translate X 参数栏中输入参数 0.121，将对象进行移动。

此时物体对象在此帧下设置了关键帧，有了动画效果，可以点播放按钮查看。

至此，擎天柱右侧进气隔扇簇动画变形制作好。

两侧车门变形动画

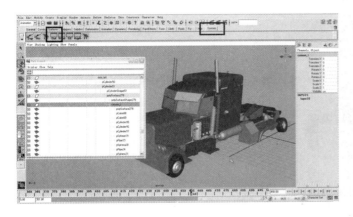

➡️　点选大纲视图，以便于我们在众多物体中选择我们需要的物体。点击菜单栏中的 Window>Outliner，调出大纲视图。

　　也可以左键点击自定义快捷栏中刚才创建的大纲视图快捷键，调出大纲视图。

　　鼠标左键单击点选擎天柱左车门处的任意一个零件，之后在 Outliner 大纲窗口中按键盘 F 键找到选中的节点，在 Outliner 中顺着往上找到左车门零件群组，可以看到控制整个左车门所有零件的节点，cemen_L 节点已经被找到并被选中。

➡️　点击第 456 帧，准备将选中的对象在此帧上创建关键帧。

　　首先在物体通道栏中按住鼠标左键自上而下进行拖拽，将变化所需的控制项拖拽成黑色状态，如图。之后将鼠标放于选中的黑色参数项上，按住鼠标右键不放弹出对话框，不松开鼠标右键的同时，将鼠标移动到 Key Selected 上，最后松开鼠标右键，完成创建关键帧的操作。

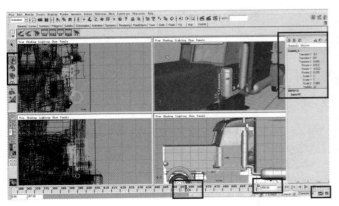

➡️　对象设置关键帧成功之后，通道框中参数项呈现红色。

　　在时间轴点选第 458 帧，在此帧上设置另一关键帧，在确保自动关键帧锁处于红色打开状态下点击缩放工具、移动工具，如图所示将对象缩放、旋转、移动，放置到合适位置。也可以使用缩放快捷键 R、旋转快捷键 E、移动快捷键 W，对对象进行操作。此时物体对象在此帧下设置了关键帧，有了动画效果，可以点播放按钮查看。至此，左侧车门动画制作好。

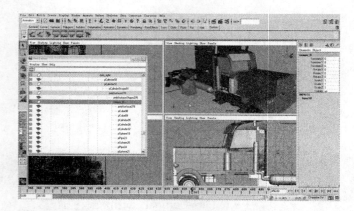

➡ 点击菜单栏中的 Window>Outliner，调出大纲视图。

配合 Outliner 选中擎天柱右侧车门零件群组节点 cemen_R，如图所示。

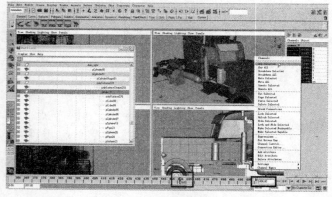

➡ 点击第 456 帧，准备将选中的对象在此帧上创建关键帧。

首先在物体通道栏中按住鼠标左键自上而下进行拖拽，将变化所需的控制项拖拽成黑色状态，如图。之后将鼠标放于选中的黑色参数项上，按住鼠标右键不放弹出对话框，不松开鼠标右键的同时，将鼠标移动到 Key Selected 上，最后松开鼠标右键，完成创建关键帧的操作。

➡ 对象设置关键帧成功之后，通道框中参数项呈现红色。

在时间轴点选第 458 帧，在此帧上设置另一关键帧，在确保自动关键帧锁处于红色打开状态下点击缩放工具、移动工具，如图所示将对象缩放、旋转、移动，放置到合适位置。也可以使用缩放快捷键 R、旋转快捷键 E、移动快捷键 W，对对象进行操作。此时物体对象在此帧下设置了关键帧，有了动画效果，可以点播放按钮查看。至此，右侧车门动画制作好。

擎天柱储藏仓后铁架子微动画

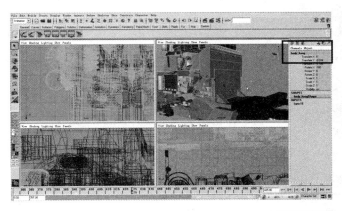

➡ 点击选中擎天柱储藏仓后方铁架 body_kong，如图所示。

选中储藏仓铁架后，擎天柱上身零件也呈现绿色，这是被关联的表现，因为之前我们建立了上半身零件父子关系。

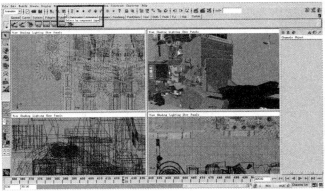

➡ 点击状态栏中图标，进入物体的点选择状态，选中所需点。也可以点击键盘 F8 切换到该模式。

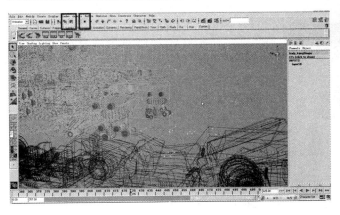

➡ 进入物体的点选择状态后，按住键盘 Shift 键，选中所需点。

也可以按住鼠标左键框选所需点。

→　换个角度观察我们选中的点，这些点组成了储藏仓后部铁架板零件，如图所示。

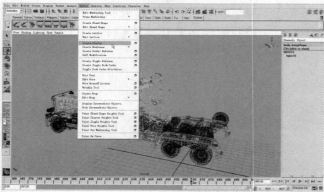

→　创建簇：确认需要变形的点处于被选中状态后，选择 Animation（动画模块）后，鼠标左键单击点选 Deform>Create Cluster，如图，执行创建簇命令。

→　此时，产生了控制所选节点的簇 cluster12Handle。

可以看到，当选中簇时候，与之关联的零件呈现紫色。

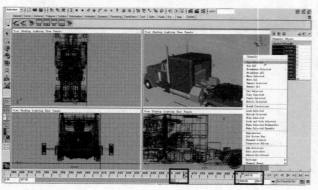

→　对这个簇设置变形动画，点击第 465 帧，准备将选中的对象在此帧上创建关键帧。

首先在物体通道栏中按住鼠标左键自上而下进行拖拽，将变化所需的控制项拖拽成黑色状态，如图。之后将鼠标放于选中的黑色参数项上，按住鼠标右键不放弹出对话框，不松开鼠标右键的同时，将鼠标移动到 Key Selected 上，最后松开鼠标右键，完成创建关键帧的操作。

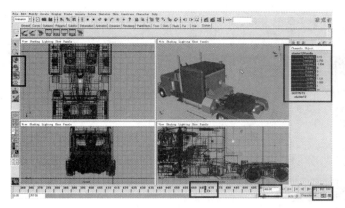

➡　对象设置关键帧成功之后，通道框中参数项呈现红色。

　　在时间轴点选第 468 帧，在此帧上设置另一关键帧，在确保自动关键帧锁处于红色打开状态下点击缩放工具、移动工具，如图所示将对象缩放、移动，放置到合适位置。也可以使用缩放快捷键 R、移动快捷键 W，对对象进行操作。此时物体对象在此帧下设置了关键帧。

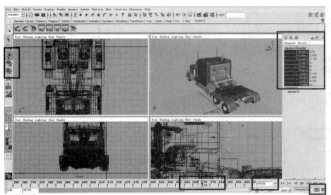

➡　在时间轴点选 470 帧，在此帧上继续进行关键帧设置（确保自动关键帧锁处于红色打开状态）。

　　点击缩放工具、移动工具，如图所示将对象缩放、移动，放置到合适位置。也可以使用缩放快捷键 R、移动快捷键 W，对对象进行操作。此时物体对象在此帧下设置了关键帧，对象有了动画效果，可以点播放按钮查看。

➡　至此，擎天柱储藏仓后铁架子变形微动画制作好。

擎天柱头部调整变形动画

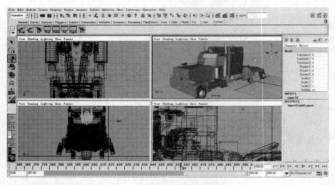

➡ 点击菜单栏中的 Window>Outliner，调出大纲视图。

配合 Outliner 选中擎天柱头部零件群组节点 head，如图所示。

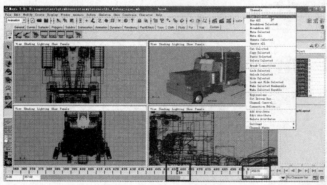

➡ 点击第 458 帧，准备将选中的对象在此帧上创建关键帧。

首先在物体通道栏中按住鼠标左键自上而下进行拖拽，将变化所需的控制项拖拽成黑色状态，如图。之后将鼠标放于选中的黑色参数项上，按住鼠标右键不放弹出对话框，不松开鼠标右键的同时，将鼠标移动到 Key Selected 上，最后松开鼠标右键，完成创建关键帧的操作。

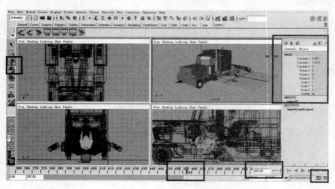

➡ 对象设置关键帧成功之后，通道框中参数项呈现红色。

在时间轴点选第 462 帧，在此帧上设置另一关键帧，在确保自动关键帧锁处于红色打开状态下点击移动工具，如图所示将对象移动放置到合适位置。也可以使用移动快捷键 W，对对象进行操作。此时物体对象在此帧下设置了关键帧，对象有了动画效果，可以点播放按钮查看。

至此，擎天柱头部动画制作好。

擎天柱发动机盖微动画

➡ 　选中擎天柱左侧车头发动机盖零件 gai02_L。

➡ 　点击状态栏中图标，进入物体的点选择状态，选中所需点。也可以点击键盘 F8 切换到该模式。

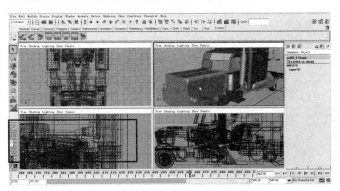

➡ 　进入物体的点选择状态后，按住键盘 Shift 键，选中所需点。
　　也可以按住鼠标左键框选所需点。

➡ 创建簇:确认需要变形的点处于被选中状态后,选择 Animation(动画模块)后,鼠标左键单击点选 Deform>Create Cluster,如图,执行创建簇命令。

➡ 此时,产生了控制所选节点的簇 cluster13Handle。

可以看到,当选中簇时候,与之关联的零件呈现紫色。

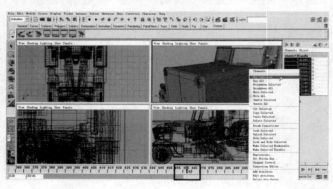

➡ 对这个簇设置变形动画,点击第 462 帧,准备将选中的对象在此帧上创建关键帧。

首先在物体通道栏中按住鼠标左键自上而下进行拖拽,将变化所需的控制项拖拽成黑色状态,如图。之后将鼠标放于选中的黑色参数项上,按住鼠标右键不放弹出对话框,不松开鼠标右键的同时,将鼠标移动到 Key Selected 上,最后松开鼠标右键,完成创建关键帧的操作。

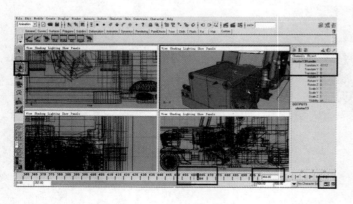

➡ 对象设置关键帧成功之后,通道框中参数项呈现红色。

在时间轴点选第 464 帧,将所选对象在此帧上设置另一关键帧,在确保自动关键帧锁处于红色打开状态下点击移动工具,如图所示将对象移动,放置到合适位置。也可以使用移动快捷键 W,对对象进行操作。如精确控制,可在 Translate X 参数栏中输入参数 −0.112,将对象进行移动。此时物体对象在此帧下设置了关键帧,有了动画效果,可以点播放按钮查看。

➡ 点击 Window > Hypergraph，调出 Hypergraph 超图窗口。

选中这个簇，如图，将鼠标移到 Hypergraph 窗口中，按键盘 F 键，使被选中物体在 Hypergraph 窗口中显示出来。

点击此处，我们将这个簇改名为 kt_cgdqL，这样便于我们操作记忆。

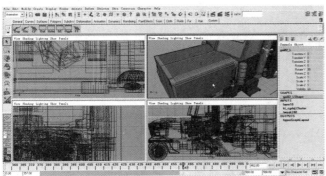

➡ 选中擎天柱左侧车头发动机盖零件 gai02_L。

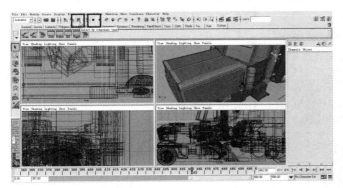

➡ 点击状态栏中图标，进入物体的点选择状态，选中所需点。也可以点击键盘 F8 切换到该模式。

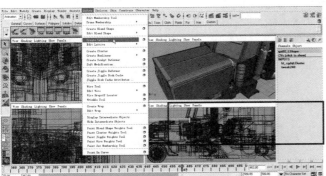

➡ 进入物体的点选择状态后，按住键盘 Shift 键，选中所需点。

也可以按住鼠标左键框选所需点。

创建簇：确认需要变形的点处于被选中状态后，选择 Animation（动画模块）后，鼠标左键单击点选 Deform>Create Cluster，如图，执行创建簇命令。

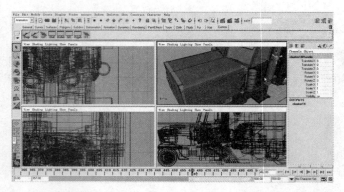

➡ 此时，产生了控制所选节点的簇 cluster14Handle。

可以看到，当选中簇时，与之关联的零件呈现紫色。

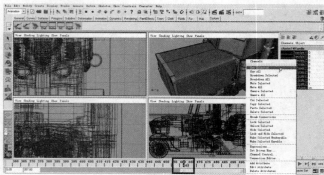

➡ 对这个簇设置变形动画，点击第 462 帧，准备将此时选中的对象在此帧上创建关键帧。

首先在物体通道栏中按住鼠标左键自上而下进行拖拽，将变化所需的控制项拖拽成黑色状态，如图。之后将鼠标放于选中的黑色参数项上，按住鼠标右键不放弹出对话框，不松开鼠标右键的同时，将鼠标移动到 Key Selected 上，最后松开鼠标右键，完成创建关键帧的操作。

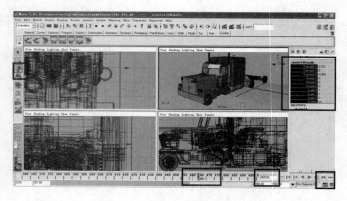

➡ 对象设置关键帧成功之后，通道框中参数项呈现红色。

在时间轴点选第 465 帧，将所选对象在此帧上设置另一关键帧，在确保自动关键帧锁处于红色打开状态下点击移动工具，如图所示将对象移动，放置到合适位置。也可以使用移动快捷键 W，对对象进行操作。此时物体对象在此帧下设置了关键帧，对象有了动画效果，可以点播放按钮查看。

➡ 点击此处，我们将这个簇改名为 kt_fgdhL。

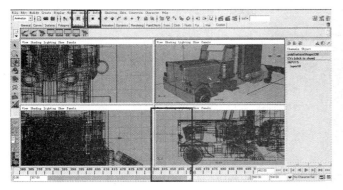

➡ 选中擎天柱左侧车头发动机盖零件 gai02_L。

点击状态栏中图标,进入物体的点选择状态,选中所需点。也可以点击键盘 F8 切换到该模式。

进入物体的点选择状态后,按住键盘 Shift 键,选中所需点。

也可以按住鼠标左键框选所需点。

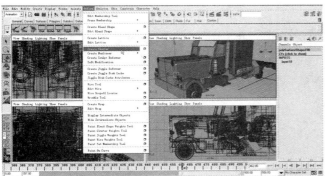

➡ 创建簇:确认需要变形的点处于被选中状态后,选择 Animation(动画模块)后,鼠标左键单击点选 Deform>Create Cluster,如图,执行创建簇命令。

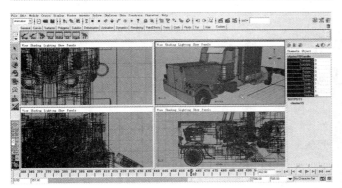

➡ 此时,产生了控制所选节点的簇 cluster15Handle。

可以看到,当选中簇时候,与之关联的零件呈现紫色。

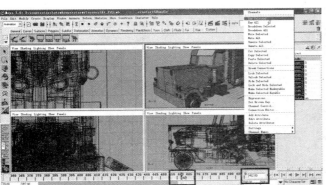

➡ 对这个簇设置变形动画,点击第 462 帧,准备将选中的对象在此帧上创建关键帧。

首先在物体通道栏中按住鼠标左键自上而下进行拖拽,将变化所需的控制项拖拽成黑色状态,如图。之后将鼠标放于选中的黑色参数项上,按住鼠标右键不放弹出对话框,不松开鼠标右键的同时,将鼠标移动到 Key Selected 上,最后松开鼠标右键,完成创建关键帧的操作。

➡ 对象设置关键帧成功之后,通道框中参数项呈现红色。

在时间轴点选 465 帧,将所选对象在此帧上设置另一关键帧,在确保自动关键帧锁处于红色打开状态下点击移动工具,如图所示将对象移动,放置到合适位置。也可以使用移动快捷键 W,对对象进行操作。此时物体对象在此帧下设置了关键帧,对象有了动画效果,可以点播放按钮查看。

➡ 点击 Window > Hypergraph,调出 Hypergraph 超图窗口。

选中这个簇,如图,将鼠标移到 Hypergraph 窗口中,按键盘 F 键,使被选中物体在 Hypergraph 窗口中显示出来。

➡ 点击此处,我们将这个簇改名为 kt_fgxqL,这样便于我们操作记忆。

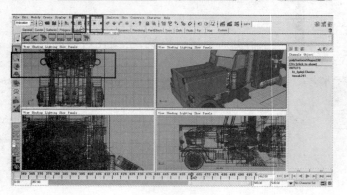

➡ 选中擎天柱左侧车头发动机盖零件 gai02_L。

点击状态栏中图标,进入物体的点选择状态,选中所需点。也可以点击键盘 F8 切换到该模式。

进入物体的点选择状态后,按住键盘 Shift 键,选中所需点。

也可以按住鼠标左键框选所需点。

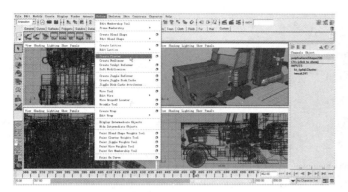

➡ 创建簇:确认需要变形的点处于被选中状态后,选择 Animation 动画模块,鼠标左键单击点选 Deform > Create Cluster,如图,执行创建簇命令。

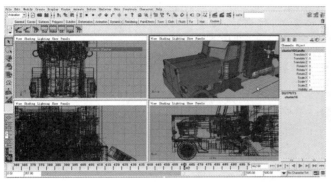

➡ 此时,产生了控制所选节点的簇 cluster16Handle。

可以看到,当选中簇时候,与之关联的零件呈现紫色。

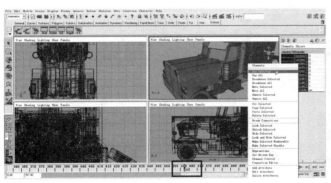

➡ 对这个簇设置变形动画,点击第 462 帧,准备将选中的对象在此帧上创建关键帧。

首先在物体通道栏中按住鼠标左键自上而下进行拖拽,将变化所需的控制项拖拽成黑色状态,如图。之后将鼠标放于选中的黑色参数项上,按住鼠标右键不放弹出对话框,不松开鼠标右键的同时,将鼠标移动到 Key Selected 上,最后松开鼠标右键,完成创建关键帧的操作。

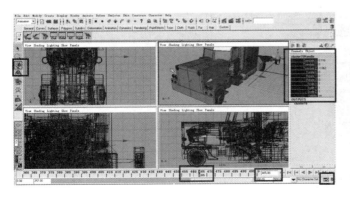

➡ 对象设置关键帧成功之后,通道框中参数项呈现红色。

在时间轴点选第 465 帧,将所选对象在此帧上设置另一关键帧,在确保自动关键帧锁处于红色打开状态下点击移动工具,如图所示将对象移动,放置到合适位置。也可以使用移动快捷键 W,对对象进行操作。此时物体对象在此帧下设置了关键帧,对象有了动画效果,可以点播放按钮查看。

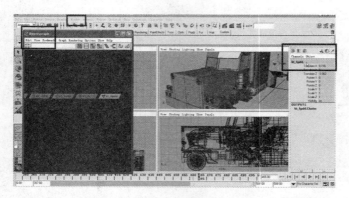

➡ 点击 Window > Hypergraph，调出 Hypergraph 超图窗口。

选中这个簇，如图，将鼠标移到 Hypergraph 窗口中，按键盘 F 键，使被选中物体在 Hypergraph 窗口中显示出来。

点击此处，我们将这个簇改名为 kt_fgxhL，这样便于我们操作记忆。

➡ 选中擎天柱左侧车头发动机盖零件 gai02_L。

点击状态栏中图标，进入物体的点选择状态，选中所需点。也可以点击键盘 F8 切换到该模式。

➡ 进入物体的点选择状态后，按住键盘 Shift 键，选中所需点。

也可以按住鼠标左键框选所需点。

创建簇：确认需要变形的点处于被选中状态后，选择 Animation，动画模块后，鼠标左键单击点选 Deform>Create Cluster，如图，执行创建簇命令。

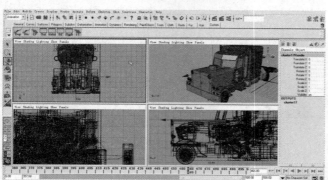

➡ 此时，产生了控制所选节点的簇 cluster17Handle。

可以看到，当选中簇时，与之关联的零件呈现紫色。

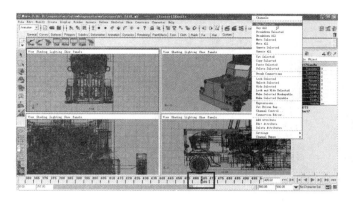

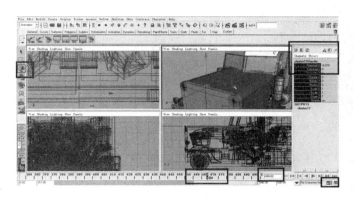

将这个簇设置变形动画,点击第 465 帧,准备将此时选中的对象在此帧上创建关键帧。

首先在物体通道栏中按住鼠标左键自上而下进行拖拽,将变化所需的控制项拖拽成黑色状态,如图。之后将鼠标放于选中的黑色参数项上,按住鼠标右键不放弹出对话框,不松开鼠标右键的同时,将鼠标移动到 Key Selected 上,最后松开鼠标右键,完成创建关键帧的操作。

对象设置关键帧成功之后,通道框中参数项呈现红色。

在时间轴点选第 468 帧,将所选对象在此帧上设置另一关键帧,在确保自动关键帧锁处于红色打开状态下点击移动工具,如图所示将对象移动,放置到合适位置。也可以使用移动快捷键 W,对对象进行操作。如精确控制,可在 TranslateX 参数栏中输入参数 - 0.079,将对象进行移动。

此时物体对象在此帧下设置了关键帧,有了动画效果,可以点播放按钮查看。

点击 Window > Hypergraph,调出 Hypergraph 超图窗口。

选中这个簇,如图,将鼠标移到 Hypergraph 窗口中,按键盘 F 键,使被选中物体在 Hypergraph 窗口中显示出来。

点击此处,我们将这个簇改名为 kt_fgdzL,这样便于我们操作记忆。擎天柱发动机盖簇变形微动画制作好。

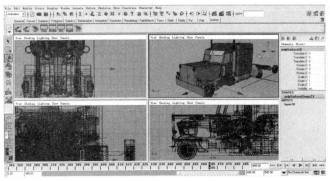

选中左侧发动机下方,车前轮旁的零件,如图所示。

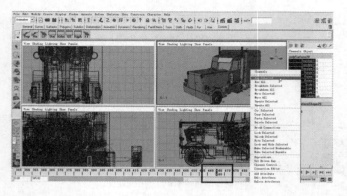

➡ 点击第 465 帧，准备将此时选中的对象在此帧上创建关键帧。

首先在物体通道栏中按住鼠标左键自上而下进行拖拽，将变化所需的控制项拖拽成黑色状态，如图。之后将鼠标放于选中的黑色参数项上，按住鼠标右键不放弹出对话框，不松开鼠标右键的同时，将鼠标移动到 Key Selected 上，最后松开鼠标右键，完成创建关键帧的操作。

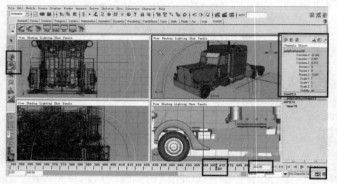

➡ 对象设置关键帧成功之后，通道框中参数项呈现红色。

在时间轴点选第 468 帧，在此帧上设置另一关键帧，在确保自动关键帧锁处于红色打开状态下点击旋转工具、移动工具，如图所示将对象旋转、移动，放置到合适位置。也可以使用旋转快捷键 E、移动快捷键 W，对象进行操作。此时物体对象在此帧下设置了关键帧，对象有了动画效果，可以点播放按钮查看。

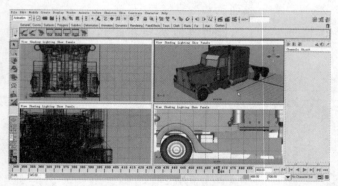

➡ 擎天柱左侧发动机盖变形微动画制作好。

擎天柱右侧发动机盖变形微动画的变形制作方法和左侧发动机盖变形微动画一样，在此不再冗述。

➡ 至此擎天柱发动机盖变形微动画制作好。

擎天柱车尾部变形微动画

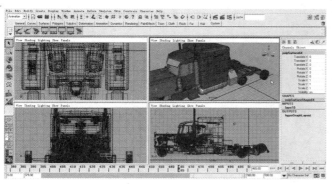

➡ 选中擎天柱车左侧后轮挡泥瓦处零件，如图所示。

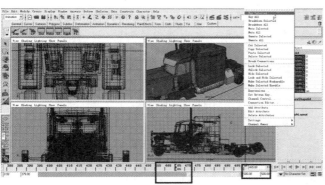

➡ 点击第 465 帧，准备将选中的对象在此帧上创建关键帧。

首先在物体通道栏中按住鼠标左键自上而下进行拖拽，将变化所需的控制项拖拽成黑色状态，如图。之后将鼠标放于选中的黑色参数项上，按住鼠标右键不放弹出对话框，不松开鼠标右键的同时，将鼠标移动到 Key Selected 上，最后松开鼠标右键，完成创建关键帧的操作。

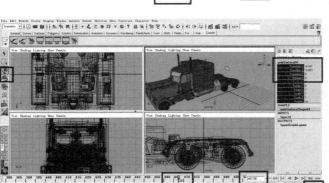

➡ 对象设置关键帧成功之后，通道框中参数项呈现红色。

在时间轴点选第 467 帧，将所选对象在此帧上设置另一关键帧，在确保自动关键帧锁处于红色打开状态下点击移动工具，如图所示将对象移动，放置到合适位置。也可以使用移动快捷键 W，对对象进行操作。

此时物体对象在此帧下设置了关键帧，有了动画效果，可以点播放按钮查看。

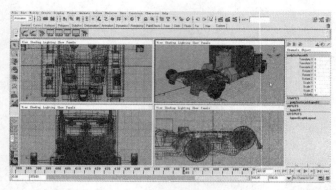

➡ 选中擎天柱车右侧后轮挡泥瓦处零件,如图所示。

➡ 点击第 465 帧,准备将选中的对象在此帧上创建关键帧。

首先在物体通道栏中按住鼠标左键自上而下进行拖拽,将变化所需的控制项拖拽成黑色状态,如图。之后将鼠标放于选中的黑色参数项上,按住鼠标右键不放弹出对话框,不松开鼠标右键的同时,将鼠标移动到 Key Selected 上,最后松开鼠标右键,完成创建关键帧的操作。

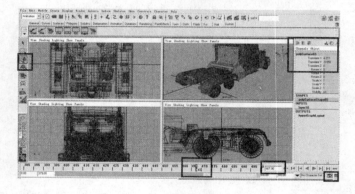

➡ 对象设置关键帧成功之后,通道框中参数项呈现红色。

在时间轴点选第 467 帧,将所选对象在此帧上设置另一关键帧,在确保自动关键帧锁处于红色打开状态下点击移动工具,如图所示将对象移动,放置到合适位置。也可以使用移动快捷键 W,对象进行操作。

此时物体对象在此帧下设置了关键帧,有了动画效果,可以点播放按钮查看。

➡ 点击菜单栏中的 Window>Outliner,调出大纲视图。

配合 Outliner 选中擎天柱右侧车头零件群组节点 chetou1,如图所示。

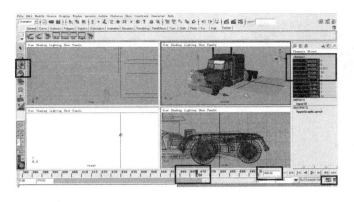

➡　在时间轴点选第 468 帧,在此帧上设置另一关键帧(确保自动关键帧锁处于红色打开状态)。

　　点击移动工具,如图所示将对象移动,放置到合适位置。也可以使用移动快捷键 W,对对象进行操作。如精确控制,可在 Translate Z 参数栏中输入参数 0.012,将对象进行移动。

　　此时物体对象在此帧下设置了关键帧。

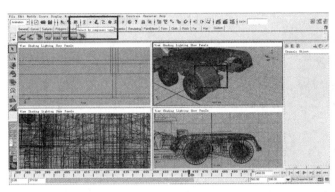

➡　选中左侧车最后方后轮的连杆关节零件。

　　点击状态栏中图标,进入物体的点选择状态,选中所需点。也可以点击键盘 F8 切换到该模式。

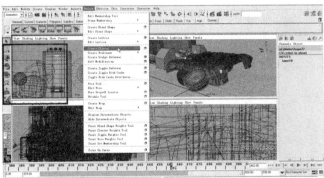

➡　进入物体的点选择状态后,按住键盘 Shift 键的,鼠标左键框选所需点。

　　创建簇:确认需要变形的点处于被选中状态后,选择 Animation(动画模块),鼠标左键单击点选 Deform>Create Cluster,如图,执行创建簇命令。

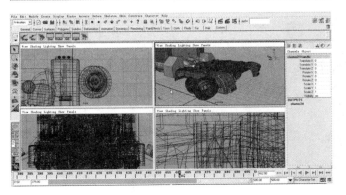

➡　此时,产生了控制所选节点的簇 cluster24Handle。

　　可以看到,当选中簇时,与之关联的零件呈现紫色。

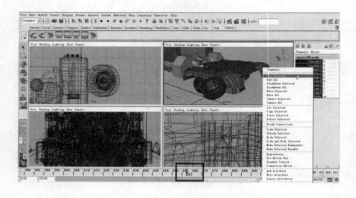

➡ 对这个簇设置变形动画,点击第 462 帧,准备将选中的对象在此帧上创建关键帧。

首先在物体通道栏中按住鼠标左键自上而下进行拖拽,将变化所需的控制项拖拽成黑色状态,如图。之后将鼠标放于选中的黑色参数项上,按住鼠标右键不放弹出对话框,不松开鼠标右键的同时,将鼠标移动到 Key Selected 上,最后松开鼠标右键,完成创建关键帧的操作。

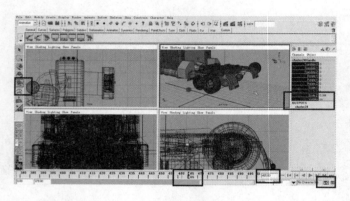

➡ 对象设置关键帧成功之后,通道框中参数项呈现红色。

在时间轴点选第 465 帧,在此帧上设置另一关键帧,在确保自动关键帧锁处于红色打开状态下点击缩放工具,如图所示将对象缩放到合适位置。也可以使用缩放快捷键 R,对对象进行操作。

此时物体对象在此帧下设置了关键帧,有了动画效果,可以点播放按钮查看。

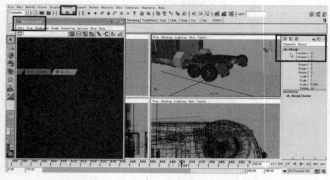

➡ 点击 Window > Hypergraph,调出 Hypergraph 超图窗口。

选中这个簇,如图,将鼠标移到 Hypergraph 窗口中,按键盘 F 键,使被选中物体在 Hypergraph 窗口中显示出来。

点击此处,我们将这个簇改名为 ak_hlungL,这样便于我们操作记忆。

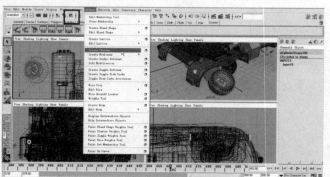

➡ 选中右侧车最后方后轮的连杆关节零件。

点击状态栏中图标,进入物体的点选择状态,选中所需点。也可以点击键盘 F8 切换到该模式。

进入物体的点选择状态后,按住键盘 Shift 键的,鼠标左键框选所需点。

创建簇:确认需要变形的点处于被选中状态后,选择 Animation(动画模块),鼠标左键单击点选 Deform>Create Cluster,如图,执行创建簇命令。

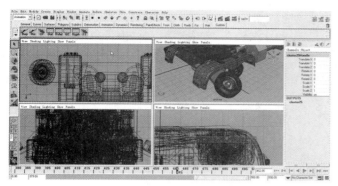

➡ 此时，产生了控制所选节点的簇 cluster25 Handle。

可以看到，当选中簇时，与之关联的零件呈现紫色。

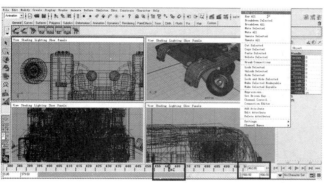

➡ 对这个簇设置变形动画，点击第 462 帧，准备将选中的对象在此帧上创建关键帧。

首先在物体通道栏中按住鼠标左键自上而下进行拖拽，将变化所需的控制项拖拽成黑色状态，如图。之后将鼠标放于选中的黑色参数项上，按住鼠标右键不放弹出对话框，不松开鼠标右键的同时，将鼠标移动到 Key Selected 上，最后松开鼠标右键，完成创建关键帧的操作。

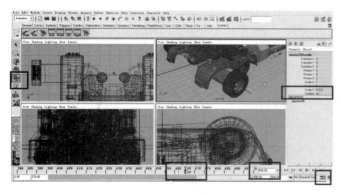

➡ 对象设置关键帧成功之后，通道框中参数项呈现红色。

在时间轴点选第 465 帧，在此帧上设置另一关键帧，在确保自动关键帧锁处于红色打开状态下点击缩放工具，如图所示将对象缩放到合适位置。也可以使用缩放快捷键 R，对对象进行操作。

此时物体对象在此帧下设置了关键帧，有了动画效果，可以点播放按钮查看。

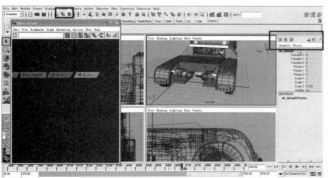

➡ 点击 Window > Hypergraph，调出 Hypergraph 超图窗口。

选中这个簇，如图，将鼠标移到 Hypergraph 窗口中，按键盘 F 键，使被选中物体在 Hypergraph 窗口中显示出来。

点击此处，我们将这个簇改名为 ak_hlungR，这样便于我们操作记忆。

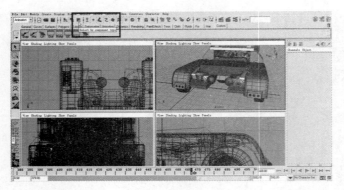

➡ 点击状态栏中图标,进入物体的点选择状态,选中所需点。也可以点击键盘 F8 切换到该模式。

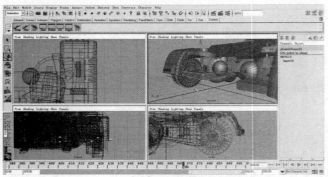

➡ 进入物体的点选择状态后,按住键盘 Shift 键,选中所需点。

也可以按住鼠标左键框选所需点。

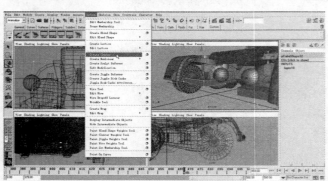

➡ 创建簇:确认需要变形的点处于被选中状态后,选择 Animation(动画模块),鼠标左键单击点选 Deform>Create Cluster,如图,执行创建簇命令。

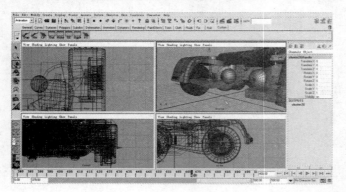

➡ 此时,产生了控制所选节点的簇 cluster26Handle。

可以看到,当选中簇时,与之关联的零件呈现紫色。

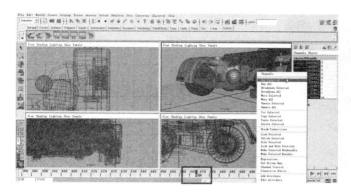

➡ 对这个簇设置变形动画,点击第 468 帧,准备将选中的对象在此帧上创建关键帧。

首先在物体通道栏中按住鼠标左键自上而下进行拖拽,将变化所需的控制项拖拽成黑色状态,如图。之后将鼠标放于选中的黑色参数项上,按住鼠标右键不放弹出对话框,不松开鼠标右键的同时,将鼠标移动到 Key Selected 上,最后松开鼠标右键,完成创建关键帧的操作。

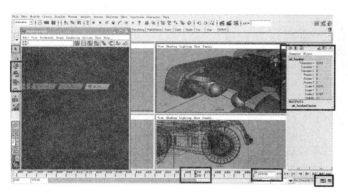

➡ 对象设置关键帧成功之后,通道框中参数项呈现红色。

在时间轴点选第 470 帧,在此帧上设置另一关键帧,在确保自动关键帧锁处于红色打开状态下点击缩放工具、移动工具,如图所示将对象缩放、移动,放置到合适位置。也可以使用缩放快捷键 R、移动快捷键 W,对对象进行操作。

此时物体对象在此帧下设置了关键帧,有了动画效果,可以点播放按钮查看。

点击此处,我们将这个簇改名为 ak_houlun,这样便于我们操作记忆。

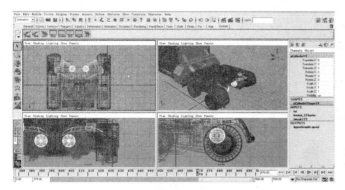

➡ 按住键盘 Shift 键,选中擎天柱车尾部露出来的零件,如图所示。

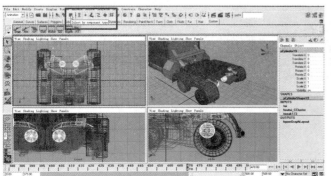

➡ 点击状态栏中图标,进入物体的点选择状态,选中所需点。也可以点击键盘 F8 切换到该模式。

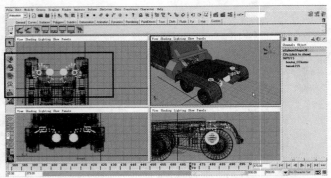

➡ 进入物体的点选择状态后，按住键盘 Shift 键，选中所需点。

也可以按住鼠标左键框选所需点。

➡ 创建簇：确认需要变形的点处于被选中状态后，选择 Animation（动画模块），鼠标左键单击点选 Deform>Create Cluster，如图，执行创建簇命令。

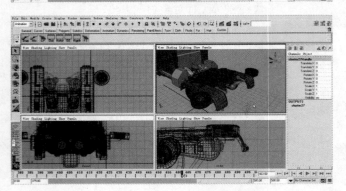

➡ 此时，产生了控制所选节点的簇 cluster27Handle。

可以看到，当选中簇时，与之关联的零件呈现紫色。

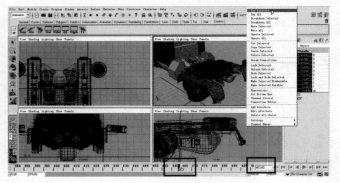

➡ 对这个簇设置变形动画，点击第 463 帧，准备将选中的对象在此帧上创建关键帧。

首先在物体通道栏中按住鼠标左键自上而下进行拖拽，将变化所需的控制项拖拽成黑色状态，如图。之后将鼠标放于选中的黑色参数项上，按住鼠标右键不放弹出对话框，不松开鼠标右键的同时，将鼠标移动到 Key Selected 上，最后松开鼠标右键，完成创建关键帧的操作。

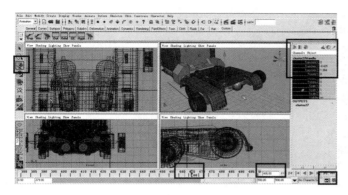

➡　　对象设置关键帧成功之后，通道框中参数项呈现红色。

　　在时间轴点选第 466 帧，将所选对象在此帧上设置另一关键帧，在确保自动关键帧锁处于红色打开状态下点击移动工具，如图所示将对象移动，放置到合适位置。也可以使用移动快捷键 W，对对象进行操作。

　　此时物体对象在此帧下设置了关键帧，有了动画效果，可以点播放按钮查看。

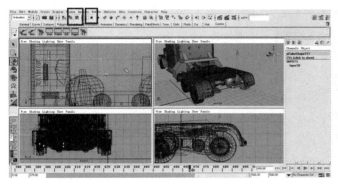

➡　　点击状态栏中图标，进入物体的点选择状态，选中所需点。也可以点击键盘 F8切换到该模式。

　　进入物体的点选择状态后，按住键盘 Shift 键，选中所需点。

　　也可以按住鼠标左键框选所需点。

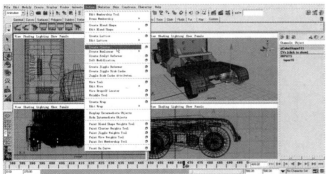

➡　　创建簇：确认需要变形的点处于被选中状态后，选择 Animation（动画模块），鼠标左键单击点选 Deform>Create Cluster，如图，执行创建簇命令。

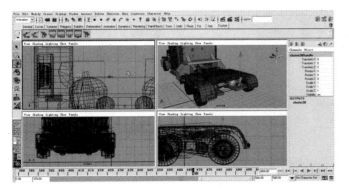

➡　　此时，产生了控制所选节点的簇 cluster28 Handle。

　　可以看到，当选中簇时，与之关联的零件呈现紫色。

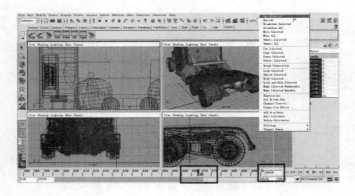

➡ 对这个簇设置变形动画,点击第 468 帧,准备将选中的对象在此帧上创建关键帧。

首先在物体通道栏中按住鼠标左键自上而下进行拖拽,将变化所需的控制项拖拽成黑色状态,如图。之后将鼠标放于选中的黑色参数项上,按住鼠标右键不放弹出对话框,不松开鼠标右键的同时,将鼠标移动到 Key Selected 上,最后松开鼠标右键,完成创建关键帧的操作。

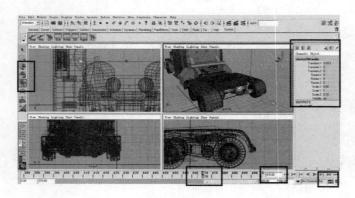

➡ 对象设置关键帧成功之后,通道框中参数项呈现红色。

在时间轴点选第 470 帧,在此帧上设置另一关键帧,在确保自动关键帧锁处于红色打开状态下点击缩放工具、移动工具,如图所示将对象缩放、移动,放置到合适位置。也可以使用缩放快捷键 R、移动快捷键 W,对对象进行操作。

此时物体对象在此帧下设置了关键帧,有了动画效果,可以点播放按钮查看。

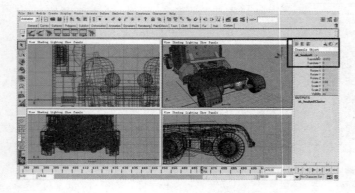

➡ 点击此处,我们将这个簇改名为 ak_houlunR,这样便于我们操作记忆。

至此,擎天柱车尾部变型微动画制作好。

擎天柱储藏仓零件调整微动画

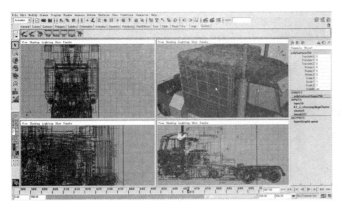

➡ 点击选择擎天柱储藏仓右侧上部零件，如图所示。

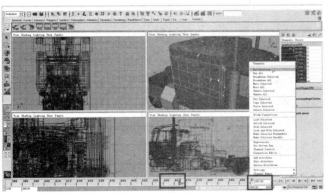

➡ 点击第 467 帧，准备将选中的对象在此帧上创建关键帧。

首先在物体通道栏中按住鼠标左键自上而下进行拖拽，将变化所需的控制项拖拽成黑色状态，如图。之后将鼠标放于选中的黑色参数项上，按住鼠标右键不放弹出对话框，不松开鼠标右键的同时，将鼠标移动到 Key Selected 上，最后松开鼠标右键，完成创建关键帧的操作。

➡ 对象设置关键帧成功之后，通道框中参数项呈现红色。

在时间轴点选第 470 帧，将所选对象在此帧上设置另一关键帧，在确保自动关键帧锁处于红色打开状态下点击移动工具，如图所示将对象移动，放置到合适位置。也可以使用移动快捷键 W，对对象进行操作。

此时物体对象在此帧下设置了关键帧，有了动画效果，可以点播放按钮查看。

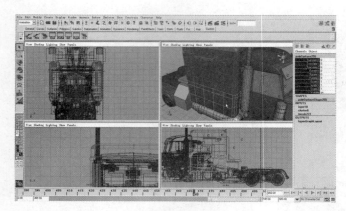

➡ 点击选择擎天柱储藏仓右侧下部零件,如图所示。

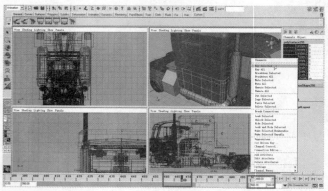

➡ 点击第 468 帧,准备将选中的对象在此帧上创建关键帧。

首先在物体通道栏中按住鼠标左键自上而下进行拖拽,将变化所需的控制项拖拽成黑色状态,如图。之后将鼠标放于选中的黑色参数项上,按住鼠标右键不放弹出对话框,不松开鼠标右键的同时,将鼠标移动到 Key Selected 上,最后松开鼠标右键,完成创建关键帧的操作。

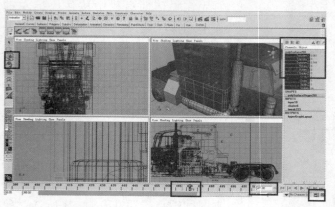

➡ 对象设置关键帧成功之后,通道框中参数项呈现红色。

在时间轴点选第 471 帧,将所选对象在此帧上设置另一关键帧,在确保自动关键帧锁处于红色打开状态下点击移动工具,如图所示将对象移动,放置到合适位置。也可以使用移动快捷键 W,对对象进行操作。

此时物体对象在此帧下设置了关键帧,有了动画效果,可以点播放按钮查看。

➡ 点击选择擎天柱储藏仓右侧连接零件,如图所示。

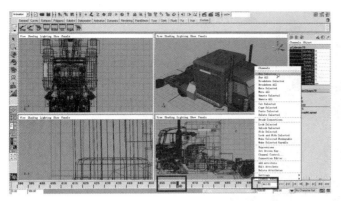

➡ 点击第 463 帧，准备将选中的对象在此帧上创建关键帧。

首先在物体通道栏中按住鼠标左键自上而下进行拖拽，将变化所需的控制项拖拽成黑色状态，如图。之后将鼠标放于选中的黑色参数项上，按住鼠标右键不放弹出对话框，不松开鼠标右键的同时，将鼠标移动到 Key Selected 上，最后松开鼠标右键，完成创建关键帧的操作。

➡ 对象设置关键帧成功之后，通道框中参数项呈现红色。

在时间轴点选第 465 帧，将所选对象在此帧上设置另一关键帧，在确保自动关键帧锁处于红色打开状态下点击移动工具，如图所示将对象移动，放置到合适位置。也可以使用移动快捷键 W，对对象进行操作。

此时物体对象在此帧下设置了关键帧，有了动画效果，可以点播放按钮查看。

➡ 点击选择擎天柱储藏仓右侧内部的连接零件，如图所示。

➡ 点击第 463 帧，准备将选中的对象在此帧上创建关键帧。

首先在物体通道栏中按住鼠标左键自上而下进行拖拽，将变化所需的控制项拖拽成黑色状态，如图。之后将鼠标放于选中的黑色参数项上，按住鼠标右键不放弹出对话框，不松开鼠标右键的同时，将鼠标移动到 Key Selected 上，最后松开鼠标右键，完成创建关键帧的操作。

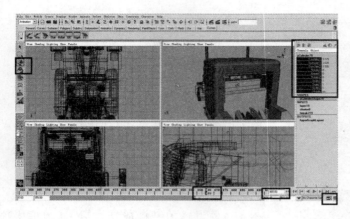

➡　对象设置关键帧成功之后，通道框中参数项呈现红色。

在时间轴点选第 465 帧，将所选对象在此帧上设置另一关键帧，在确保自动关键帧锁处于红色打开状态下点击移动工具，如图所示将对象移动，放置到合适位置。也可以使用移动快捷键 W，对对象进行操作。

此时物体对象在此帧下设置了关键帧，有了动画效果，可以点播放按钮查看。

擎天柱左侧储藏仓零件调整微动画的制作方法和右侧储藏仓零件调整微动画一样，在此不再冗述。至此擎天柱储藏仓零件调整微动画制作好。

擎天柱左前轮变型微动画

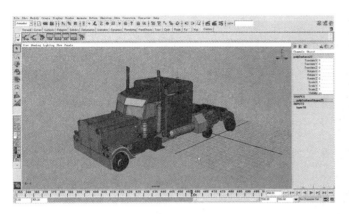

➡ 选中擎天柱左前轮轮毂零件，如图所示。

➡ 选择移动工具。

选中对象之后左键点击自定义快捷栏中刚才已经创建的快捷键，将所选物体中心点的位置移动到对象的中心。

也可以手动操作点选 Modify > Center Pivot。

➡ 可以看到，所选物体中心点的位置已经移动到了对象的中心。

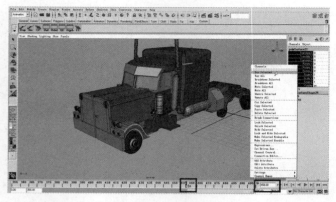

➡ 点击第 458 帧,准备将选中的对象在此帧上创建关键帧。

首先在物体通道栏中按住鼠标左键自上而下进行拖拽,将变化所需的控制项拖拽成黑色状态,如图。之后将鼠标放于选中的黑色参数项上,按住鼠标右键不放弹出对话框,不松开鼠标右键的同时,将鼠标移动到 Key Selected 上,最后松开鼠标右键,完成创建关键帧的操作。

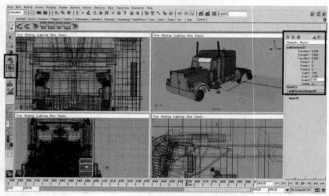

➡ 对象设置关键帧成功之后,通道框中参数项呈现红色。

在时间轴点选第 460 帧,在此帧上设置另一关键帧,在确保自动关键帧锁处于红色打开状态下点击缩放工具、移动工具,如图所示将对象缩放、移动放置到合适位置。也可以使用缩放快捷键 R、移动快捷键 W,对象进行操作。

此时物体对象在此帧下设置了关键帧,有了动画效果,可以点播放按钮查看。

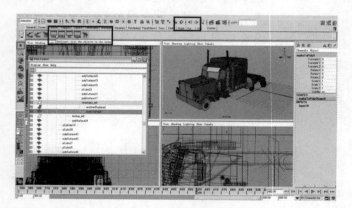

➡ 点选大纲视图,便于我们在众多物体中选择我们需要的物体。点击菜单栏中的 Window>Outliner,调出大纲视图。

也可以左键点击自定义快捷栏中刚才已经创建的大纲视图快捷键,调出大纲视图。鼠标左键单击点选擎天柱左前轮的任意一个零件。

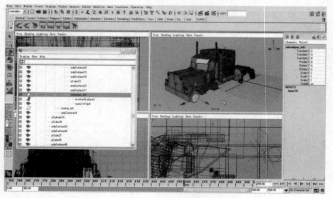

➡ 之后,在 Outliner 大纲窗口中,按键盘 F 键,找到选中的节点,在 Outliner 中顺着往上找到左前轮零件群组,可以看到控制整个左大前轮所有零件的节点,wheelqian _left 节点已经被找到并被选中了。

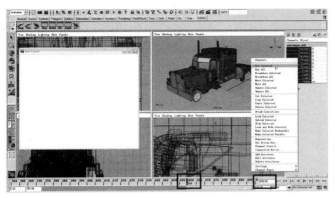

➡ 点击第 459 帧, 准备将选中的对象在此帧上创建关键帧。

　　首先在物体通道栏中按住鼠标左键自上而下进行拖拽, 将变化所需的控制项拖拽成黑色状态, 如图。之后将鼠标放于选中的黑色参数项上, 按住鼠标右键不放弹出对话框, 不松开鼠标右键的同时, 将鼠标移动到 Key Selected 上, 最后松开鼠标右键, 完成创建关键帧的操作。

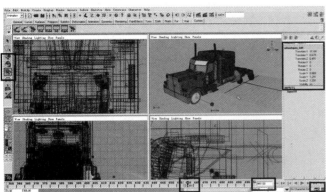

➡ 对象设置关键帧成功之后, 通道框中参数项呈现红色。

　　在时间轴点选第 461 帧, 在此帧上设置另一关键帧, 在确保自动关键帧锁处于红色打开状态下点击缩放工具、移动工具, 如图所示将对象缩放、移动放置到合适位置。也可以使用缩放快捷键 R、移动快捷键 W, 对对象进行操作。

　　此时物体对象在此帧下设置了关键帧, 有了动画效果, 可以点播放按钮查看。

　　至此, 擎天柱左前轮变型微动画制作好。

擎天柱左后轮变形微动画

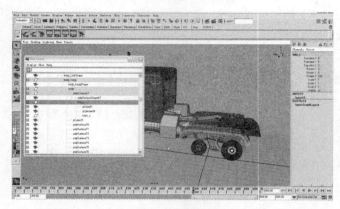

➡　点击菜单栏中的 Window>Outliner，调出大纲视图。

　　配合 Outliner 选中擎天柱左侧后挡泥瓦零件群组节点 hdn_L，如图所示。

➡　点击第 460 帧，准备将选中的对象在此帧上创建关键帧。

　　首先在物体通道栏中按住鼠标左键自上而下进行拖拽，将变化所需的控制项拖拽成黑色状态，如图。之后将鼠标放于选中的黑色参数项上，按住鼠标右键不放弹出对话框，不松开鼠标右键的同时，将鼠标移动到 Key Selected 上，最后松开鼠标右键，完成创建关键帧的操作。

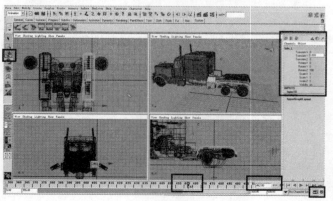

➡　对象设置关键帧成功之后，通道框中参数项呈现红色。

　　在时间轴点选第 462 帧，将所选对象在此帧上设置另一关键帧，在确保自动关键帧锁处于红色打开状态下点击移动工具，如图所示将对象移动，放置到合适位置。也可以使用移动快捷键 W，对对象进行操作。如精确控制，可在 Translate Y 参数栏中输入参数 0.893，将对象进行移动。

　　此时物体对象在此帧下设置了关键帧。

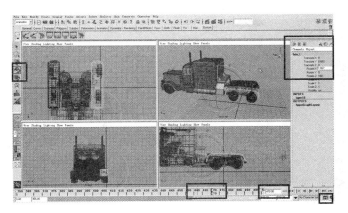

➡ 在时间轴点选第 470 帧,在此帧上设置另一关键帧,在确保自动关键帧锁处于红色打开状态下点击旋转工具,如图所示将对象旋转、移动放置到合适位置。也可以使用旋转快捷键 E,对对象进行操作。

此时物体对象在此帧下设置了关键帧,有了动画效果,可以点播放按钮查看。

➡ 点击菜单栏中的 Window>Outliner,调出大纲视图。

配合 Outliner 选中擎天柱左侧中后轮零件群组节点 wheelmid_left,如图所示。

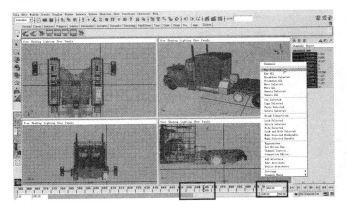

➡ 点击第 465 帧,准备将选中的对象在此帧上创建关键帧。

首先在物体通道栏中按住鼠标左键自上而下进行拖拽,将变化所需的控制项拖拽成黑色状态,如图。之后将鼠标放于选中的黑色参数项上,按住鼠标右键不放弹出对话框,不松开鼠标右键的同时,将鼠标移动到 Key Selected 上,最后松开鼠标右键,完成创建关键帧的操作。

➡ 对象设置关键帧成功之后,时间轴上帧呈现红色。

在时间轴点选第 467 帧,在此帧上设置另一关键帧,在确保自动关键帧锁处于红色打开状态下点击缩放工具、移动工具,如图所示将对象缩放、移动放置到合适位置。也可以使用缩放快捷键 R、移动快捷键 W,对对象进行操作。

此时物体对象在此帧下设置了关键帧,有了动画效果,可以点播放按钮查看。

➡ 点击菜单栏中的 Window>Outliner，调出大纲视图。

配合 Outliner 选中擎天柱左侧后轮零件群组节点 wheel_mid_L，如图所示。

➡ 点击第 467 帧，准备将选中的对象在此帧上创建关键帧。

首先在物体通道栏中按住鼠标左键自上而下进行拖拽，将变化所需的控制项拖拽成黑色状态，如图。之后将鼠标放于选中的黑色参数项上，按住鼠标右键不放弹出对话框，不松开鼠标右键的同时，将鼠标移动到 Key Selected 上，最后松开鼠标右键，完成创建关键帧的操作。

➡ 对象设置关键帧成功之后，时间轴上帧呈现红色。

在时间轴点选第 469 帧，在此帧上设置另一关键帧，在确保自动关键帧锁处于红色打开状态下点击缩放工具、移动工具，如图所示将对象缩放、移动放置到合适位置。也可以使用缩放快捷键 R、移动快捷键 W，对象进行操作。

此时物体对象在此帧下设置了关键帧。

至此，擎天柱左侧后轮变形微动画制作好。

第12章 精确贴图与渲染设置

　　本章讲解了 Maya 动画中另一重要知识板块——渲染和贴图的重要知识和操作实现方法。Maya 动画中贴图的作用非常重要，它实现了物体零件的色彩、纹理和喷漆贴花等外观效果。只有完成 Maya 贴图之后，我们设计的物体才具有更真实逼真的色泽、外观和质感。最后通过渲染，设计的物体达到逼真的视觉效果。知识点方面，详细讲解了复杂的材质节点的创建方法，Hypershade 渲染材质编辑器，在 Hypershade 渲染材质编辑器中的工作区域内查看渲染节点关系网，Hypershade 渲染材质编辑器的打开方式，调整复杂贴图的方法，调整贴图精确位置的方法，在复杂动画过程中调整贴图使贴图和贴图所赋予对象保持一致的方法。本章最后完成了擎天柱卡车头伪装形态的绚丽贴图，卡车车体达到逼真的涂鸦和光亮的车漆效果。

Maya 贴图必备知识

补充知识

在视图中,按键盘数字按键 4,视图显示物体的线框图;按数字按键 5,视图显示物体的色彩和贴图;按数字按键 6,视图显示灯光效果、物体的色彩和贴图。

要对模型粘贴材质,首先选择 Window>RenderingEditors>Hypershade 命令,此时出现如图所示的材质编辑器。

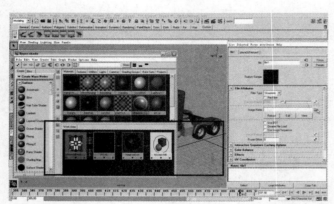

➡ 复杂的材质节点,如映射贴图材质节点等,可以在 Hypershade 渲染材质编辑器中的工作区域内查看渲染节点关系网。

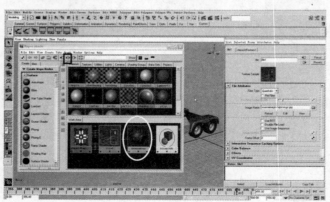

➡ 如果此时没有清晰地显示出节点之间的关系,可以点击此处。

选择想要查看的节点,比如选择我们创建的 cangcemian 节点。

点击此图标,表示展开此节点的前后关系,可以清楚地分析和查看节点。

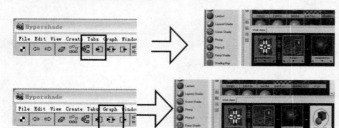

➡ 点击之后显示当前选中节点前方关系节点。

➡ 点击之后显示当前选中节点前后方关系节点。

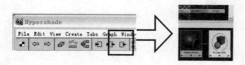

➡ 点击之后显示当前选中节点后方关系节点。

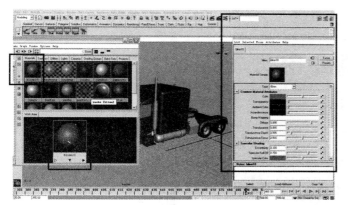

➡　单击或者双击任何一个节点，都可以在右侧弹出属性窗口，可以修改编辑节点的属性。

➡　管理节点编辑节点一目了然。

另外选中材质节点之后，点击这个图标也可以调出右侧材质节点属性栏。

➡　点击节点属性面板中此处两个图标，也可以实现节点的前后切换。

上面的是向前一个连接节点切换。

下面的是向后一个连接节点切换。

擎天柱储藏仓材质贴图

➡ 按键盘 Shift 键,选中擎天柱储藏仓左侧两个零件,如图所示。

左键点击自定义快捷栏中刚才已经创建的渲染编辑器快捷键,调出渲染编辑器。

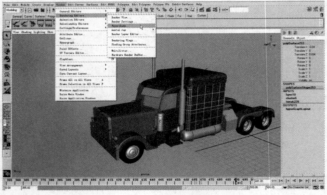

➡ 也可以手动操作点选 Window > Rendering Editors>Hypershade。

➡ 点击 Blinn 创建一个金属材质,如图所示。

Blinn 是金属原始材质,用来制作擎天柱车储藏仓侧面的金属材质。

➡　双击节点,都可以在右侧弹出属性窗口,可以修改编辑节点的属性。

➡　在节点属性框中也可以对节点的名称进行修改。

在此将节点的名称修改为cangcemian,点击键盘 Enter 键。

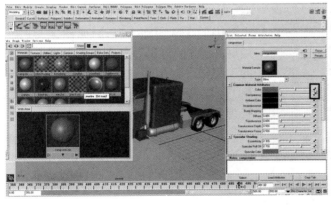

➡　单击 Color 颜色对话框后面的方形框,弹出创建渲染节点对话框 Creat Render Node。

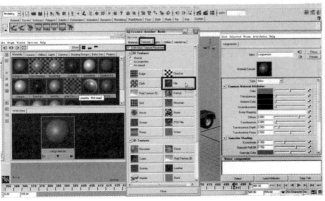

➡　在弹出的渲染节点对话框 Creat Render Node 中的贴图选项(Textures)中选中 2D 贴图(2D Texture)。

之后,点击 File。

这个操作可以让我们选择所需的赋予材质贴图的图像,图像可以是 jpg 等格式的图形。在电脑中选择图片后可以附着到材质上。

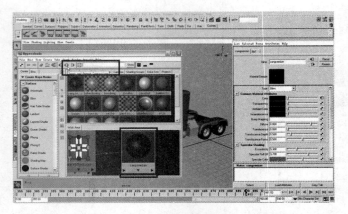

➡ 此时，这个材质节点已经添加了贴图节点。

在 Hypershade 中，左键单击选中这个材质节点。点击此处按钮，将被选中的材质节点的详细关系图展开，如图。

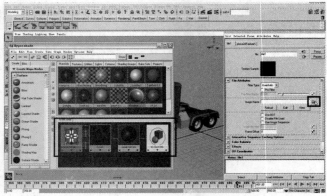

➡ 此时，在 Hypershade 渲染编辑器中，这个材质节点的详细材质节点关系图已经展开，如图。

左键单击材质节点 file，在右侧弹出材质节点 file 的属性窗口。随后，鼠标单击点选此处图标，如图。

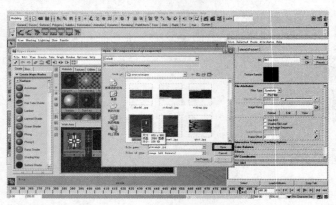

➡ 在弹出对话框中，找到并选中放置在电脑中的擎天柱储藏仓侧面图案，注意，最好开始就将所需的贴图图案放入建立的工程文件夹里面的 sourceimages 文件夹里，这样便于在后续制作中的查找和管理。

选中之后左键单击 Open。

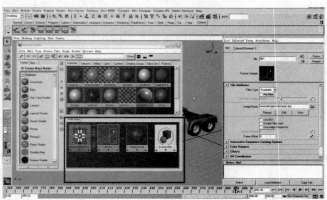

➡ 在 Hypershade 中，可以看到刚才选中的图案已被放入 cangcemian 材质节点关系网中。

➡　点击状态栏中图标,准备进入物体的面选择状态。

➡　在状态栏中选择面模式图标,进入物体的面选择状态。

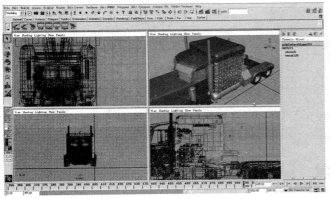

➡　此时物体进入面模式选择状态。

按住键盘 Shift 键的同时,点选多个曲面。也可用按住鼠标左键框选所需面。

选中的曲面呈现橘红色,如图。

在贴图之前首先选中需要被贴图的对象,之后赋予选中对象刚才制作的材质。

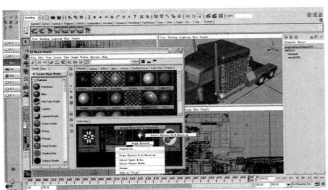

➡　点击 Window>Hypergraph 调出 Hypergraph。

调出材质渲染编辑器后,在确定曲面对象被选中的情况下,将鼠标放于 cangcemian 材质上。按住鼠标右键不放,出现选择对话框。

继续按住右键不放,移动到 Assign Material To Selection(附着所选材质到所选物体之上),然后松开鼠标右键。

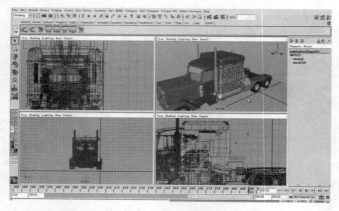

➡　擎天柱左侧储藏仓侧面已被赋予了材质。

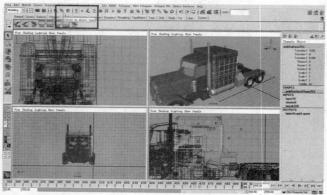

➡　点击状态栏中图标返回物体选择模式。

➡　鼠标点选 persp 立体视图,切换到 persp 立体视图中。左键点击渲染按钮,渲染一下当前对象。

在渲染图像框中,我们观察到贴图图案的形状和位置与我们预想的效果有所差距,我们需要对贴图图案的参数进行渲染调整。

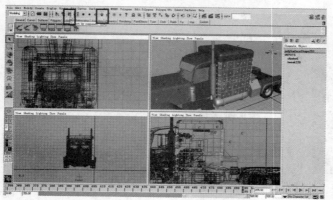

➡　点击状态栏中图标,进入物体的面选择状态。选中所需面:按住键盘 Shift 键的同时,点选多个曲面。也可用按住鼠标左键框选所需面。

选中之后的面呈现橘红色。

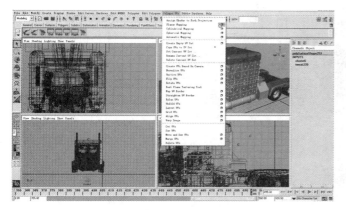

➡ 执行调整贴图操作:切换到 Modeling 模式,点选 Polygon UVs>Planar Mapping 后面的方框。

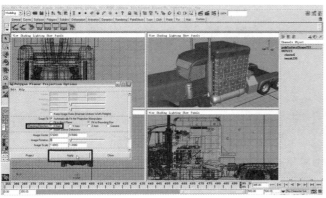

➡ 在弹出的 Polygon Planar Projection Options 对话框中选择相应参数,如图所示。

Mapping Direction:点选 X Axis。之后点选 Apply 执行操作。

补充知识:

Image Rotation 可操控贴图的旋转。

Mapping Direction 可以设置贴图的方向。当 Mapping Direction 选项选择 X Axis 时候,表示以 X 轴方向对物体进行贴图。

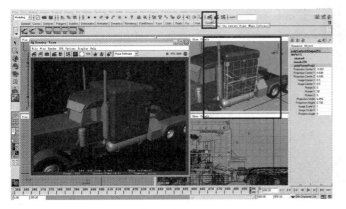

➡ 执行操作后,所贴图曲面出现贴图调整操作手柄,如图所示。

可以看到,此时图片已经精准附着在曲面上。

点击切换到 persp 视图,之后点击渲染按钮,渲染观察发现贴图位置符合要求。

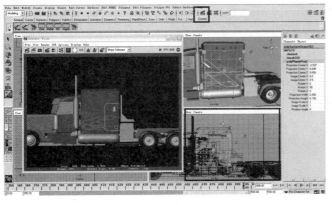

➡ 点击切换到 side 视图,之后点击渲染按钮,仔细观察贴图效果。

发现仓侧面贴图的门的位置有些不当,门位置有些偏右,下面准备进行贴图精确调整操作。

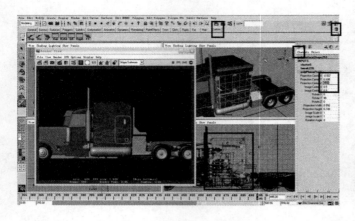

→ 点击通道栏中的按钮，之后在 polyPlanarProj2 上点击，调出 planar 的属性参数设置面板。

将贴图向左移动，这时是沿着 Z 轴的方向，所以在 Pojection Center Z 的位置输入 10.2，使图片向 Z 轴方向精准移动。

也可以使用鼠标拉动贴图调整操纵手柄，向左拖拽贴图手柄，将贴图的位置向左移动。

点击切换到 side 视图，再点击渲染按钮，渲染发现仓侧面贴图的门的位置已经调整好。至此，擎天柱储藏仓左侧渲染已制作好。

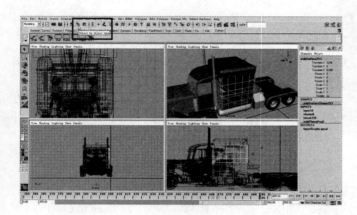

→ 点击状态栏中图标返回物体选择模式。

至此，擎天柱变形动画储藏仓左侧已被精确赋予了绚丽材质。

擎天柱储藏仓右侧渲染制作

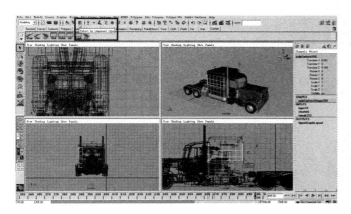

➡　按键盘 Shift 键,选中擎天柱储藏仓右侧两个零件,如图所示。

　　点击状态栏中图标,准备进入物体的面选择状态。

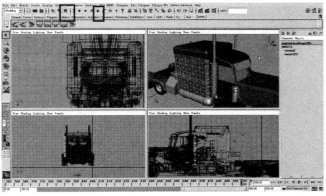

➡　在状态栏中选择面模式图标,进入物体的面选择状态。

　　此时物体进入面模式选择状态。

　　按住键盘 Shift 键的同时,点选多个曲面。也可用按住鼠标左键框选所需面。

　　选中的曲面呈现橘红色,如图。

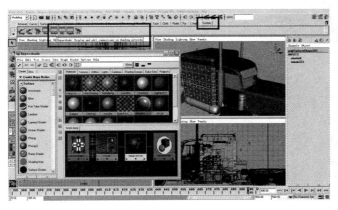

➡　左键点击自定义快捷栏中刚才已经创建的渲染编辑器快捷键,调出渲染编辑器。

　　也可以手动操作点选 Window > Rendering Editors>Hypershade。

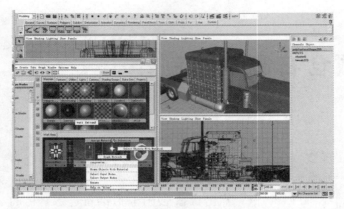

➡ 调出材质编辑渲染编辑器后,确定曲面对象被选中的情况下,将鼠标放于 cangcemian 材质上。按住鼠标右键不放,出现选择对话框,继续按住右键不放,移动到 Assign Material To Selection(附着所选材质到所选物体之上),然后松开鼠标右键。

➡ 擎天柱右侧储藏仓侧面已被赋予了材质。

鼠标点选 persp 立体视图,切换到 persp 立体视图中。左键点击渲染按钮,渲染一下当前对象。

在渲染图像框中,我们观察到贴图图案的形状和位置与我们预想达到的效果有所差距,我们需要对贴图图案的参数进行渲染调整。

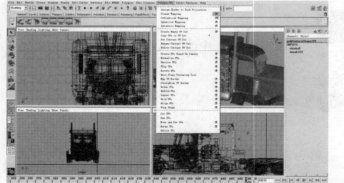

➡ 确保右侧储藏仓面还处于被选中状态,选中之后的面呈现橘红色,如图所示。

执行调整贴图操作:切换到 Modeling 模式,点选 Polygon UVs>Planar Mapping 平面映射后面的方框。

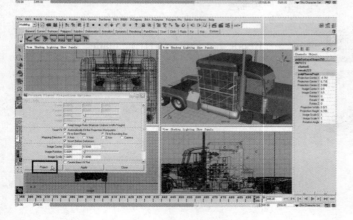

➡ 在弹出的 Polygon Planar Projection Options 对话框中选择相应参数,如图所示。

Mapping Direction:点选 X Axis。

完成后点选 Apply 执行操作。

➡　执行操作后，所贴图曲面出现贴图调整操作手柄，如图所示。可以看到，此时图片已经精准附着在曲面上。

将贴图向车头方向移动，这时是沿着 Z 轴的方向，可以使用鼠标拉动贴图调整操纵手柄，向左拖拽贴图手柄，将贴图的位置向左放置。也可以点击通道栏中的按钮，之后在 polyPlanarProj4 上点击，调出 planar 的属性参数设置面板，在通道栏的属性 Pojection Center Z 的位置输入 10.2，使图片向 Z 轴方向精准移动。

➡　点击切换到 persp 视图，点击渲染按钮，渲染发现仓侧面贴图的门的位置已经调整好。

➡　点击状态栏中图标返回物体选择模式。

➡　如果想继续细微调整贴图位置，可以通过点击通道栏中的按钮，再在 polyPlanarProj4 上点击，调出并修改 planar 的属性参数设置面板中的参数来实现。

➡ 将贴图高度拉长,在 Pojection Height 中输入参数 7.2,使贴图的高度精准拉长。

切换到 persp 视图,点选渲染按钮,渲染观看效果。

至此,擎天柱储藏仓右侧渲染制作好。

➡ 按键盘 Shift 键,选中擎天柱储藏仓左侧两个零件,如图所示。

继续细微调整贴图位置,可以通过点击通道栏中的按钮,再在 polyPlanarProj2 上点击,调出并修改 planar 的属性参数设置面板中的参数来实现。

将贴图高度拉长,在 Pojection Height 中输入 7.2,使贴图的高度拉长。

切换到 persp 视图,点选渲染按钮,渲染观看效果。擎天柱储藏仓左侧渲染制作好。至此,擎天柱变形动画储藏仓被精确地赋予了绚丽材质。

擎天柱储藏仓顶端颜色调整

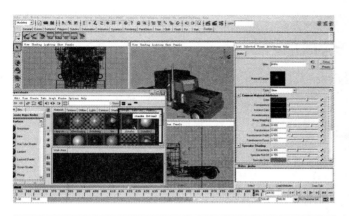

➡ 点击 Window>Hypergraph 调出 Hyper-graph。

　　在 Hypergraph 中点击选中储藏仓和身体颜色材质节点 jinshu。

　　双击节点,都可以在右侧弹出属性窗口,可以修改编辑节点的属性。

➡ 点击蓝色颜色选择框,如图所示。

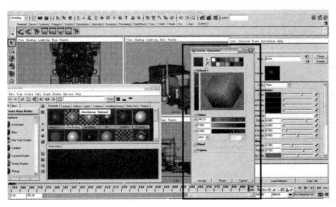

➡ 弹出颜色选择(Color Chooser)对话框,在这个对话框中可以对节点的颜色进行选择和设置。

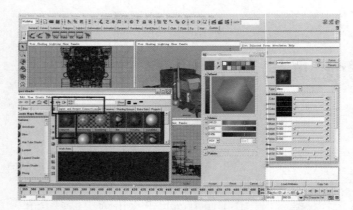

➡　在 Hypershade 中，左键单击选中 cangcemian 材质节点。点击此处按钮，将被选中的材质节点的详细关系图展开，如图。

➡　此时，在 Hypershade 渲染编辑器中，这个材质节点 cangcemian 的详细节点关系图已经展开，如图。

　　左键单击材质节点 file1，在右侧弹出材质节点 file 的属性窗口。

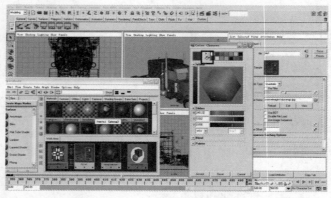

➡　在颜色选择（Color Chooser）对话框中，点选吸管符号，吸管工具可以吸附其他图案的颜色，将当前节点的颜色变成吸附到的颜色。

➡　使用吸管工具点选属性窗口中的蓝色。

　　可以看到 jinshu 节点的蓝色变成了吸管所吸取的蓝颜色。

➡　在视图中可以看到擎天柱储藏仓顶部颜色已经变成和储藏仓侧面一样的蓝色。

　　在 Color Chooser 对话框中点击 Accept 按钮，确定颜色选择。

➡　点击切换到 persp 视图，之后点击渲染按钮，渲染观察发现贴图位置合适。

　　至此，擎天柱变形动画储藏仓顶端颜色调整制作好。

擎天柱变形动画车顶绚丽贴图

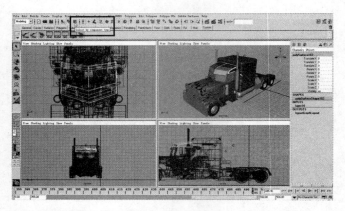

➡ 　按住键盘 Shift 键,点击选择擎天柱驾驶室顶部零件曲面,如图所示。
　　点击状态栏中图标,准备进入物体的面选择状态。

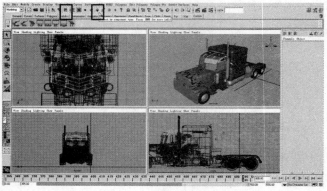

➡ 　在状态栏中选择面模式图标,进入物体的面选择状态。

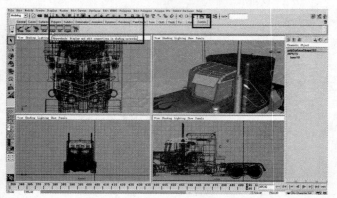

➡ 　此时物体进入面模式选择状态。
　　按住键盘 Shift 键的同时,点选多个曲面。也可用按住鼠标左键框选所需面。
　　选中的曲面呈现橘红色,如图。
　　左键点击自定义快捷栏中刚才创建的超级图表快捷键,调出 Hypergraph 超级图表层次连接图。
　　也可点击 Window>Hypergraph,调出 Hypergraph。

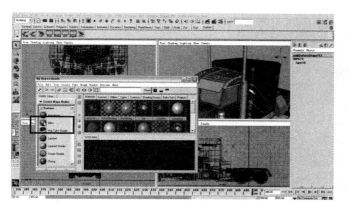

➡ 点击 Blinn 创建一个金属材质,如图所示。

Blinn 是金属原始材质,用来制作擎天柱驾驶室顶的金属材质。

➡ 双击节点,可以在右侧弹出属性窗口,可以修改编辑节点的属性。

在节点属性框中也可以将节点的名称进行修改。

此处将节点的名称修改为 tding,点击键盘 Enter 键。

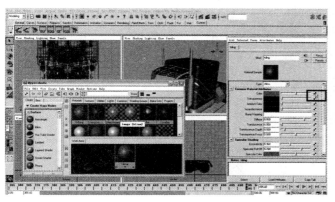

➡ 单击 Color 颜色对话框后面的方形框。

弹出创建渲染节点对话框 Creat Render Node。

➡ 在弹出的渲染节点对话框 Creat Render Node 中的贴图选项(Textures)选中 2D 贴图(2D Texture)。

之后点击 File。这个操作可以让我们选择所需的赋予材质贴图的图像,图像可以是 jpg 等格式的图形。在电脑中选择到所需图片之后,图片可以附着到材质上。

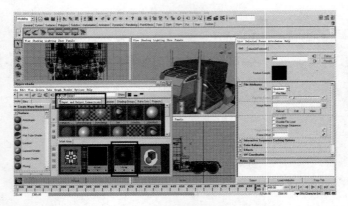

→　此时,这个材质节点已经添加了贴图节点。

在 Hypershade 中,左键单击选中这个材质节点。点击此处按钮,将被选中的材质节点的详细关系图展开,如图。

此时,在 Hypershade 渲染编辑器中,这个材质节点的详细材质节点关系图已经展开,如图。

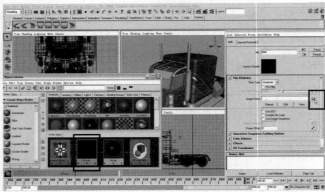

→　左键单击材质节点 file,在右侧弹出材质节点 file 的属性窗口。

随后,鼠标单击点选此处图标,如图。

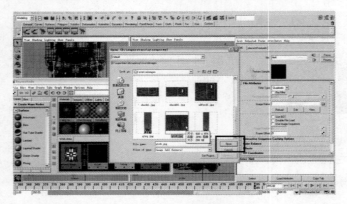

→　在弹出对话框中,找到并选中放置在电脑中的擎天柱驾驶室顶部图案,注意,最好开始就将需的贴图图案放入建立的工程文件夹里面的 sourceimages 文件夹里,这样便于在后续制作中的查找和管理。

选中之后左键单击 Open。

→　在 Hypershade 中,可以看到刚才选中的图案已被放入 tding 材质节点关系网中。

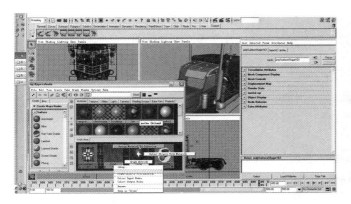

➡　确保驾驶室顶部的面处于被选中状态,面被选中后呈现橘红色,如图所示。

　　调出材质渲染编辑器后,在确定曲面对象被选中的情况下,将鼠标放于 tding 材质上,按住鼠标右键不放,出现选择对话框。

　　继续按住右键不放,移动到 Assign Material To Selection(附着所选材质到所选物体之上)。

　　然后松开鼠标右键。

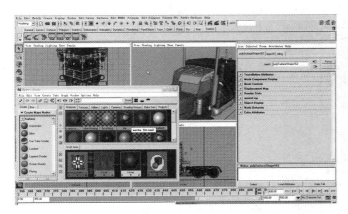

➡　擎天柱驾驶室车顶已被赋予了材质。

　　在视图中,我们发现贴图图案的形状和位置与我们预想达到的效果有所差距,我们需要对贴图图案的参数进行渲染调整。

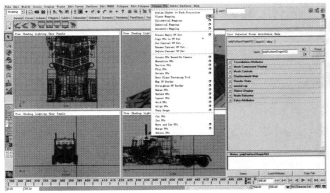

➡　确保驾驶室顶部的面处于被选中状态,面被选中后呈现橘红色,如图所示。

　　执行调整贴图操作:切换到 Modeling 模式,点选 Polygon UVs>Planar Mapping 后面的方框。

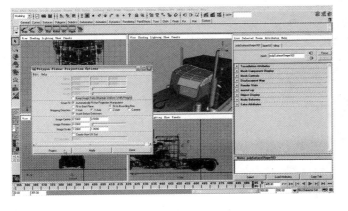

➡　在弹出的 Polygon Planar Projection Options 对话框中选择相应参数,如图所示。

　　Mapping Direction:点选 Y Axis。

　　之后点选 Project 执行操作。

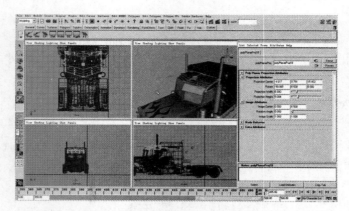

➡ 执行操作后,所贴图曲面出现贴图调整操作手柄,如图所示。

可以看到,此时图片已经精准附着在曲面上。

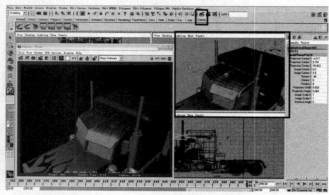

➡ 点击切换到 persp 视图,之后点击渲染按钮,渲染观察发现贴图位置达标。

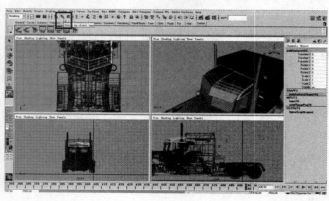

➡ 点击状态栏中图标返回物体选择模式。

至此,擎天柱变形动画驾驶室顶精确赋予绚丽材质已制作好。

擎天柱变形动画后瓦贴图

➡　按住键盘 Shift 键,点击选择擎天柱左侧后瓦零件曲面,如图所示。

　　点击状态栏中图标,准备进入物体的面选择状态。

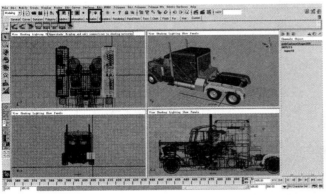

➡　在状态栏中选择面模式图标,进入物体的面选择状态。此时物体进入面模式选择状态。

　　按住键盘 Shift 键的同时,点选多个曲面。也可用按住鼠标左键框选所需面。

　　选中的曲面呈现橘红色,如图。

➡　左键点击自定义快捷栏中刚才已经创建的超级图表快捷键,调出 Hypergraph 超级图表层次连接图。

　　也可点击 Window > Hypergraph,调出 Hypergraph。

➡ 点击橡皮擦形状按钮(Clear Graph)，将 Hypershade 中工作区(Work Area)中的渲染节点清除。注意，只是清除工作区中的渲染节点，创建的渲染节点并未被删除。

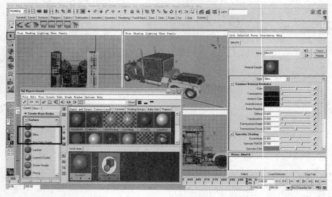

➡ 点击 Blinn 创建一个金属材质，如图所示。

Blinn 是金属原始材质，用来制作擎天柱后瓦零件的金属材质。

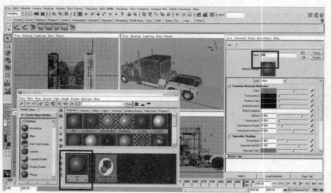

➡ 双击节点，可以在右侧弹出属性窗口，可以修改编辑节点的属性。

在节点属性框中也可以将节点的名称进行修改。

将节点的名称修改为 hw，点击键盘 Enter 键确定。

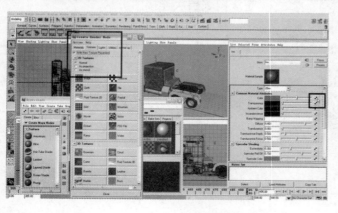

➡ 单击 Color 颜色对话框后面的方形框。

弹出创建渲染节点对话框 Creat Render Node。

在弹出的渲染节点对话框 Creat Render Node 中的贴图选项(Textures)中选中 2D 贴图(2D Texture)。

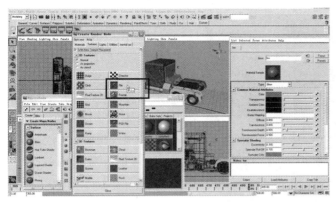

➡️　之后点击 File。

　　这个操作可以让我们选择所需的赋予材质贴图的图像,图像可以是 jpg 等格式的图形。在电脑中选择到所需图片之后,图片可以附着到材质上。

➡️　此时,这个材质节点已经添加了贴图节点。

　　在 Hypershade 中,左键单击选中这个材质节点。

　　随后,鼠标单击点选此处图标,如图。

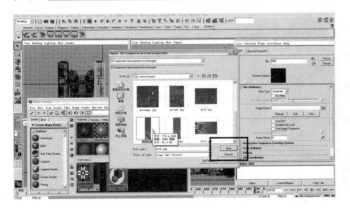

➡️　在弹出对话框中,找到并选中放置在电脑中的擎天柱后瓦图案,注意,最好开始就将需的贴图图案放入建立的工程文件夹里面的 sourceimages 文件夹里,这样便于在后续制作中的查找和管理。

　　选中之后左键单击 Open 打开。

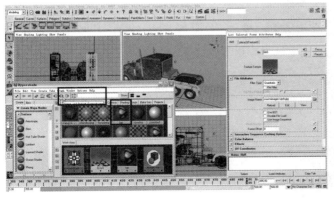

➡️　在 Hypershade 中,左键单击选中 hw 材质节点。点击此处按钮,将被选中的材质节点的详细关系图展开,如图。

　　此时,在 Hypershade 渲染编辑器中,这个材质节点的详细关系图已经展开,如图。

➡ 确保左侧后瓦的面处于被选中状态，面被选中后呈现橘红色，如图所示。

调出材质渲染编辑器后，确定曲面对象被选中的情况下，将鼠标放于 hw 材质上，按住鼠标右键不放，出现选择对话框。

继续按住右键不放，移动到 Assign Material To Selection（附着所选材质到所选物体之上），然后松开鼠标右键。

➡ 擎天柱左侧后瓦已被赋予了材质。

点击切换到 persp 视图，之后点击渲染按钮，渲染观察发现贴图图案的形状和位置与我们预想达到的效果有所差距，我们需要对贴图图案的参数进行渲染调整。

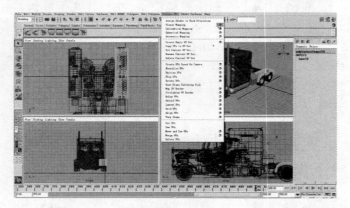

➡ 确保左侧后瓦的面处于被选中状态，面被选中后呈现橘红色，如图所示。

执行调整贴图操作：切换到 Modeling 模式，点选 Polygon UVs>Planar Mapping 后面的方框。

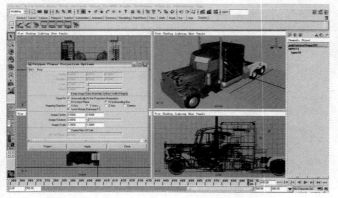

➡ 在弹出的 Polygon Planar Projection Options 对话框中选择相应参数，如图所示。

Mapping Direction：点选 Y Axis。

之后点选 Project 执行操作。

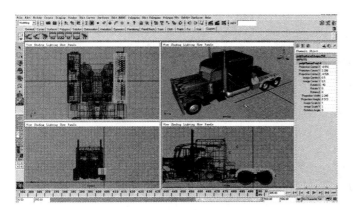

➡　执行操作后,所贴图曲面出现贴图调整操作手柄,如图所示。

　　可以看到,此时图片已经精准附着在曲面上。

➡　点击切换到 persp 视图,之后点击渲染按钮,渲染观察发现贴图位置达标。

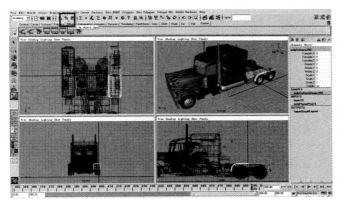

➡　点击状态栏中图标返回物体选择模式。

　　至此擎天柱变形动画左侧后瓦精确赋予绚丽材质已制作好。

擎天柱右侧后瓦贴图

→ 按住键盘 Shift 键,点击选择擎天柱右侧后瓦零件曲面,如图所示。

点击状态栏中图标,准备进入物体的面选择状态。

→ 在状态栏中选择面模式图标,进入物体的面选择状态。此时物体进入面模式选择状态。

按住键盘 Shift 键的同时,点选多个曲面。也可用按住鼠标左键框选所需面。

选中的曲面呈现橘红色,如图。

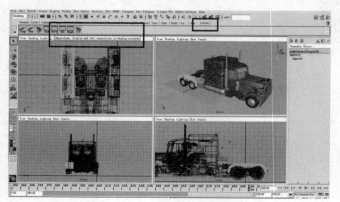

→ 左键点击自定义快捷栏中刚才已经创建的超级图表快捷键,调出 Hypergraph 超级图表层次连接图。

也可点击 Window > Hypergraph,调出 Hypergraph。

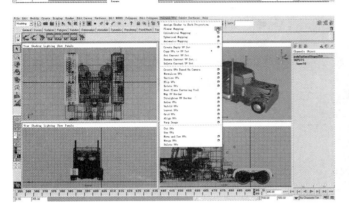

➡　确保右侧后瓦的面处于被选中状态，面被选中后呈现橘红色，如图所示。

　　调出材质编辑渲染编辑器后，确定曲面对象被选中的情况下，将鼠标放于 hw 材质上。按住鼠标右键不放，出现选择对话框。

　　继续按住右键不放，移动到 Assign Material To Selection（附着所选材质到所选物体之上），然后松开鼠标右键。

➡　擎天柱右侧后瓦已被赋予了材质。

　　确保右侧后瓦的面处于被选中状态，面被选中后呈现橘红色，如图所示。

　　执行调整贴图操作：切换到 Modeling 模式，点选 Polygon UVs>Planar Mapping 后面的方框。

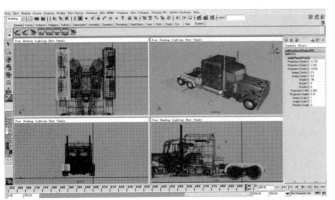

➡　在弹出的 Polygon Planar Projection Options 对话框中选择相应参数，如图所示。

　　Mapping Direction：点选 Y Axis。

　　之后点选 Project 执行操作。

➡　执行操作后，所贴图曲面出现贴图调整操作手柄，如图所示。

　　可以看到，此时图片已经精准附着在曲面上。

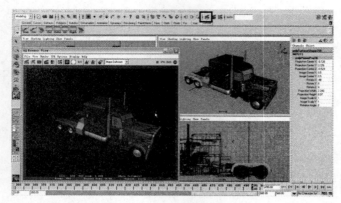

➡ 点击切换到 persp 视图,之后点击渲染按钮,渲染观察发现贴图位置达标。

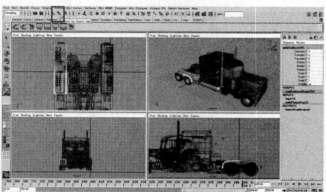

➡ 点击状态栏中图标返回物体选择模式。

　　至此,擎天柱变形动画右侧后瓦精确赋予绚丽材质已制作好。

擎天柱左侧前瓦贴图

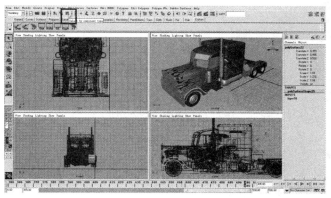

➡　点击选择擎天柱左侧前瓦零件曲面。

　　点击状态栏中图标,准备进入物体的面选择状态。

➡　在状态栏中选择面模式图标,进入物体的面选择状态。

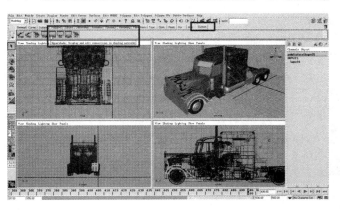

➡　此时物体进入面模式选择状态。

　　按住键盘 Shift 键的同时,点选多个曲面。也可用按住鼠标左键框选所需面。

　　选中的曲面呈现橘红色,如图。

　　左键点击自定义快捷栏中刚才创建的超级图表快捷键,调出 Hypergraph 超级图表层次连接图。

　　也可点击 Window > Hypergraph,调出 Hypergraph。

➡ 点击 Blinn 创建一个金属材质,如图所示。

Blinn 是金属原始材质,用来制作擎天柱左前瓦的金属材质。

➡ 双击节点,在右侧弹出属性窗口,可以修改编辑节点的属性。

在节点属性框中也可以将节点的名称进行修改。

将节点的名称修改为 qtzwq,点击键盘 Enter 键。

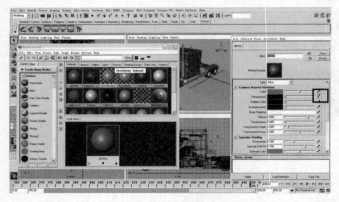

➡ 单击 Color 颜色对话框后面的方形框。

弹出创建渲染节点对话框 Creat Render Node。

➡ 在弹出的渲染节点对话框 Creat Render Node 中的贴图选项(Textures)中选中 2D 贴图(2D Texture)。

之后点击 File。

这个操作可以让我们选择所需的赋予材质贴图的图像,图像可以是 jpg 等格式的图像。在电脑中选择到所需图片之后图片可以附着到材质上。

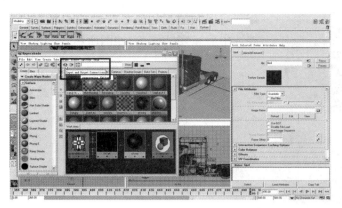

➡　此时,这个材质节点已经添加了贴图节点。

在 Hypershade 中,左键单击选中这个材质节点。点击此处按钮,将被选中的材质节点的详细关系图展开,如图。

➡　左键单击材质节点 file,在右侧弹出材质节点 file 的属性窗口。

随后,鼠标单击点选此处图标,如图。

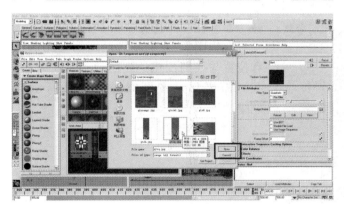

➡　在弹出对话框中,找到并选中放置在电脑中的擎天柱前瓦图案,注意,最好开始就将需的贴图图案放入建立的工程文件夹里面的 sourceimages 文件夹里,这样便于在后续制作中的查找和管理。

选中之后左键单击 Open。

➡　在 Hypershade 中,可以看到刚才选中的图案已被放入 qtzwq 材质节点关系网中。

➡ 确保左前瓦的面处于被选中状态，面被选中后呈现橘红色，如图所示。

➡ 调出材质编辑渲染编辑器后，确定曲面对象被选中的情况下，将鼠标放于 qtzwq 材质上。按住鼠标右键不放，出现选择对话框。

继续按住右键不放，移动到 Assign Material To Selection（附着所选材质到所选物体之上）。

松开鼠标右键。

➡ 擎天柱左前瓦已被赋予了材质。

在视图中，我们发现贴图图案的形状和位置与我们预想达到的效果有所差距，我们需要对贴图图案的参数进行渲染调整。

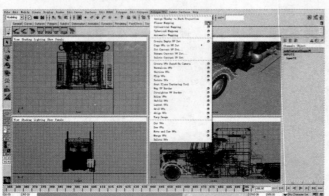

➡ 确保左前瓦面处于被选中状态，面被选中后呈现橘红色，如图所示。

执行调整贴图操作：切换到 Modeling 模式，点选 Polygon UVs>Planar Mapping 后面的方框。

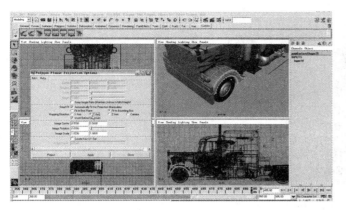

➡　在弹出的 Polygon Planar Projection Options 对话框中选择相应参数，如图所示。

Mapping Direction：点选 Y Axis。

之后点选 Project 执行操作。

➡　执行操作后，所贴图曲面出现贴图调整操作手柄，如图所示。

可以看到，此时图片已经精准附着在曲面上。

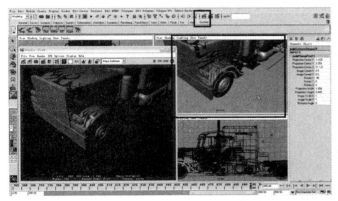

➡　点击切换到 persp 视图，之后点击渲染按钮，渲染观察发现贴图位置大致符合要求。

➡　将贴图旋转，点击通道栏中的按钮，之后在 polyPlanarProj7 上点击，调出 planar 的属性参数设置面板，在通道栏的属性将贴图旋转，在 Rotate Z 中输入参数 180，使贴图旋转 180°。

➡ 点击状态栏中图标返回物体选择模式。

至此擎天柱变形动画左侧前瓦精确赋予绚丽材质已制作好。

擎天柱右侧前瓦贴图

➡ 点击选择擎天柱右侧前瓦零件曲面。

点击状态栏中图标,准备进入物体的面选择状态。

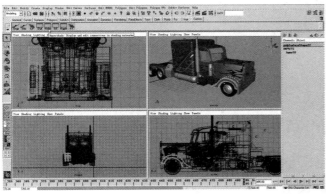

➡ 在状态栏中选择面模式图标,进入物体的面选择状态。此时物体进入面模式选择状态。

按住键盘 Shift 键的同时,点选多个曲面。也可用按住鼠标左键框选所需面。选中的曲面呈现橘红色,如图。

左键点击自定义快捷栏中刚才已经创建的超级图表快捷键,调出 Hypergraph 超级图表层次连接图。

也可点击 Window > Hypergraph,调出 Hypergraph。

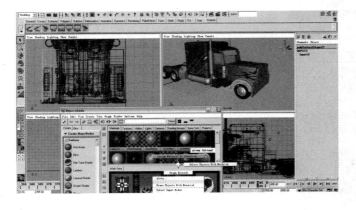

➡ 调出材质渲染编辑器后,在确定曲面对象被选中的情况下,将鼠标放于 qtzwq 材质上。按住鼠标右键不放,出现选择对话框。

继续按住右键不放,移动到 Assign Material To Selection(附着所选材质到所选物体之上)。

松开鼠标右键。

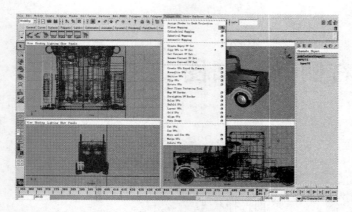

➡ 擎天柱右侧前瓦已被赋予了材质。

确保右侧前瓦的面处于被选中状态，面被选中后呈现橘红色，如图所示。

执行调整贴图操作：切换到 Modeling 模式，点选 Polygon UVs>Planar Mapping 后面的方框。

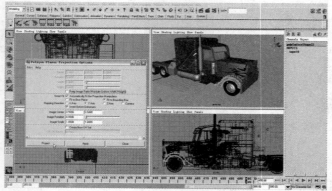

➡ 在弹出的 Polygon Planar Projection Options 对话框中选择相应参数，如图所示。

Mapping Direction：点选 Y Axis。

之后点选 Project 执行操作。

➡ 执行操作后，所贴图曲面出现贴图调整操作手柄，如图所示。

可以看到，此时图片已经精准附着在曲面上。

➡ 点击切换到 persp 视图，之后点击渲染按钮，渲染观察发现贴图位置达标。

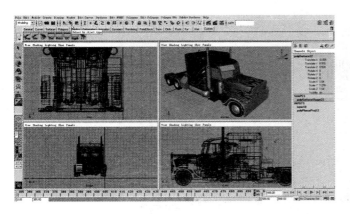

➡　点击状态栏中图标返回物体选择模式。

　　至此擎天柱变形动画右侧前瓦精确赋予绚丽材质已制作好。

发动机左侧面和顶面贴图

➡　左键点击自定义快捷栏中刚才已经创建的超级图表快捷键，调出 Hypergraph 超级图表层次连接图。

也可点击 Window > Hypergraph，调出 Hypergraph。

➡　点击 Blinn 创建一个金属材质，如图所示。

Blinn 是金属原始材质，用来制作擎天柱发动机左侧面的金属材质。

双击节点，都可以在右侧弹出属性窗口，可以修改编辑节点的属性。

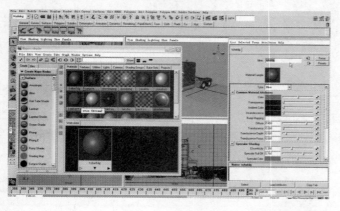

➡　在节点属性框中也可以将节点的名称进行修改。

将节点的名称修改为 tchefdg，点击键盘 Enter 键。

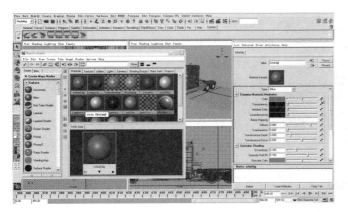

➡ 单击 Color 颜色对话框后面的方形框,弹出创建渲染节点对话框 Creat Render Node。

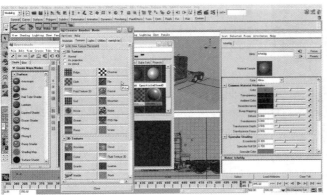

➡ 在弹出的渲染节点对话框 Creat Render Node 中的贴图选项(Textures)中选中 2D 贴图(2D Texture)。

之后点击 File。

这个操作可以让我们选择所需的赋予材质贴图的图像,图像可以是 jpg 等格式的图形。在电脑中选择到所需图之后,图片可以附着到材质上。

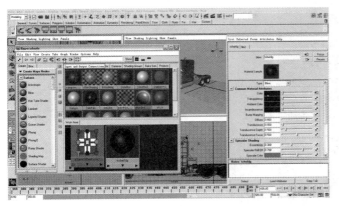

➡ 此时,这个材质节点已经添加了贴图节点。

在 Hypershade 中,左键单击选中这个材质节点。点击此处按钮,将被选中的材质节点的详细关系图展开,如图。

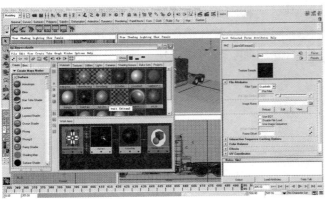

➡ 此时,在 Hypershade 渲染编辑器中,这个材质节点的详细材质节点关系图已经展开,如图。

左键单击材质节点 file,在右侧弹出材质节点 file 的属性窗口。

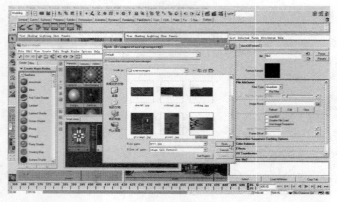

➡ 随后,鼠标单击点选此处图标,如图。

在弹出对话框中,找到并选中放置在电脑中的擎天柱储藏仓侧面图案,注意,最好开始就将需的贴图图案放入建立的工程文件夹里面的 sourceimages 文件夹里,这样便于在后续制作中的查找和管理。

选中之后左键单击 Open。

➡ 在 Hypershade 中,可以看到刚才选中的图案已被放入 tchefdg 材质节点关系网中。

点击选择擎天柱左侧发动机侧面零件曲面。

点击状态栏中图标,准备进入物体的面选择状态。

➡ 在状态栏中选择面模式图标,进入物体的面选择状态。

➡ 此时物体进入面模式选择状态。

按住键盘 Shift 键的同时,点选多个曲面。也可用按住鼠标左键框选所需面。

选中的曲面呈现橘红色,如图。

➡ 在贴图之前首先选中需要被贴图的对象，之后赋予选中对象刚才制作的材质。

　　点击 Window > Hypergraph，调出 Hypergraph。调出材质编辑渲染编辑器后，确定曲面对象被选中的情况下，将鼠标放于 tchefdg 材质上。按住鼠标右键不放，出现选择对话框。

　　继续按住右键不放，移动到 Assign Material To Selection（附着所选材质到所选物体之上）。松开鼠标右键。

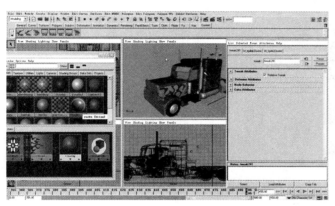

➡ 擎天柱左侧发动机侧面已被赋予了材质。

　　在视图中，我们发现贴图图案的形状和位置与我们预想达到的效果有所差距，我们需要对贴图图案的参数进行渲染调整。

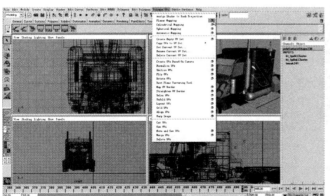

➡ 确保发动机侧面的面处于被选中状态，面被选中后呈现橘红色，如图所示。

　　执行调整贴图操作：切换到 Modeling 模式，点选 Polygon UVs>Planar Mapping 后面的方框。

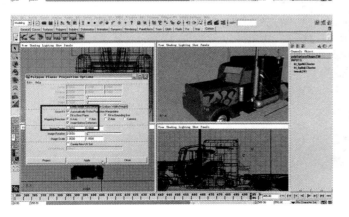

➡ 在弹出的 Polygon Planar Projection Options 对话框中选择相应参数，如图所示。

　　Mapping Direction：点选 X Axis。

　　之后点选 Apply 执行操作。

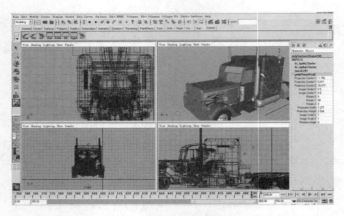

➡ 执行操作后,所贴图曲面出现贴图调整操作手柄,如图所示。

可以看到,此时图片已经精准附着在曲面上。

➡ 点击切换到 persp 视图,之后点击渲染按钮,渲染观察发现贴图位置达标。

➡ 点击状态栏中图标返回物体选择模式。

➡ 对象返回到物体选择模式。擎天柱发动机盖左侧面渲染贴图基本制作好。

点击切换到 persp 视图,之后点击渲染按钮,再次观察,准备将发动机侧面贴图拉长一些。

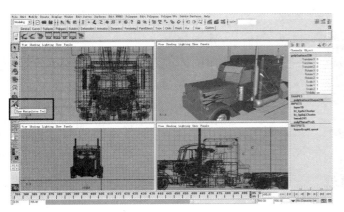

➡　选择物体，之后点击工具（Show Mainpulator Tool），调出操作手柄。

➡　执行操作后，所贴图曲面出现贴图调整操作手柄，如图所示。

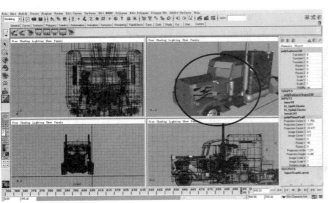

➡　将贴图上下拉长，可以使用鼠标拉动贴图调整操纵手柄顶部方块手柄，向上拖拽方块手柄，将贴图的形状拉长。

　　也可以点击通道栏中的按钮，之后在polyPlanarProj5 上点击，调出 planar 的属性参数设置面板，在通道栏的属性中将贴图高度拉长，在 Pojection Height 中输入参数4.246，使贴图的高度精准拉长。

➡　按住键盘 Shift 键，点击选择擎天柱发动机顶部零件曲面，如图所示。

　　点击状态栏中图标，准备进入物体的面选择状态。

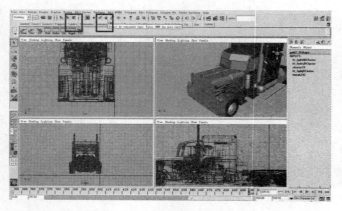

➡ 在状态栏中选择面模式图标,进入物体的面选择状态。

此时物体进入面模式选择状态。

按住键盘 Shift 键的同时,点选多个曲面。也可用按住鼠标左键框选所需面。

选中的曲面呈现橘红色,如图。

➡ 左键点击自定义快捷栏中刚才创建的渲染编辑器快捷键,调出渲染编辑器。

也可以手动操作点选 Window > Rendering Editors>Hypershade。

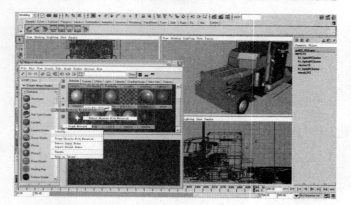

➡ 调出材质编辑渲染编辑器后,确定曲面对象被选中的情况下,将鼠标放于 tchefdg 材质上。按住鼠标右键不放,出现选择对话框。

继续按住右键不放,移动到 Assign Material To Selection(附着所选材质到所选物体之上)。

松开鼠标右键。

➡ 擎天柱发动机顶部已被赋予了材质。

在视图中,我们发现贴图图案的形状和位置与我们预想达到的效果有所差距,我们需要对贴图图案的参数进行渲染调整。

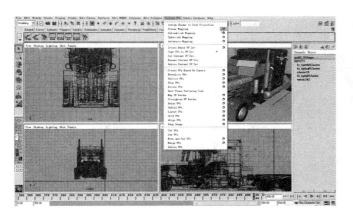

➡　确保发动机顶部的面处于被选中状态,面被选中后呈现橘红色,如图所示。

　执行调整贴图操作:切换到 Modeling 模式,点选 Polygon UVs>Planar Mapping 后面的方框。

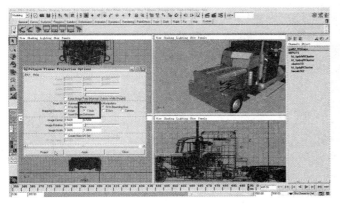

➡　在弹出的 Polygon Planar Projection Options 对话框中选择相应参数,如图所示。

　Mapping Direction:点选 Y Axis。

　之后点选 Project 执行操作。

➡　执行操作后,所贴图曲面出现贴图调整操作手柄,如图所示。

　在视图中,我们发现贴图图案的形状和位置与我们预想达到的效果有所差距,我们需要继续对贴图图案的参数进行渲染调整。

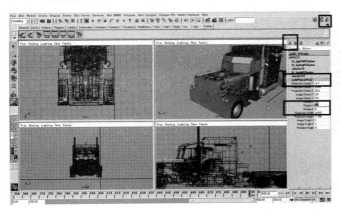

➡　将贴图旋转,点击通道栏中的按钮,之后在 polyPlanarProj7 上点击,调出 planar 的属性参数设置面板,在通道栏的属性将贴图旋转,在 Rotate Y 中输入参数 90,使贴图旋转 90°。

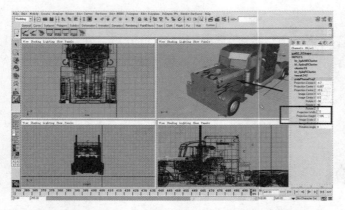

➡ 将贴图左右拉长,可以使用鼠标拉动贴图调整操纵手柄左右两侧方块手柄,向左右方向拖拽方块手柄,将贴图的形状拉长。

也可以点击通道栏中的按钮,之后在 polyPlanarProj7 上点击,调出 planar 的属性参数设置面板,在通道栏的属性中将贴图宽度拉长,在 Pojection With 中输入参数 7.5,使贴图的宽度精准拉长。

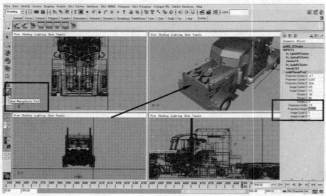

➡ 将贴图的长度拉长,可以使用鼠标拉动贴图调整操纵手柄上下两端方块手柄,向上下方向拖拽方块手柄,将贴图的形状拉长。

也可以点击通道栏中的按钮,之后在 polyPlanarProj7 上点击,调出 planar 的属性参数设置面板,在通道栏的属性中将贴图高度拉长,在 Pojection Height 中输入参数 7.105,使贴图的高度精准拉长。

➡ 点击切换到 persp 视图,之后点击渲染按钮,渲染观察发现贴图位置达标。

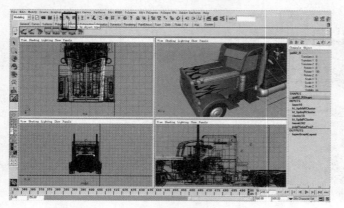

➡ 点击状态栏中图标返回物体选择模式。

至此擎天柱变形动画发动机左侧精确赋予绚丽材质已制作好。

发动机右侧面和顶面贴图

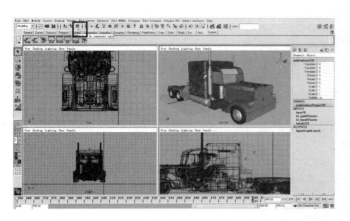

➡　点击选择擎天柱右侧发动机侧面零件曲面。

　点击状态栏中图标,准备进入物体的面选择状态。

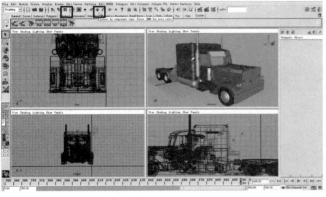

➡　在状态栏中选择面模式图标,进入物体的面选择状态。

➡　此时物体进入面模式选择状态。

　点选所需面,选中的曲面呈现橘红色,如图。

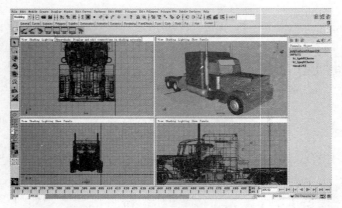

➡ 左键点击自定义快捷栏中刚才已经创建的超级图表快捷键,调出 Hypergraph 超级图表层次连接图。

也可点击 Window>Hypergraph,调出 Hypergraph。

➡ 调出材质渲染编辑器后,确定曲面对象被选中的情况下,将鼠标放于 tchefdg 材质上。按住鼠标右键不放,出现选择对话框。

继续按住右键不放,移动到 Assign Material To Selection(附着所选材质到所选物体之上)。

松开鼠标右键。

➡ 擎天柱右侧发动机侧面已被赋予了材质。

在视图中,我们发现贴图图案的形状和位置与我们预想达到的效果有所差距,我们需要对贴图图案的参数进行渲染调整。

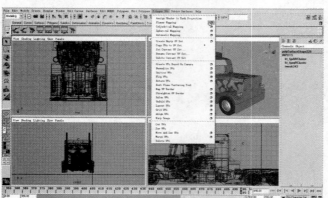

➡ 确保发动机侧面的面处于被选中状态,面被选中后呈现橘红色,如图所示。

执行调整贴图操作:切换到 Modeling 模式,点选 Polygon UVs>Planar Mapping 后面的方框。

➡　在弹出的 Polygon Planar Projection Options 对话框中选择相应参数，如图所示。

Mapping Direction：点选 X Axis。

之后点选 Project 执行操作。

➡　执行操作后，所贴图曲面出现贴图调整操作手柄，如图所示。

可以看到，此时图片已经精准附着在曲面上。

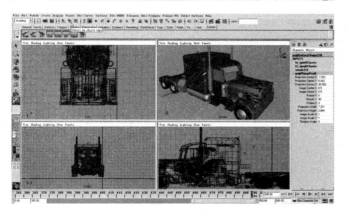

➡　点击状态栏中图标返回物体选择模式。

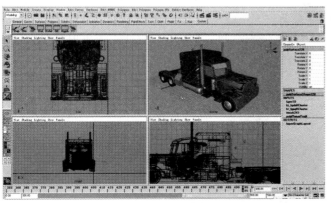

➡　此时物体已回到物体选择模式。

至此擎天柱变形动画发动机右侧精确赋予绚丽材质已制作好。

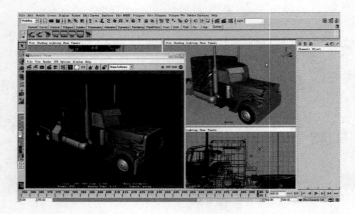

➡　点击切换到 persp 视图,之后点击渲染按钮,渲染观察发现贴图位置达标。

　　至此擎天柱变形动画发动机精确赋予绚丽材质亦制作好。

制作变形中发动机顶盖双面材质

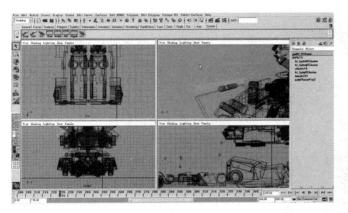

➡ 点击选择擎天柱右侧发动机侧面零件曲面。时间轴点选第 225 帧。

点击状态栏中图标,进入物体的面选择状态。

此时物体进入面模式选择状态。按住键盘 Shift 键的同时,点选左发动机内侧多个曲面。也可用按住鼠标左键框选所需面。

选中的曲面呈现橘红色,如图。

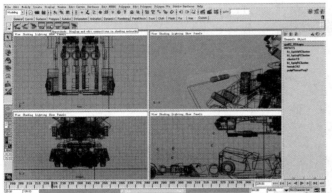

➡ 左键点击自定义快捷栏中刚才已经创建的超级图表快捷键,调出 Hypergraph 超级图表层次连接图。

也可点击 Window > Hypergraph,调出 Hypergraph。

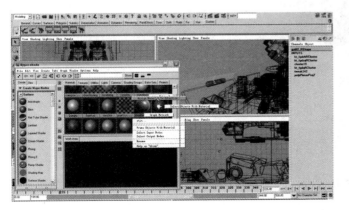

➡ 调出材质编辑渲染编辑器后,在确定曲面对象被选中的情况下,将鼠标放于 tchefdg 材质上。按住鼠标右键不放,出现选择对话框。

继续按住右键不放,移动到 Assign Material To Selection(附着所选材质到所选物体之上)。

松开鼠标右键。

至此擎天柱右侧发动机顶部内侧曲面已被赋予了材质。

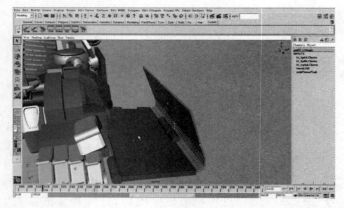

➡ 点击选择擎天柱左侧发动机侧面零件曲面,时间轴点选第 214 帧。

点击状态栏中图标,进入物体的面选择状态。

此时物体进入面模式选择状态。按住键盘 Shift 键的同时,点选左发动机内侧多个曲面。也可用按住鼠标左键框选所需面。

选中的曲面呈现橘红色,如图。

➡ 点击 Window > Hypergraph,调出 Hypergraph。

调出材质编辑渲染编辑器后,确定曲面对象被选中的情况下,将鼠标放于 tchefdg 材质上。按住鼠标右键不放,出现选择对话框。

继续按住右键不放,移动到 Assign Material To Selection(附着所选材质到所选物体之上)。

松开鼠标右键。

➡ 擎天柱左侧发动机顶部内侧曲面已被赋予了材质。

点击切换到 persp 视图,之后点击渲染按钮,渲染观察。

至此,擎天柱变形动画发动机顶部内侧精确赋予绚丽材质已制作好。

左车门材质贴图

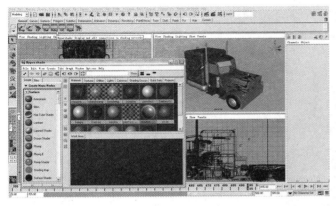

➡ 左键点击自定义快捷栏中刚才已经创建的超级图表快捷键，调出 Hypergraph 超级图表层次连接图。

也可点击 Window > Hypergraph，调出 Hypergraph。

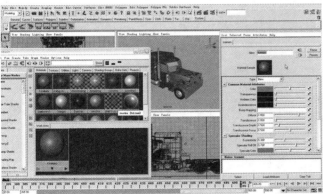

➡ 点击 Blinn 创建一个金属材质，如图所示。

Blinn 是金属原始材质，用来制作擎天柱发动机左侧面的金属材质。

双击节点，都可以在右侧弹出属性窗口，可以修改编辑节点的属性。

在节点属性框中也可以将节点的名称进行修改。

将节点的名称修改为 tcemen，点击键盘 Enter 键。

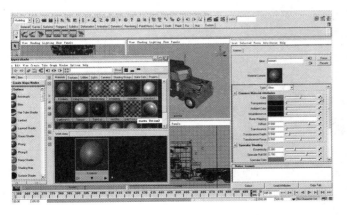

➡ 单击 Color 颜色对话框后面的方形框。

弹出创建渲染节点对话框 Creat Render Node。

➡ 在弹出的渲染节点对话框 Creat Render Node 中的贴图选项（Textures）中选中 2D 贴图（2D Texture）。

之后点击 File。

这个操作可以让我们选择所需的赋予材质贴图的图像,图像可以是 jpg 等格式的图形。在电脑中选择到所需图之后图片可以附着到材质上。

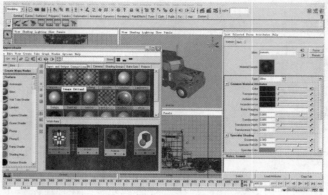

➡ 此时,这个材质节点已经添加了贴图节点。

在 Hypershade 中,左键单击选中这个材质节点。点击此处按钮,将被选中的材质节点的详细关系图展开,如图。

此时,在 Hypershade 渲染编辑器中,这个材质节点的详细材质节点关系图已经展开,如图。

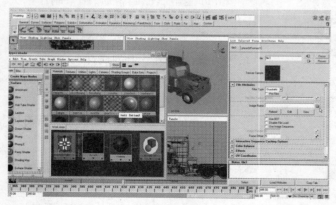

➡ 左键单击材质节点 file,在右侧弹出材质节点 file 的属性窗口。

随后,鼠标单击点选此处图标,如图。

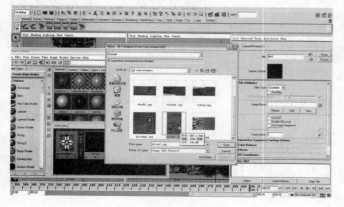

➡ 在弹出对话框中,找到并选中放置在电脑中的擎天柱驾驶室侧门侧面图案,注意,最好开始就将需的贴图图案放入建立的工程文件夹里面的 sourceimages 文件夹里,这样便于在后续制作中的查找和管理。

选中之后左键单击 Open。

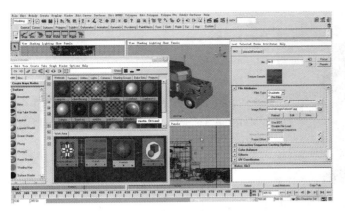

➡　在 Hypershade 中,可以看到刚才选中的图案已被放入 tcemen 材质节点关系网中。

➡　点击选择擎天柱驾驶室左侧侧门零件曲面。

　　点击状态栏中图标,准备进入物体的面选择状态。

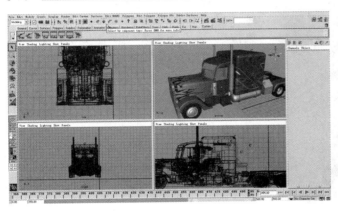

➡　在状态栏中选择面模式图标,进入物体的面选择状态。

➡　左键点击自定义快捷栏中刚才已经创建的超级图表快捷键,调出 Hypergraph 超级图表层次连接图。

　　也可点击 Window＞Hypergraph,调出 Hypergraph。

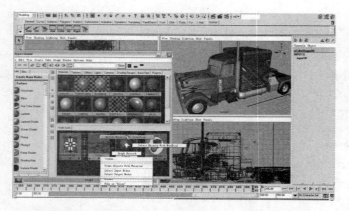

➡ 调出材质编辑渲染编辑器后,确定曲面对象被选中的情况下,将鼠标放于 tcemen 材质上。按住鼠标右键不放,出现选择对话框。

继续按住右键不放,移动到 Assign Material To Selection(附着所选材质到所选物体之上)。

松开鼠标右键。

➡ 擎天柱左侧侧门已被赋予了材质。

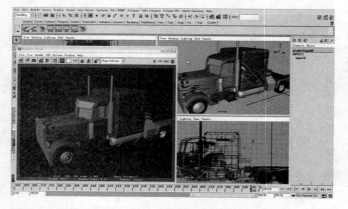

➡ 点击切换到 persp 视图,之后点击渲染按钮,渲染观察发贴图图案的形状和位置与我们预想达到的效果有所差距,我们需要对贴图图案的参数进行渲染调整。

➡ 确保驾驶室左侧门的面处于被选中状态,面被选中后呈现橘红色,如图所示。

执行调整贴图操作:切换到 Modeling 模式,点选 Polygon UVs>Planar Mapping 后面的方框。

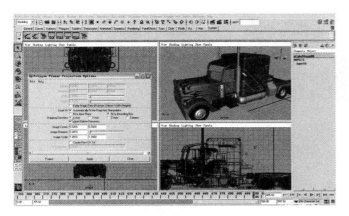

➡ 在弹出的 Polygon Planar Projection Options 对话框中选择相应参数,如图所示。

　　Mapping Direction:点选 X Axis。

　　之后点选 Project 执行操作。

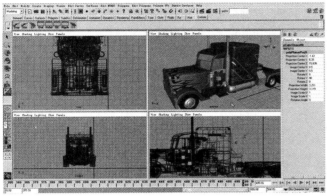

➡ 执行操作后,所贴图曲面出现贴图调整操作手柄,如图所示。

　　可以看到,此时图片已经精准附着在曲面上。

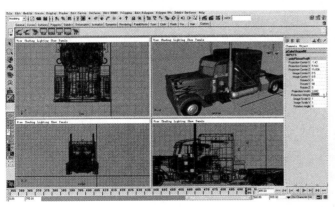

➡ 将贴图上下拉长,可以使用鼠标拉动贴图调整操纵手柄顶部方块手柄,向上拖拽方块手柄,将贴图的形状拉长。

　　也可以点击通道栏中的按钮,之后在 polyPlanarProj9 上点击,调出 planar 的属性参数设置面板,在通道栏的属性中将贴图高度拉长,在 Pojection Height 中输入参数 3.666,使贴图的高度精准拉长。

➡ 点击状态栏中图标返回物体选择模式。

➡　点击切换到 persp 视图,之后点击渲染按钮,渲染观察发现贴图位置基本达标。

准备将门上图案往上方移动一下。

➡　选择左侧门,点击工具(Show Mainpulator Tool),调出操作手柄。

将贴图沿 Y 轴方向向上移动,可以使用鼠标拉动贴图调整操纵器的竖轴,向上方拖拽竖轴,将贴图沿 Y 轴方向向上移动。

也可以点击通道栏中的按钮,之后在 polyPlanarProj9 上点击,调出 planar 的属性参数设置面板,在通道栏的属性中将贴图向上移动,在 Pojection Center Y 中输入参数5.9,使贴图沿 Y 轴向上精确移动。

点击切换到 persp 视图,之后点击渲染按钮,渲染观察发现贴图位置达标。

➡　点击状态栏中图标返回物体选择模式。

擎天柱变形动画左车门精确赋予绚丽材质制作好。

右车门材质贴图

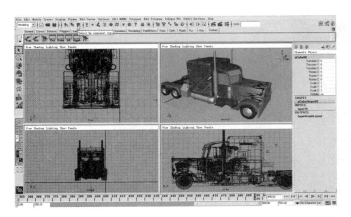

➡ 点击选择擎天柱驾驶室右侧侧门零件曲面。

点击状态栏中图标,准备进入物体的面选择状态。

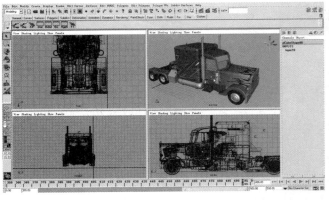

➡ 在状态栏中选择面模式图标,进入物体的面选择状态。

此时物体进入面模式选择状态。

点选所需面,选中的曲面呈现橘红色,如图。

➡ 左键点击自定义快捷栏中刚才已经创建的超级图表快捷键,调出 Hypergraph 超级图表层次连接图。

也可点击 Window > Hypergraph,调出 Hypergraph。

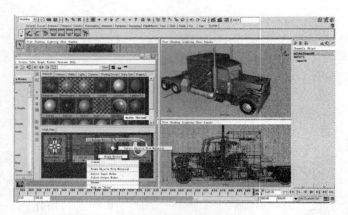

➡　调出材质编辑渲染编辑器后，确定曲面对象被选中的情况下，将鼠标放于 tcemen 材质上。按住鼠标右键不放，出现选择对话框。

　　继续按住右键不放，移动到 Assign Material To Selection（附着所选材质到所选物体之上）。

　　松开鼠标右键。

➡　擎天柱右侧侧门已被赋予了材质。

　　在视图中，我们发现贴图图案的形状和位置与我们预想达到的效果有所差距，我们需要对贴图图案的参数进行渲染调整。

➡　确保驾驶室右侧门的面处于被选中状态。

　　执行调整贴图操作：切换到 Modeling 模式，点选 Polygon UVs>Planar Mapping 后面的方框。

➡　在弹出的 Polygon Planar Projection Options 对话框中选择相应参数，如图所示。

　　Mapping Direction：点选 X Axis。

　　之后点选 Project 执行操作。

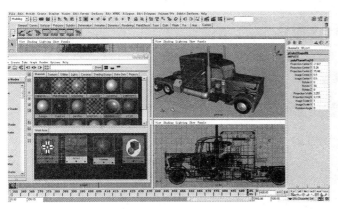

➡ 执行操作后,所贴图曲面出现贴图调整操作手柄,如图所示。

可以看到,此时图片已经精准附着在曲面上。

➡ 将贴图沿 Y 轴方向向上移动,可以使用鼠标拉动贴图调整操纵器的竖轴,向上方拖拽竖轴,将贴图沿 Y 轴方向向上移动。

也可以点击通道栏中的按钮,之后在 polyPlanarProj10 上点击,调出 planar 的属性参数设置面板,在通道栏的属性中将贴图向上移动,在 Pojection Center Y 中输入参数 5.9,使贴图沿 Y 轴向上精确移动。

将贴图上下拉长,可以使用鼠标拉动贴图调整操纵手柄顶部方块手柄,向上拖拽方块手柄,将贴图的形状拉长。

也可以在通道栏的属性中将贴图高度拉长,在 Pojection Height 中输入参数 3.666,使贴图的高度精准拉长。

➡ 点击状态栏中图标返回物体选择模式。

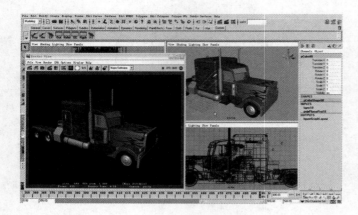

➡ 点击切换到 persp 视图,之后点击渲染按钮,渲染观察发现贴图位置达标。

至此擎天柱右车门精确赋予绚丽材质制作好。

第 13 章

车头标志、保险杠灯和车尾灯的制作和变形

　　本章对擎天柱卡车头伪装形态的一些细节零件进行了设计制作。分为以下三部分:首先,建造了卡车车头的标志和车头灯;其次,建模设计制作了车头保险杠小闪灯;最后,设计制作了车尾灯。知识点方面,涉及建模、动画群组归属和动画父子关系、贴图的对齐和贴图的精确设置等操作。

车头标志和车头灯制作

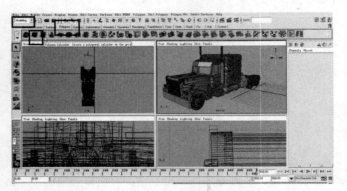

➡ 在 Modeling 模式中，点击 Shelf 工具架下的 Polygons 工具栏，点选 Polygon Cube 图标，创建 Polygon Cube 立方体。

点击缩放工具和移动工具，如图所示将对象缩小并进行移动，放置到合适位置。也可以使用缩放快捷键 R，移动快捷键 W 进行操作。

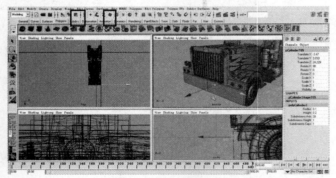

➡ 点击状态栏中图标，进入物体的面选择状态。

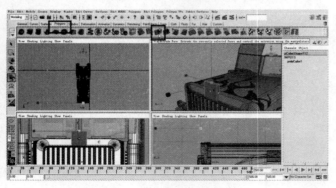

➡ 进入面模式后，点选顶面，选中之后面呈现橘红色。

使用快捷键图标钮执行"拉伸面"命令，如图所示。

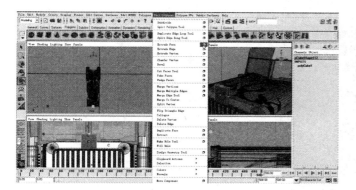

➡　也可鼠标左键单点击 Edit Polygons>
Extrude Face 后面的方框,执行"拉伸面"
命令,对拉伸面命令具体参数进行设置。

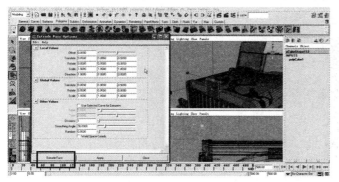

➡　在弹出的 Extrude Face Options 参数
设置框中,对"拉伸面"命令具体参数进行
设置。
　　点击 Extrude Face 执行"拉伸面"
操作。

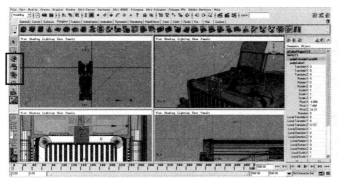

➡　点击执行 Extrude Face"拉伸面"命令
之后,出现操作手柄。
　　点击操作手柄,进行拉伸面操作。
　　点击移动工具和缩放工具,如图所示
将新形成的拉伸面进行拉伸移动和缩放,
并放置到合适位置。也可以使用移动快
捷键 W、缩放快捷键 R 进行对对象进行
操作。

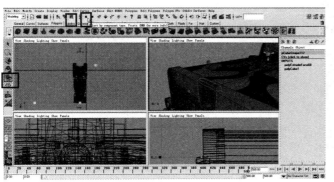

➡　点击状态栏中图标,进入物体的点选
择状态。按住键盘 Shift 键,选中所需点。
　　点击缩放工具,如图所示将选中的点
缩放到合适位置,并对物体的形状进行调
整。也可以使用缩放快捷键 R,对对象进
行操作。

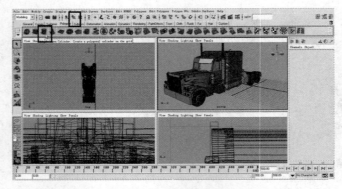

➡ 点击状态栏中图标返回物体选择模式。也可以按键盘 F8 键切换模式。

至此，擎天柱车头标志模型制作完成。

点击 Shelf 工具架下的 Polygons 工具栏，点选 Polygon Cylinder 图标，创建 Polygon Cylinder 圆柱体。

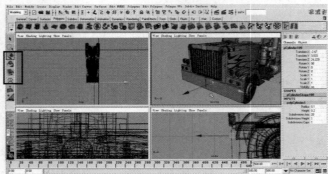

➡ 点击缩放工具、旋转工具和移动工具，如图所示将对象缩小、旋转和进行移动，并放置到合适位置。也可以使用缩放快捷键 R、旋转快捷键 E、移动快捷键 W，对对象进行操作。

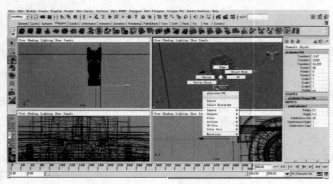

➡ 之后将鼠标移动到曲面上。

点击右键，按住不放，弹出对话框，继续按住右键不放，将鼠标移动到 face，此时选项变为蓝色，松开鼠标。

此时已选择进入了 face 面模式。

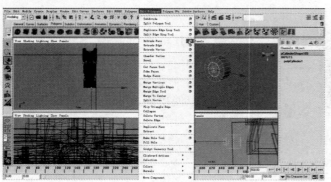

➡ 按住键盘 Shift 键的同时，点选多个曲面。选中的曲面呈现橘红色，如图。按住 Shift 键是为了同时选择多个曲面。

也可以鼠标左键单点击 Edit Polygons >Extrude Face 后面的方框，执行"拉伸面"命令。

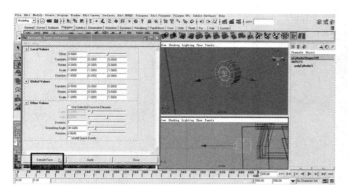

➡ 　在弹出的 Extrude Face Options 参数设置框中,对"拉伸面"命令具体参数进行设置。

　　点击 Extrude Face 执行"拉伸面"操作。

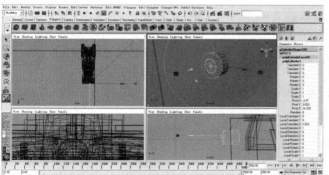

➡ 　执行 Extrude Face"拉伸面"命令之后,出现操作手柄。

　　点击移动工具,如图所示将新形成的拉伸面进行拉伸移动,并放置到合适位置。也可以使用移动快捷键 W 对对象进行操作。

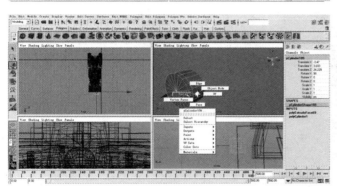

➡ 　将鼠标移动到曲面上。

　　点击右键,按住不放,弹出对话框,继续按住右键不放,将鼠标移动到 Vertex,此时选项变为蓝色,松开鼠标。

　　此时已选择进入了 Vertex,点模式。

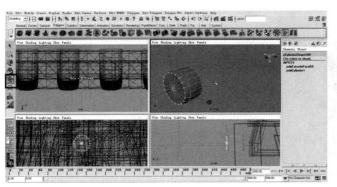

➡ 　进入物体的点选择状态,按住键盘 Shift 键,选中所需点。

　　点击缩放工具,如图所示将选中的点缩放到合适位置,对物体的形状进行调整。也可以使用缩放快捷键 R,对对象进行操作。

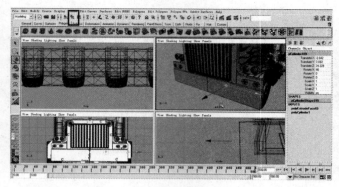

➡ 点击状态栏中图标返回物体选择模式。也可以点击键盘 F8 键切换模式。

至此,擎天柱车头保险杠上的单个小钉制作完成。

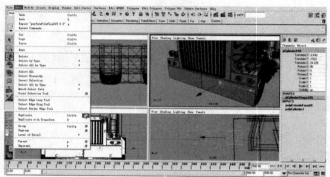

➡ 复制这个铁钉。点击 Edit>Duplicate 后面的方框。

在弹出的 Duplicate Options 中进行参数设置复制这个物体。

➡ 在弹出的 Duplicate Options(复制面板)设置中,按照图中参数进行设置,之后点击 Duplicate 执行复制命令。

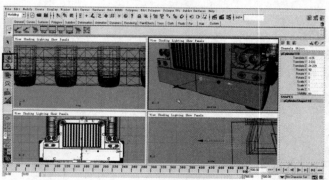

➡ 点击移动工具,如图所示将新复制出的铁钉进行移动,放置到合适位置。也可以使用移动快捷键 W,对对象进行操作。

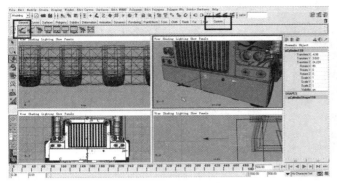

➡　左键点击自定义快捷栏中刚才已经创建的复制对象快捷键，将所选物体复制一个。

也可以手动操作，点击 Edit>Duplicate 后面的方框。

在弹出的 Duplicate Options（复制面板）中进行参数设置，复制这个物体。

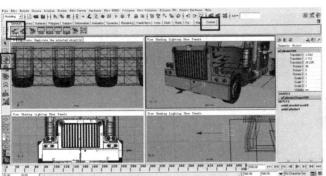

➡　点击移动工具，如图所示将新复制出的铁钉进行移动，放置到合适位置。也可以使用移动快捷键 W 对对象进行操作。

左键点击自定义快捷栏中刚才已经创建的复制对象快捷键，将所选物体再复制一个。

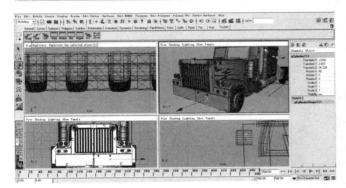

➡　点击移动工具，如图所示将新复制出的铁钉进行移动，放置到合适位置。也可以使用移动快捷键 W 对对象进行操作。

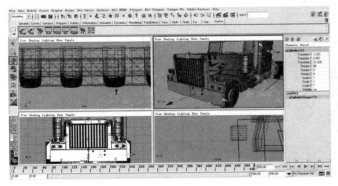

➡　按住键盘 Shift 键选中多个铁钉后，点击键盘"Ctrl＋G"组合键（或者手动点选 Edit>Group）进行群组操作，将选中的铁钉群组。

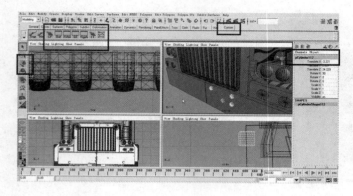

➡ 执行操作之后新的群组呈现绿色。

点击此处将这个左侧车头铁钉群组命名为 toudingL。

选中对象之后左键点击自定义快捷栏中刚才已经创建的快捷键,将所选物体中心点的位置移动到对象的中心。

也可以手动操作,点选 Modify>Center Pivot。

可以看到,所选物体中心点已经移动到了对象的中心。

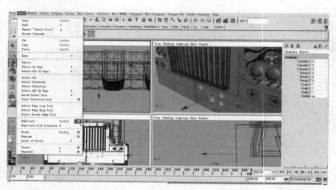

➡ 镜像复制这个群组。

点 Edit>Duplicate 后面的方框,在弹出的 Duplicate Options 中进行参数设置。

➡ Scale 框中输入 -1,然后点击 Duplicate,完成镜像复制操作。

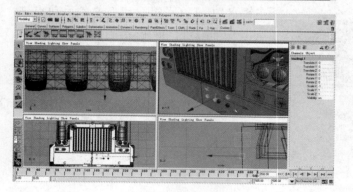

➡ 此时镜像复制出了一个铁钉群组。

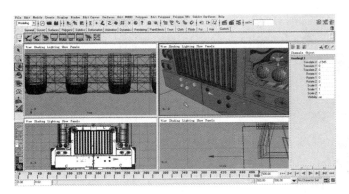

➡　选择移动工具将这个群组移动到合适位置。

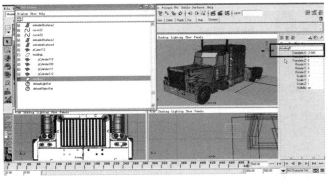

➡　点击此处将这个右侧车头铁钉群组命名为 toudingR。

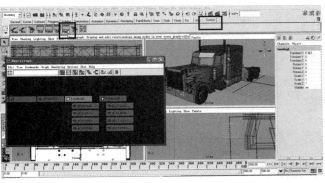

➡　左键点击自定义快捷栏中刚才已经创建的 Hypergraph 超图窗口快捷键，调出 Hypergraph 超图窗口。

　　也可以手动操作，点选 Window > Hypergraph，调出 Hypergraph 超图窗口。

　　在 Hypergraph 窗口中，按键盘 F 键，会在 Hypergraph 窗口直接搜索找到我们此时选中的节点对象。

　　配合 Hypergraph，在 Hypergraph 窗口中首先鼠标左键点选左车头铁钉群组节点 toudingL，选中之后节点在 Hypergraph 中呈现黄色，此节点作为子关系节点。

➡　点选大纲视图，以便于我们在众多物体中选择需要的物体。点击菜单栏中的 Window>Outliner，调出大纲视图。

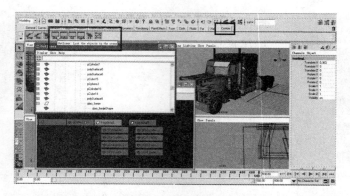

➡　也可以左键点击自定义快捷栏中刚才已经创建的大纲视图快捷键,调出大纲视图。

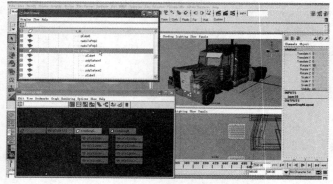

➡　之后在 Outliner 窗口里,按住键盘 Ctrl 键的同时,左键选中左车头 chetou1 群组节点,此节点作为父关系节点。此时准备创建父子关系的节点都被选中。

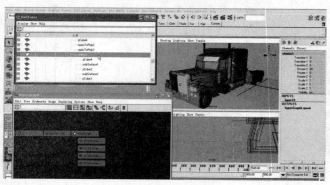

➡　点击 Edit>Parent,建立父子关系。也可以使用快捷键(键盘 P 键)将选中对象建立父子关系。

　此时我们刚才选中的两个对象已经建立父子关系,可以在 Outliner 窗口中看到先前选择的子关系对象已归属于后选择的父关系对象之下。

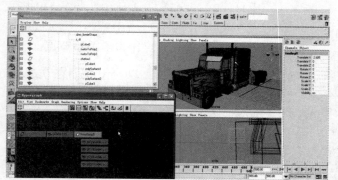

➡　继续建立零件父子关系,配合 Hypergraph,在 Hypergraph 窗口中首先鼠标左键点选右车头铁钉群组节点 toudingL,选中之后节点在 Hypergraph 中呈现黄色,此节点作为子关系节点。

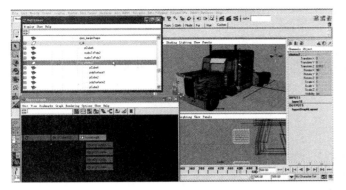

➡　之后在 Outliner 窗口里，按住键盘 Ctrl 键的同时，左键选中右车头 chetou1 群组节点，此节点作为父关系节点。此时准备创建父子关系的节点都被选中。

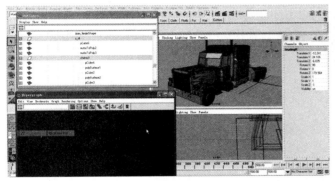

➡　点击 Edit>Parent，建立父子关系。也可以使用快捷键（键盘 P 键）将选中对象建立父子关系。

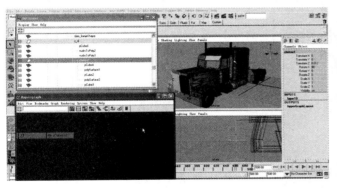

➡　此时我们刚才选中的两个对象已经建立父子关系，可以在 Outliner 窗口中看到先前选择的子关系对象已归属于后选择的父关系对象之下。

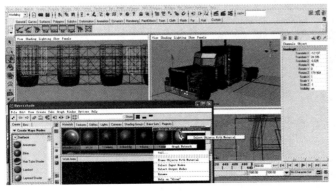

➡　点击 Window > Hypergraph，调出 Hypergraph。

调出材质渲染编辑器后，在确定擎天柱铁钉群组都被选中的情况下，将鼠标放于 tui1 材质上。按住鼠标右键不放，出现选择对话框。

继续按住右键不放，移动到 Assign Material To Selection（附着所选材质到所选物体之上）。松开鼠标右键。到这里，铁钉已被赋予了材质。

至此，擎天柱车头保险杠左右两侧铁钉制作好。

附属零件车头保险杠小闪灯制作

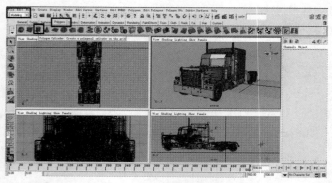

➡ 在 Modeling 模式中,点击 Shelf 工具架下的 Polygons 工具栏,点选 Polygon Cylinder 图标,创建 Polygon Cylinder 圆柱体。

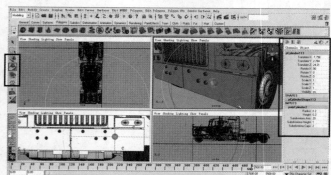

➡ 点击缩放工具、旋转工具和移动工具,如图所示,将对象缩小、旋转和进行移动,放置到合适位置。也可以使用缩放快捷键 R、旋转快捷键 E、移动快捷键 W,对对象进行操作。

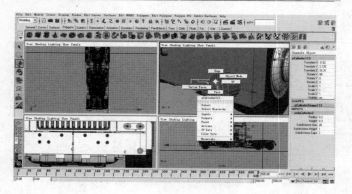

➡ 将鼠标移动到曲面上。

点击右键,按住不放,弹出对话框,继续按住右键不放,将鼠标移动到 Vertex,此时选项变为蓝色,松开鼠标右键。

此时已选择进入了 Vertex 点模式。

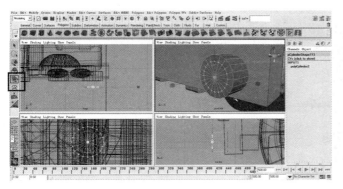

➡　进入物体的点选择状态。按住键盘 Shift 键，选中所需点。

　　点击缩放工具，如图所示将选中的点缩放到合适位置，将物体的形状进行调整。也可以使用缩放快捷键 R，对对象进行操作。

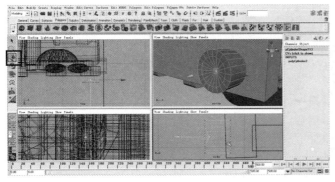

➡　在物体的点选择状态，继续选中所需点，用移动工具调节点的位置进而调节物体的形状，将物体形状调整成如图所示形状。

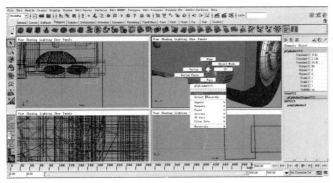

➡　将鼠标移动到曲面上。

　　点击右键，按住不放，弹出的对话框，继续按住右键不放，将鼠标移动到 Select，此时选项变为蓝色，松开鼠标右键。

　　此时已选择返回物体选择模式

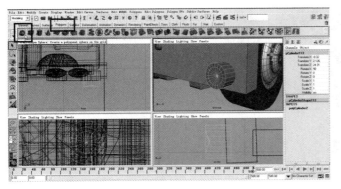

➡　点击 Shelf 工具架下的 Polygons 工具栏，点选 Polygon Sphere 图标，创建 Polygon Sphere 圆球体。

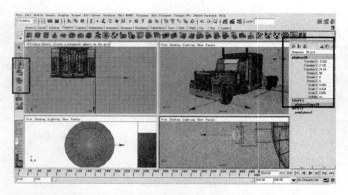

➡ 点击缩放工具、旋转工具和移动工具,如图所示将对象缩小、旋转和进行移动,放置到合适位置。也可以使用缩放快捷键 R、旋转快捷键 E、移动快捷键 W,对对象进行操作。

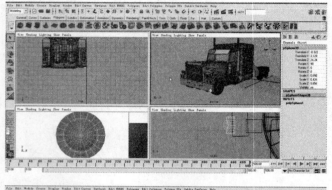

➡ 按住键盘 Shift 键选中多个物体后,点击键盘"Ctrl+G"键(或者手动点选 Edit> Group)进行群组操作,将选中的物体群组。

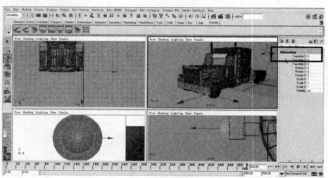

➡ 执行操作之后新的群组呈现绿色。

点击此处将这个群组命名为 fdxiao-deng。

擎天柱附属零件车头小灯模型制作好。

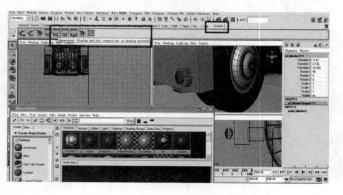

➡ 左键点击自定义快捷栏中刚才创建的超级图表快捷键,调出 Hypergraph 超级图表层次连接图。

也可点击 Window>Hypergraph,调出 Hypergraph。

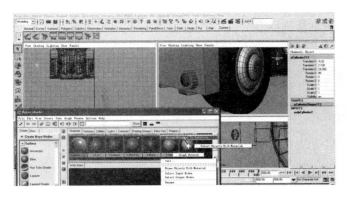

➡ 调出材质渲染编辑器后,在确定小灯底座曲面被选中的情况下,将鼠标放于 tchefdg 材质上。按住鼠标右键不放,出现选择对话框。

继续按住右键不放,移动到 Assign Material To Selection(附着所选材质到所选物体之上)。

松开鼠标右键。

擎天柱保险杠小灯底座已被赋予了材质。

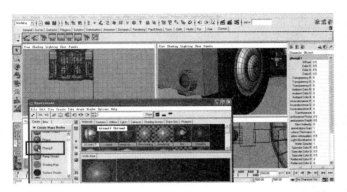

➡ 点击创建 Phong E 塑料玻璃材质,用来制作小灯灯罩。

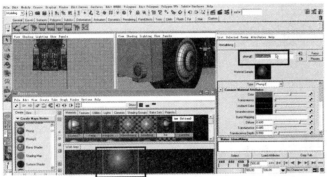

➡ 双击任一节点,都可以在右侧弹出属性窗口,可以修改编辑节点的属性。

在节点属性框中也可以将节点的名称进行修改。

在此,将节点的名称修改为 fdsmalldeng,点击键盘 Enter 键确认。

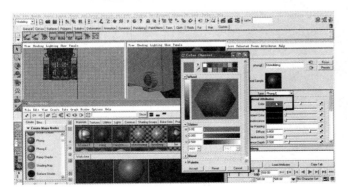

➡ 点击蓝色颜色选择框,如图所示。

弹出颜色选择(Color Chooser)对话框,在这个对话框中可以对节点的颜色进行选择和设置。

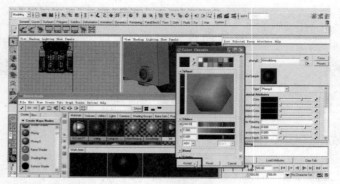

➡　在颜色选择设置框中,将节点的颜色设置成蓝色。

　　在 Color Chooser 对话框中点击 Accept,确定颜色选择。

➡　调出材质渲染编辑器后,在确定保险杠小灯灯罩被选中的情况下,将鼠标放于 fdsmalldeng 材质上。按住鼠标右键不放,出现选择对话框。

　　继续按住右键不放,移动到 Assign Material To Selection(附着所选材质到所选物体之上)。

　　松开鼠标右键。

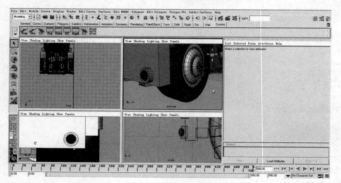

➡　擎天柱保险杠小灯被赋予了材质。

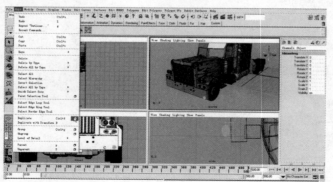

➡　复制这个群组,选中小灯群组,Edit> Duplicate 后面的方框。

　　在弹出的 Duplicate Options 中进行参数设置,复制这个群组。

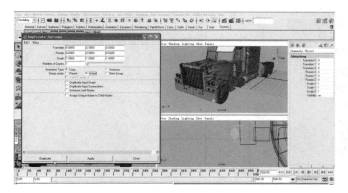

➡　在弹出的 Duplicate Options 复制面板设置中,按照图中参数进行设置,之后点击 Duplicate 执行复制命令。

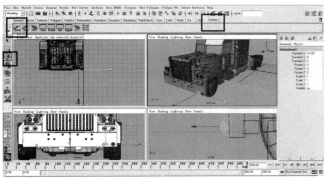

➡　点击移动工具,如图所示将新复制出的小灯群组进行移动,放置到合适位置。也可以使用移动快捷键 W 对对象进行操作。

左键点击自定义快捷栏中刚才创建的复制对象快捷键,再将所选群组复制一个。也可以手动操作点击 Edit>Duplicate 后面的方框。

在弹出的 Duplicate Options 中进行参数设置,复制这个群组。

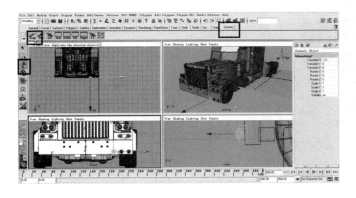

➡　点击移动工具,如图所示将新复制出的小灯群组进行移动,放置到合适位置。也可以使用移动快捷键 W 对对象进行操作。

继续左键点击自定义快捷栏中刚才创建的复制对象快捷键,将所选群组复制一个。也可以手动操作点击 Edit>Duplicate 后面的方框。

在弹出的 Duplicate Options 中进行参数设置,复制这个群组。

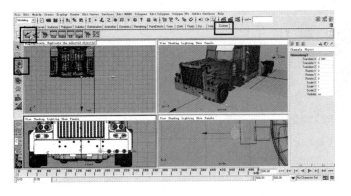

➡　点击移动工具,如图所示将新复制出的小灯群组进行移动,放置到合适位置。也可以使用移动快捷键 W 对对象进行操作。

左键点击自定义快捷栏中刚才创建的复制对象快捷键,将所选群组复制。

也可以手动操作点击 Edit>Duplicate 后面的方框,在弹出的 Duplicate Options 中进行参数设置,复制这个群组。

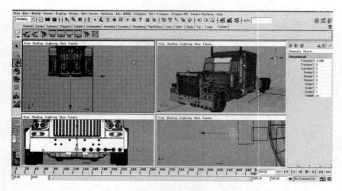

➡　复制多个小灯群组,点击移动工具,如图所示将新复制出的小灯群组进行移动,放置到合适位置。也可以使用移动快捷键 W 对对象进行操作。

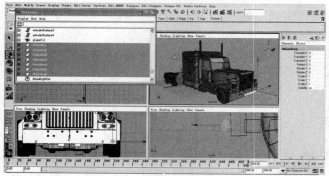

➡　点选大纲视图,便于我们在众多物体中选择我们需要的物体。点击菜单栏中的 Window>Outliner,调出大纲视图。

　　配合 Outliner(可以在 Outliner 中按住键盘 Ctrl 键选中多个群组节点)选中所有左侧小灯群组。

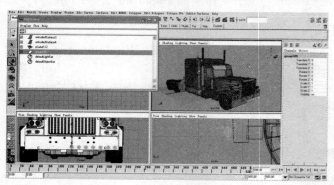

➡　点击键盘"Ctrl+G"组合键(或者手动点选 Edit>Group)进行群组操作,将选中的对象群组。

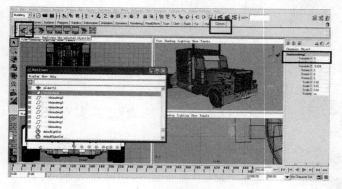

➡　执行操作之后新的群组呈现绿色。

　　点击此处将这个左侧车头全小灯群组命名为 touxiaodengL。

　　左键点击自定义快捷栏中刚才已经创建的复制对象快捷键,将所选群组复制。

　　也可以手动操作点击 Edit>Duplicate 后面的方框,在弹出的 Duplicate Options 中进行参数设置,复制这个群组。

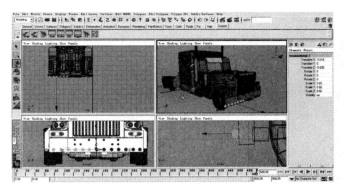

➡ 点击移动工具,如图所示将新复制出的铁钉进行移动,放置到合适位置。也可以使用移动快捷键 W 对对象进行操作。

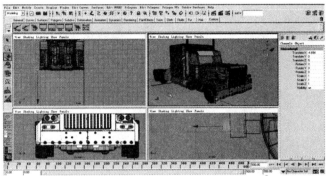

➡ 选中最右端多余的车头小灯群组,按键盘 Delete 键将它删除。

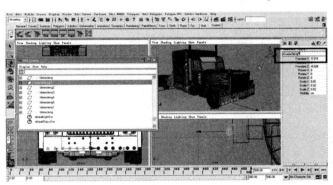

➡ 在 Outliner 中选中这个新的右侧车头全小灯群组。

点击此处将这个右侧车头全小灯群组命名为 touxiaodengR。

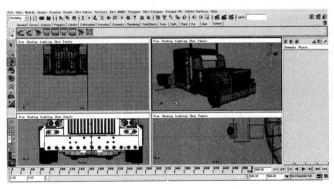

➡ 此时,擎天柱变形动画附属零件车头保险杠小灯建模已制作完成,可通过调整视图观看效果。

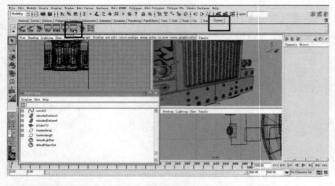

➡ 左键点击自定义快捷栏中刚才已经创建的 Hypergraph 超图窗口快捷键,调出 Hypergraph 超图窗口。

也可以手动操作点击 Window > Hypergraph,调出 Hypergraph 超图窗口。

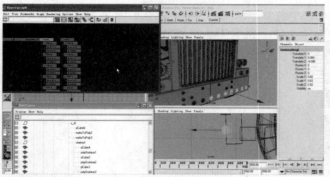

➡ 在 Hypergraph 窗口中,按键盘 F 键,会在 Hypergraph 窗口直接搜索查找我们此时选中的节点对象。

配合 Hypergraph,在 Hypergraph 窗口中首先鼠标左键点选左车头全小灯群组节点 touxiaodengL,选中之后节点在 Hypergraph 中呈现黄色,此节点作为子关系节点。

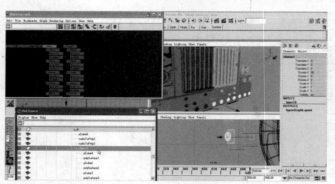

➡ 点选大纲视图,以便于我们在众多物体中选择需要的物体。点击菜单栏中的 Window>Outliner,调出大纲视图。

之后在 Outliner 窗口里,按住键盘 Ctrl 键的同时,左键选中左车头 chetou1 群组节点,此节点作为父关系节点。此时,准备创建父子关系的节点都被选中。

➡ 点击 Edit>Parent,建立父子关系。也可以使用快捷键(键盘 P 键)将选中对象建立父子关系。

此时,我们刚才选中的两个对象已经建立父子关系,可以在 Outliner 窗口中看到先前选择的子关系对象已归属于后选择的父关系对象之下。

➡ 鼠标左键单击点选擎天柱右侧车头的任意一个零件，之后，鼠标放在 Outliner 大纲窗口中，按键盘 F 键，找到我们选中的节点，从在 Outliner 中顺着往上找到右车头零件群组。可以看到，擎天柱右车头零件群组节点，chetou1 节点已经被找到并被选中了。

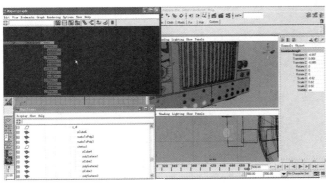

➡ 配合 Hypergraph，在 Hypergraph 窗口中首先鼠标左键点选右车头全小灯群组节点 touxiaodengR，选中之后节点在 Hypergraph 中呈现黄色，此节点作为子关系节点。

➡ 点选大纲视图，以便于我们在众多物体中选择我们需要的物体。点击菜单栏中的 Window>Outliner，调出大纲视图。

之后在 Outliner 窗口里，按住键盘 Ctrl 键的同时，左键选中右车头 chetou1 群组节点，此节点作为父关系节点。此时准备创建父子关系的节点都被选中。

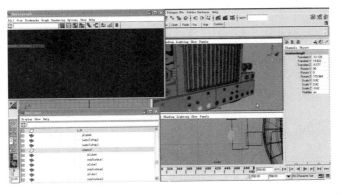

➡ 点击 Edit>Parent，建立父子关系。也可以使用快捷键（键盘 P 键）将选中对象建立父子关系。

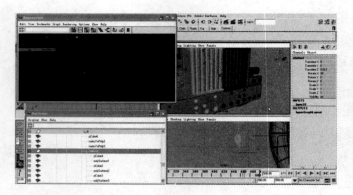

➡ 此时我们刚才选中的两个对象已经建立父子关系，可以在 Outliner 窗口选中右车头 chetou1 群组节点时，右全小灯群组也被关联选中。

至此，擎天柱变形动画附属零件保险杆小灯制作好。

车尾灯制作

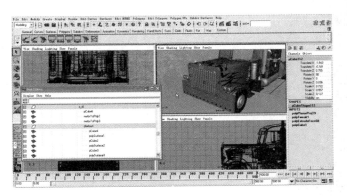

➡　准备建立标志和前车头父子关系,首先点选标志零件,将此节点作为子关系节点。

➡　之后在 Outliner 窗口里,按住键盘 Ctrl 键的同时,左键选中左车头 chetou1 群组节点,此节点作为父关系节点。此时准备创建父子关系的节点都被选中。

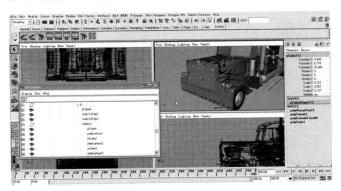

➡　点击 Edit>Parent,建立父子关系。也可以使用快捷键(键盘 P 键)将选中对象建立父子关系。

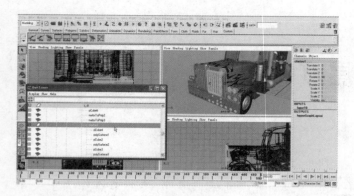

➡ 此时我们刚才选中的两个对象已经建立父子关系,可以在 Outliner 窗口选中左车头 chetou1 群组节点时,标志零件也被关联选中。

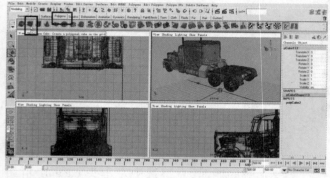

➡ 点击 Shelf 工具架下的 Polygons 工具栏,点选 Polygon Cube 图标,创建 Polygon Cube 立方体。

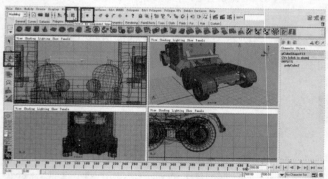

➡ 点击状态栏中图标,进入物体的点选择状态,选中所需点,用移动工具调节点的位置进而调节物体的形状,将物体形状调整成如图所示形状。

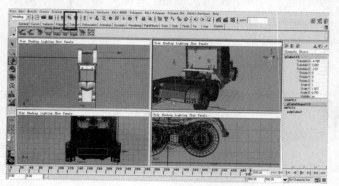

➡ 点击状态栏中图标返回物体选择模式。也可以点击键盘 F8 键切换模式。

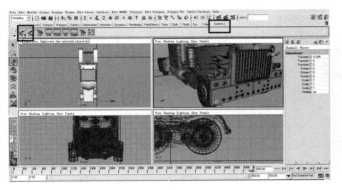

➡️　点击选中车头一个小灯群组 fdxiao-deng1。

　　左键点击自定义快捷栏中刚才已经创建的复制对象快捷键,将所选群组复制一个。

　　也可以手动操作点击 Edit > Duplicate 后面的方框,在弹出的 Duplicate Options 中进行参数设置,复制这个群组。

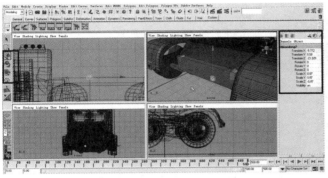

➡️　点击旋转工具和移动工具,如图所示将复制出的小灯群组旋转和进行移动,放置到合适位置。也可以使用旋转快捷键 E、移动快捷键 W 对对象进行操作。

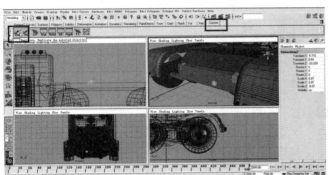

➡️　左键点击自定义快捷栏中刚才已经创建的复制对象快捷键,将所选群组复制一个。

　　也可以手动操作点击 Edit > Duplicate 后面的方框,在弹出的 Duplicate Options 中进行参数设置,复制这个群组。

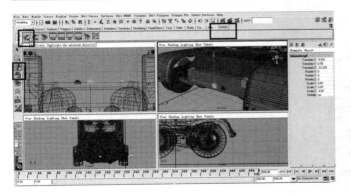

➡️　点击移动工具,如图所示将复制出的小灯群组进行移动,放置到合适位置。也可以使用移动快捷键 W 对对象进行操作。

　　继续左键点击自定义快捷栏中刚才已经创建的复制对象快捷键,将所选群组复制一个。

　　也可以手动操作点击 Edit > Duplicate 后面的方框,在弹出的 Duplicate Options 中进行参数设置,复制这个群组。

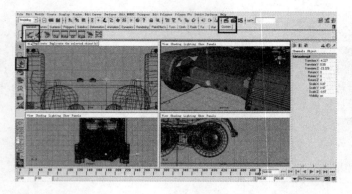

➡ 点击移动工具,如图所示将复制出的小灯群组进行移动,放置到合适位置。也可以使用移动快捷键 W 对对象进行操作。

继续左键点击自定义快捷栏中刚才已经创建的复制对象快捷键,将所选群组复制一个。

也可以手动操作点击 Edit > Duplicate 后面的方框,在弹出的 Duplicate Options 中进行参数设置,复制这个群组。

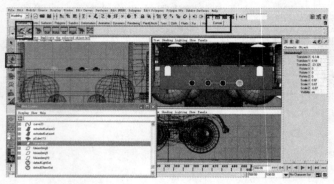

➡ 点击移动工具,如图所示将复制出的小灯群组移动,放置到合适位置。也可以使用移动快捷键 W 对对象进行操作。

继续左键点击自定义快捷栏中刚才已经创建的复制对象快捷键,将所选群组复制一个。

也可以手动操作点击 Edit > Duplicate 后面的方框,在弹出的 Duplicate Options 中进行参数设置,复制这个群组。

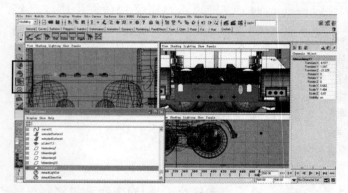

➡ 点击缩放工具和移动工具,如图所示将复制出的群组缩小和进行移动,放置到合适位置。也可以使用缩放快捷键 R、移动快捷键 W 进行对对象进行操作。

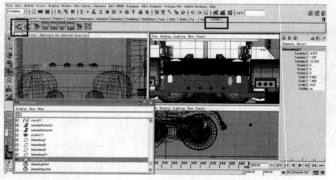

➡ 继续左键点击自定义快捷栏中刚才已经创建的复制对象快捷键,将所选群组复制一个。

也可以手动操作点击 Edit > Duplicate 后面的方框,在弹出的 Duplicate Options 中进行参数设置,复制这个群组。

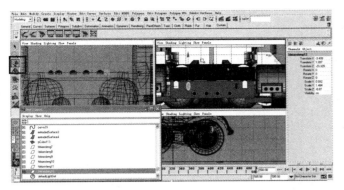

➡　点击移动工具，如图所示将复制出的群组进行移动，放置到合适位置。也可以使用移动快捷键 W 对对象进行操作。

　　至此，擎天柱尾部装饰长形小灯制作完成。

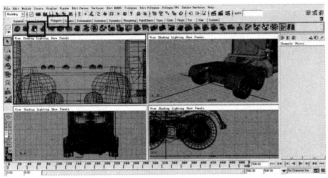

➡　点击 Shelf 工具架下的 Polygons 工具栏，点选 Polygon Cylinder 图标，创建 Polygon Cylinder 圆柱体。

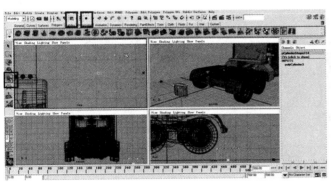

➡　点击状态栏中图标，进入物体的点选择状态。按住键盘 Shift 键，选中所需点。

　　点击缩放工具，如图所示将选中的点缩放到合适位置，将物体的形状进行调整。也可以使用缩放快捷键 R 对对象进行操作。

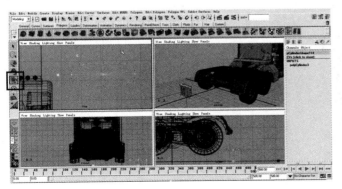

➡　在物体的点选择状态下，按住键盘 Shift 键，选中左右两端的所需点，如图所示。

　　点击缩放工具，如图所示将选中的点缩放到合适位置，继续将物体的形状进行调整。也可以使用缩放快捷键 R 对对象进行操作。

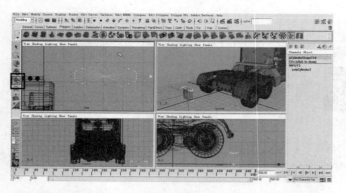

➡ 物体的点选择状态下，按住键盘 Shift 键，选中左右两端的所需点，如图所示。

点击缩放工具，如图所示将选中的点缩放到合适位置，继续将物体的形状进行调整。也可以使用缩放快捷键 R 对对象进行操作。

➡ 点击状态栏中图标返回物体选择模式。也可以点击键盘 F8 键切换模式。

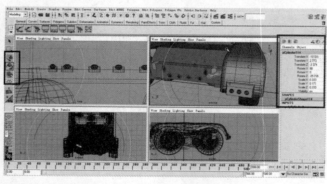

➡ 点击缩放工具、旋转工具和移动工具，如图所示将对象缩小、旋转和进行移动，放置到合适位置。也可以使用缩放快捷键 R、旋转快捷键 E、移动快捷键 W 对对象进行操作。

至此，擎天柱尾部侧装饰灯制作完成。

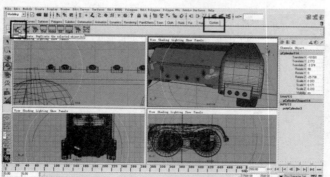

➡ 左键点击自定义快捷栏中刚才已经创建的复制对象快捷键，将所选物体复制一个。

也可以手动操作点击 Edit > Duplicate 后面的方框，在弹出的 Duplicate Options 中进行参数设置，复制这个物体。

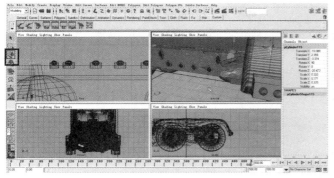

➡　点击移动工具,如图所示将复制出的物体移动,放置到合适位置。

　　也可以使用移动快捷键 W 对对象进行操作。

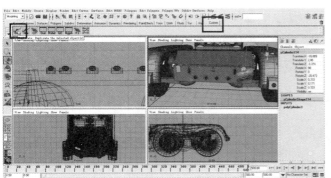

➡　左键点击自定义快捷栏中刚才已经创建的复制对象快捷键,将所选物体复制一个。

　　也可以手动操作点击 Edit>Duplicate 后面的方框,在弹出的 Duplicate Options 中进行参数设置,复制这个物体。

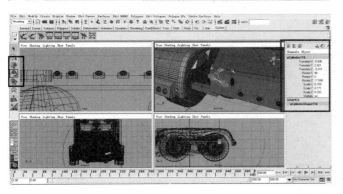

➡　点击旋转工具和移动工具,如图所示将这个复制出的对象旋转和进行移动,放置到合适位置。也可以使用旋转快捷键 E、移动快捷键 W 对对象进行操作。

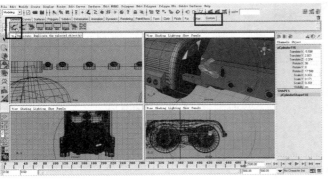

➡　继续左键点击自定义快捷栏中刚才已经创建的复制对象快捷键,将所选物体复制一个。

　　也可以手动操作点击 Edit>Duplicate 后面的方框,在弹出的 Duplicate Options 中进行参数设置,复制这个物体。

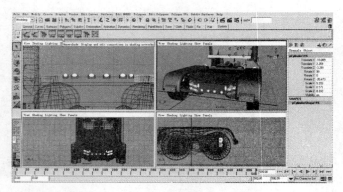

➡ 点击移动工具,如图所示将复制出的物体移动,放置到合适位置。也可以使用移动快捷键 W 对对象进行操作。

按住键盘 Shift 键,选中擎天柱尾部所有装饰灯灯罩零件,如图所示。

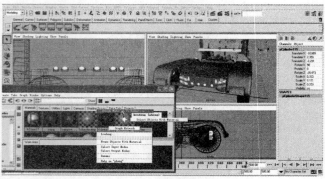

➡ 点击 Window > Hypergraph,调出 Hypergraph。

调出材质渲染编辑器后,在确定曲面对象被选中的情况下,将鼠标放于 houdeng 材质上。按住鼠标右键不放,出现选择对话框。

继续按住右键不放,移动到 Assign Material To Selection(附着所选材质到所选物体之上)。

松开鼠标右键。

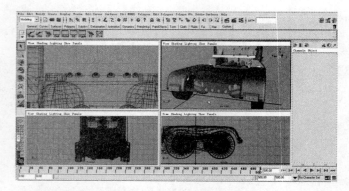

➡ 擎天柱车尾装饰灯已被赋予了透明材质。

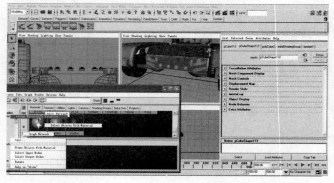

➡ 选中车尾部的保险杠零件,如图所示。

调出材质编辑渲染编辑器后,在确定曲面对象被选中的情况下,将鼠标放于 tui1 材质上。按住鼠标右键不放,出现选择对话框。

继续按住右键不放,移动到 Assign Material To Selection(附着所选材质到所选物体之上)。

松开鼠标右键。

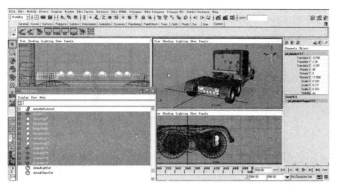

➡　车尾部的保险杠已被赋予材质。

　　点选大纲视图，便于在众多物体中选择我们需要的物体。点击菜单栏中的 Window>Outliner，调出大纲视图。

　　配合 Outliner（可以在 Outliner 中按住键盘 Ctrl 键选中多个群组节点和零件）选中所有车尾装饰灯零件和后保险杠零件。

➡　点击键盘"Ctrl+G"组合键（或者手动点选 Edit>Group）进行群组操作，将选中的物体群组。

➡　执行操作之后新的群组呈现绿色。

　　点击此处将这个车后尾装饰灯群组命名为 chehoudeng。

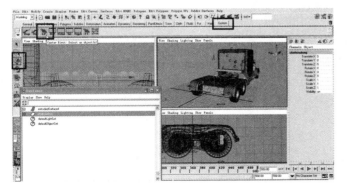

➡　选中群组之后左键点击自定义快捷栏中刚才创建的快捷键，将所选群组中心点移动到对象的中心。

　　也可以手动操作点选 Modify>Center Pivot。

　　最后建立车尾装饰灯群组和擎天柱车身零件父子关系。

　　首先选中车后尾装饰灯零件群组 chehoudeng，此节点作为子关系节点。之后在视图中，按住键盘 Shift 键的同时，左键选中擎天柱胯部连接零件，此节点作为父关系节点。此时，准备创建父子关系的节点都被选中。点击 Edit>Parent，建立父子关系。也可以使用快捷键（键盘 P 键）将选中对象建立父子关系。

　　此时我们刚才选中的两个对象已经建立父子关系,在选中胯部零件时,车后尾装饰灯零件 chehoudeng 群组也被关联选中。

　　至此,擎天柱变形动画车尾装饰灯制作好。

第14章　进气隔扇的制作与变形动画

　　本章设计制作了擎天柱卡车形态下的车头进气隔扇,并完成了擎天柱卡车形态下的车头进气隔扇零件由机器人形态到卡车形态的变形动画的制作。知识点方面,涉及复制物体、镜像物体等模型建模操作,并对动画设计中前面用到的知识点和动画父子关系操作进行了强化练习。

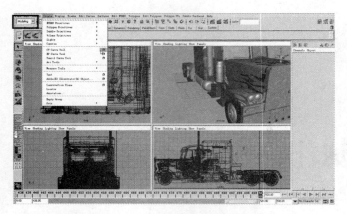

➡ 切换到 Modeling 模块,绘制车头金属进气栏外框侧面曲线和车头金属进气栏外框截面曲线。

点击 Create>CV Curve Tool 后面的方框,创建 CV 曲线。

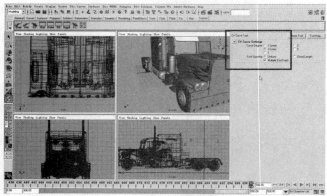

➡ 在右侧弹出的参数设置框中,Curve Degree 点选 3 Cubic。

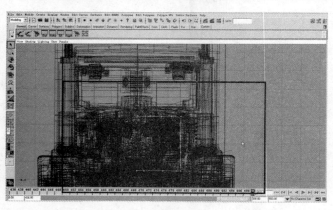

➡ 精确绘制头金属进气栏外框侧面 CV 曲线,曲线点可以参考图中所示。

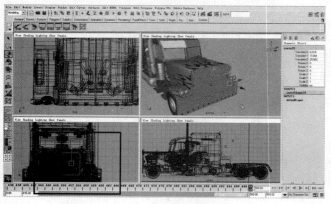

➡ 在 Front 视图中精确绘制截面 CV 曲线,曲线点可以参考图中所示。绘制结束后按 Enter 键结束。

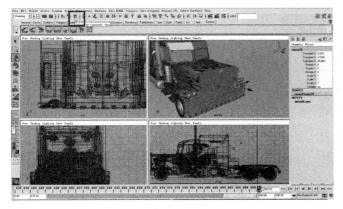

➡　修改曲线的形状。

　　点击状态栏中图标,准备进入物体的点选择状态。

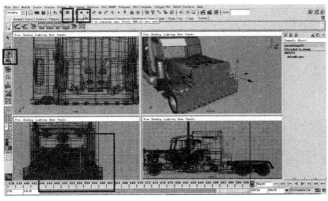

➡　点击状态栏中的点模式图标,进入物体的点选择状态,用移动工具调整节点的位置,将 CV 曲线外形调的更美观些。曲线点的位置可以参考图中所示。

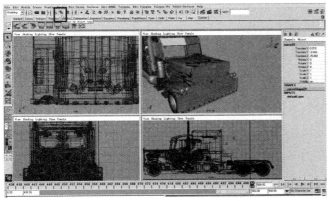

➡　调整好之后点击状态栏中图标返回物体选择模式。也可以点击键盘 F8 键切换模式。

　　至此,擎天柱车头金属进气栏外框侧面曲线制作好。

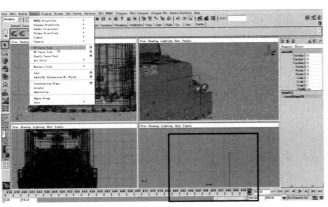

➡　绘制车头金属进气栏外框截面曲线。

　　点击 Create>CV Curve Tool,创建 CV 曲线。

　　在 Side 视图中精确绘制擎天柱车头金属进气栏外框截面 CV 曲线,曲线点可以参考图中所示。绘制结束后按 Enter 键结束。

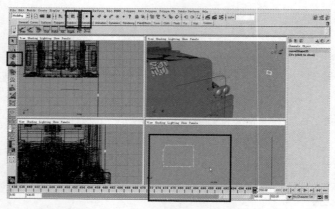

➡ 可以点选图中框中的两个按钮,用移动工具调整节点的位置,将截面 CV 曲线外形调的更美观些。曲线点的位置可以参考图中所示。

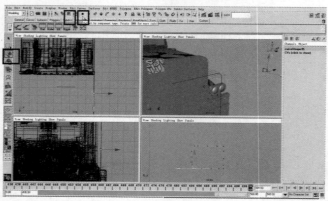

➡ 注意绘制曲线的时候点不要太多,点要分布的好,而且点的位置最好从总体上分布对称。CV 点的绘制技巧需要从练习中去领悟。

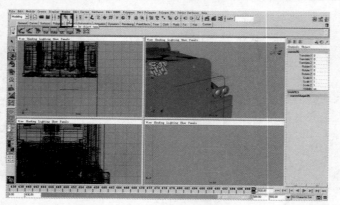

➡ 调整好之后点击状态栏中图标返回物体选择模式。也可以点击键盘 F8 键切换模式。

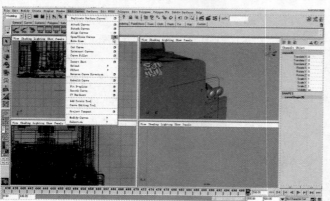

➡ 闭合曲线操作。曲线合并成一条之后有一个小口,还需要将曲线闭合。下面进行闭合曲线操作:

点击选择图中曲线进行闭合曲线操作;点击 Edit Curves > Open/Close Curve Options 旁边的方框。

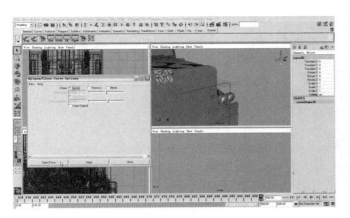

➡ 弹出对话框,在这里选择 Ignore 复选框。点 Open/Close 按钮,此时曲线闭合。

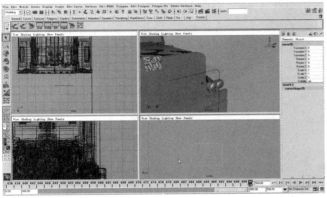

➡ 此时曲线变成绿色,表示这条曲线已成为一条闭合的曲线。

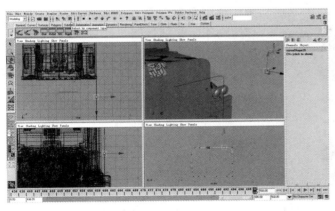

➡ 可以点选图中按钮,用移动工具调整节点的位置,将截面 CV 曲线外形调的更美观些。曲线点的位置可以参考图中所示。

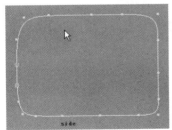

➡ 擎天柱车头金属进气栏外框截面曲线如图所示,曲线点可以参考图中所示。

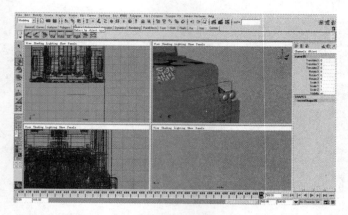

➡ 调整好之后点击状态栏中图标返回物体选择模式。也可以点击键盘 F8 键切换模式。

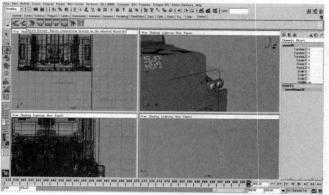

➡ 删除对象历史纪录。

左键点击自定义快捷栏中刚才已经创建的删除对象历史纪录快捷键。

也可点击 Edit > Delete by Type > History,这个选项翻译过来是:删除对象历史纪录。删除的是所选择对象的历史纪录。

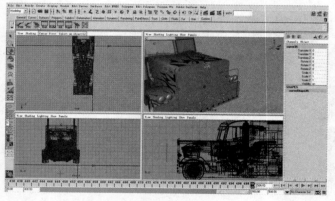

➡ 选中对象之后左键点击自定义快捷栏中刚才已经创建的快捷键,将所选物体中心点移动到对象的中心位置。

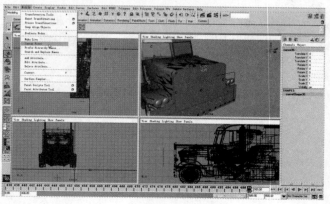

➡ 也可以手动操作点选 Modify > Center Pivot,将所选物体中心点移动到对象的中心位置。

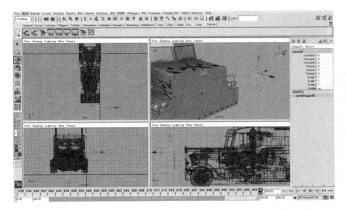

➡ 可以看到,所选物体中心点已经移动到了对象的中心位置。

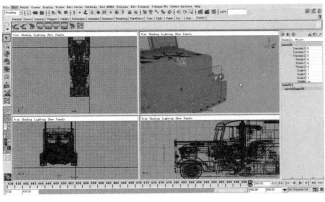

➡ 先选择车头金属进气栏外框截面曲线。

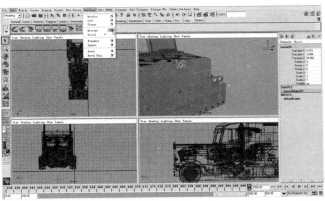

➡ 选择车头金属进气栏外框截面曲线后,按住键盘 Shift 键,左键点选车头金属进气栏外框曲线。如图,进行 Extrude 曲面的操作。

注意此次同样一定要先选车头金属进气栏外框截面曲线,再点选车头金属进气栏外框侧面曲线,顺序不同后面出的效果也不一样。具体操作需要在操作练习中领会。

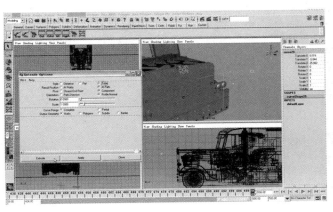

➡ 鼠标左键单击 Surfaces>Extrude 后面的方框,在弹出的对话框中进行参数设置。

勾选:Tube,At Path。

参数设置如图所示,设定后点 Extrude。

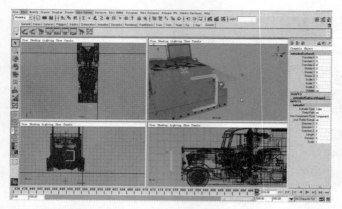

➡ 车头金属进气栏外框曲面生成。

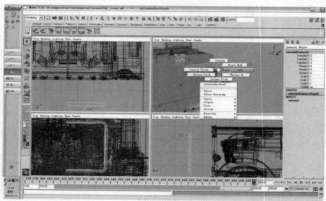

➡ 将鼠标移动到曲面上。

点击右键,按住不放,弹出对话框,继续按住右键不放,将鼠标移动到 Hull,此时选项变为蓝色,松开鼠标。

此时已选择进入了 Hull 模式。

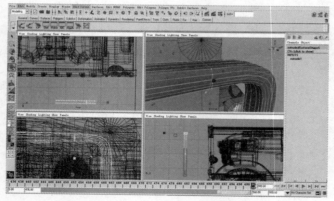

➡ 点选 Hull 外壳线,如图所示,可以将选中的 Hull 外壳线框用移动工具和缩放工具进行细微调节,调节物体的形状。

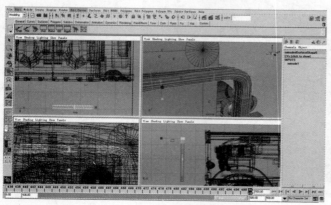

➡ 继续点选 Hull 外壳线,如图所示,可以将选中的 Hull 外壳线框用移动工具和缩放工具进行细微调节,精细调节物体的形状。

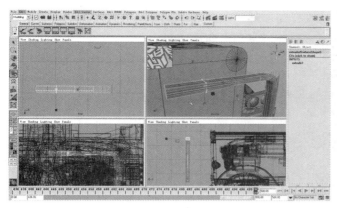

➡　继续点选 Hull 外壳线,如图所示,可以将选中的 Hull 外壳线框用移动工具和缩放工具进行细微调节,精细调节物体的形状。

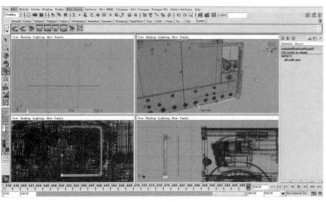

➡　继续点选下部 Hull 外壳线,如图所示,可以将选中的 Hull 外壳线框用移动工具和缩放工具进行细微调节移动,精细调节物体的形状。

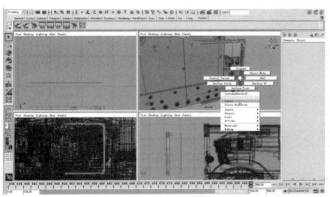

➡　之后将鼠标移动到曲面上。

点击右键,按住不放,弹出对话框,继续按住右键不放,将鼠标移动到 Select,此时选项变为蓝色,松开鼠标。

此时已选择返回物体选择模式。

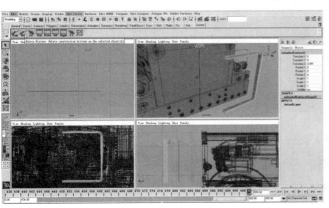

➡　删除对象历史纪录。

左键点击自定义快捷栏中刚才已经创建的删除对象历史纪录快捷键。

也可点击 Edit > Delete by Type > History,这个选项翻译过来是:删除对象历史纪录。删除的是所选择对象的历史纪录。

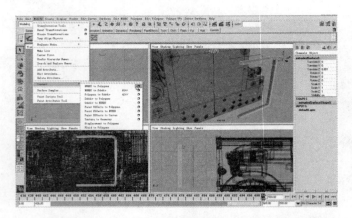

➡ 将这个 NURBS 曲面转化为 Polygons 多边形曲面。

点击 Modify > Convert > NURBS to Polygons 后面的方框，执行 NURBS 曲面转化 Polygons 多边形曲面操作。

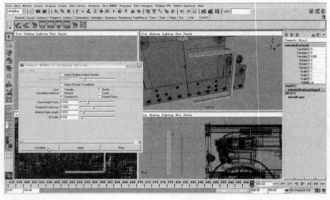

➡ 在弹出的对话框中按照图中参数进行设置，然后点击 Tessellate。

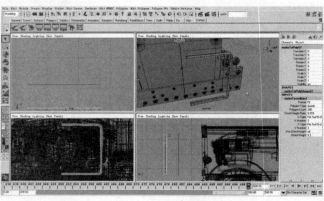

➡ NURBS 曲面已经转换为 Polygon 曲面，呈现绿色。

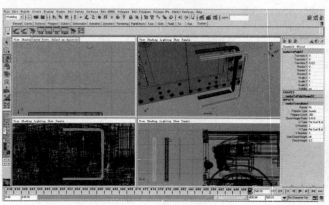

➡ 选中对象之后左键点击自定义快捷栏中刚才已经创建的快捷键，将所选物体中心点移动到对象的中心位置。

也可以手动操作点选 Modify > Center Pivot。

点击移动工具，如图所示将选中对象进行移动，放置到合适位置。也可以使用移动快捷键 W，对对象进行操作。

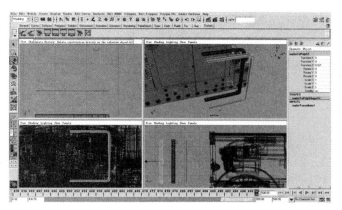

➡ 删除对象历史纪录。

左键点击自定义快捷栏中刚才已经创建的删除对象历史纪录快捷键，也可点击 Edit>Delete by Type>History。

删除对象历史纪录，删除的是所选择对象的历史纪录。

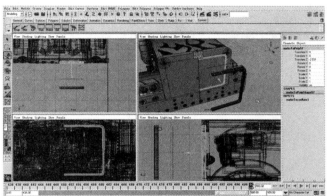

➡ 点击移动工具，如图所示将选中对象进行移动，放置到合适位置。也可以使用移动快捷键 W，对对象进行操作。

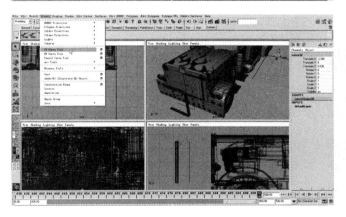

➡ 使用 Create>CV Curve Tool 工具，绘制车头金属进气栏侧面曲线和车头金属进气栏截面曲线，如图所示。

首先绘制车头金属进气栏侧面曲线，在 Side 视图中精确绘制擎天柱车头金属进气栏侧面 CV 曲线，曲线点可以参考图中所示。绘制结束后按 Enter 键结束。

注意绘制曲线时点不要太多，点要分布好，而且点的位置最好总体上对称分布。CV 点的绘制技巧需要从练习中领悟。

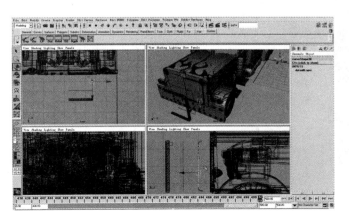

➡ 可以按视图上方两个按钮，用移动工具调整节点的位置，将 CV 曲线外形调的更美观些。曲线点的位置可以参考图中所示。

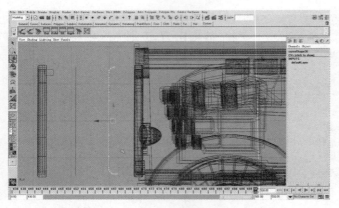

➡ 图中所示为擎天柱车头车头金属进气栏侧面曲线，曲线点可以参考图中所示。

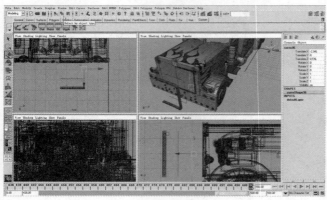

➡ 调整好之后点击状态栏中图标返回物体选择模式。也可以点击键盘 F8 键切换模式。

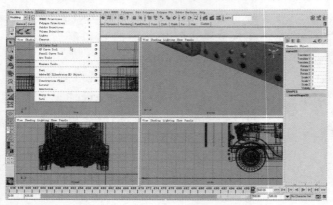

➡ 选中对象之后左键点击自定义快捷栏中刚才已经创建的快捷键，将所选物体中心点移动到对象的中心位置。

也可以手动操作点选 Modify > Center Pivot。

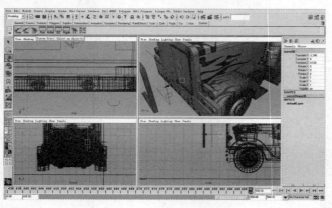

➡ 使用 Create>CV Curve Tool 工具，绘制车头金属进气栏截面曲线，如图所示。

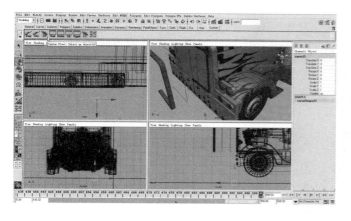

➡　在 Top 视图中精确绘制擎天柱车头金属进气栏截面 CV 曲线，曲线点可以参考图中所示。绘制结束后按 Enter 键结束。

　　注意绘制曲线时点不要太多，点要分布好，而且点的位置最好总体上对称分布。CV 点的绘制技巧需要从练习中领悟。

　　选中对象之后左键点击自定义快捷栏中刚才已经创建的快捷键，将所选物体中心点移动到对象的中心位置。

　　也可以手动操作点选 Modify > Center Pivot。

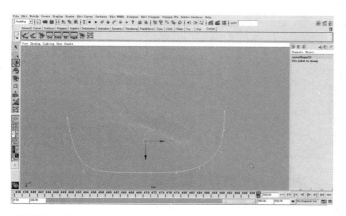

➡　可以按视图上方两个按钮，用移动工具调整节点的位置，将截面 CV 曲线外形调的更美观些。曲线点的位置可以参考图中所示。

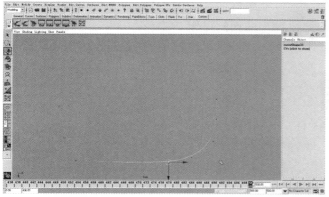

➡　点击状态栏中图标，进入物体的点选择状态。可以再将曲线进行细微调整。选中所需点，移动到合适位置。

　　擎天柱车头金属进气栏截面 CV 曲线如图所示，曲线点可以参考图中所示。

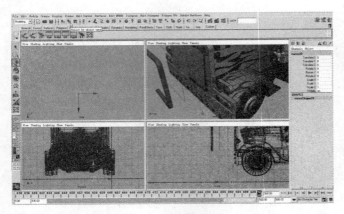

➡ 调整好之后点击状态栏中图标返回物体选择模式。也可以点击键盘 F8 键切换模式。

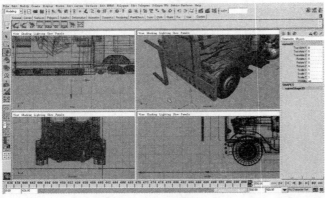

➡ 先选择车头金属进气栏截面曲线。

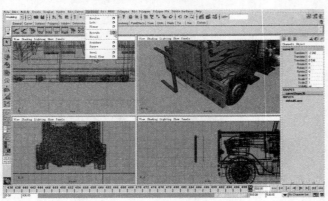

➡ 选择车头金属进气栏截面曲线后，按住键盘 Shift 键左键点选车头金属进气栏侧面曲线，如图所示。进行 Extrude 挤出曲面的操作。

鼠标左键单击 Surfaces>Extrude 后面的方框。

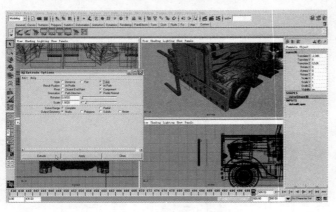

➡ 在弹出的对话框中进行参数设置。

勾选：Tube, At Path。

参数设置如图所示，设定后点 Extrude。

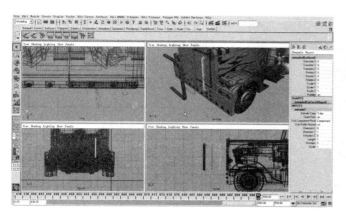

➡　生成车头金属进气栏外框曲面。

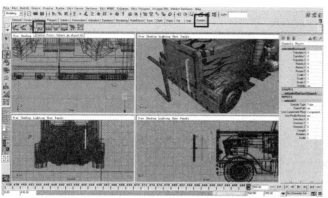

➡　选中对象之后左键点击自定义快捷栏中刚才已经创建的快捷键,将所选物体中心点移动到对象的中心位置。

也可以手动操作点选 Modify > Center Pivot。

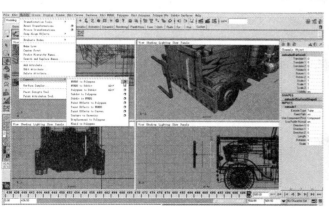

➡　将这个 NURBS 曲面转化为 Polygons 多边形曲面。

点击 Modify > Convert > NURBS to Polygons 后面的方框,执行 NURBS 曲面转化 Polygons 多边形曲面操作。

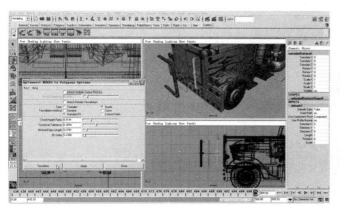

➡　在弹出的对话框中按照图中参数进行设置,然后点击 Tessellate。

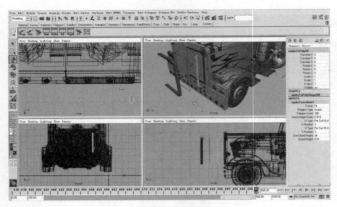

➡ 　NURBS 曲面已经转换为 Polygon 曲面,呈现绿色。

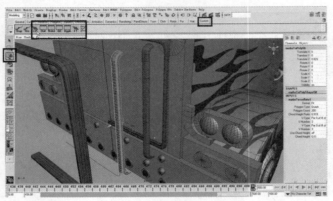

➡ 　选中对象之后左键点击自定义快捷栏中刚才已经创建的快捷键,将所选物体中心点移动到对象的中心位置。

也可以手动操作点选 Modify > Center Pivot。

点击移动工具,如图所示将选中对象进行移动,放置到合适位置。也可以使用移动快捷键 W,对对象进行操作。

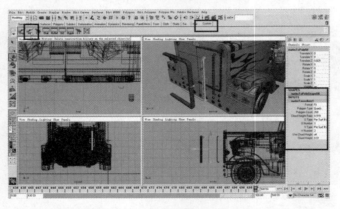

➡ 　删除对象历史纪录。

左键点击自定义快捷栏中刚才创建的删除对象历史纪录快捷键。

也可点击 Edit > Delete by Type > History,这个选项翻译过来是:删除对象历史纪录。删除的是所选择对象的历史纪录。

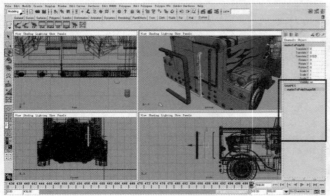

➡ 　可以看到,通道栏中物体的历史记录已变空白。

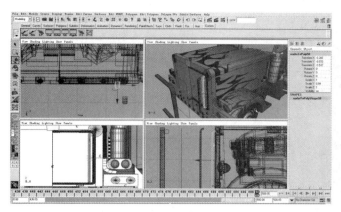

➡　点击移动工具,如图所示将选中对象进行移动,放置到合适位置。也可以使用移动快捷键 W,对对象进行操作。

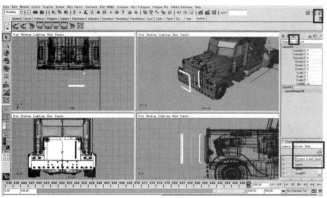

➡　鼠标左键点击此处,创建一个新的图层。

英文提示是:Create a new layer。

将转换之前 Nurbs 的金属进气栏外框曲面和进气栏曲面以及曲线都选中。

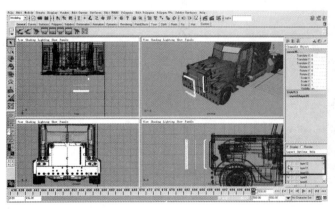

➡　将选中的物体放入 layer12 中,并将 layer12 图层前的 V 点掉,使 layer12 图层中物体隐藏。

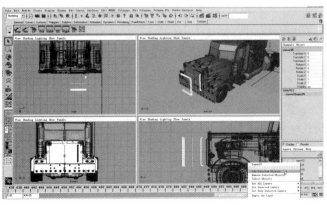

➡　在确保对象被选中情况下,将鼠标放在 layer12 图层上,点右键按住,选择 Add Selected Objects,之后松开鼠标右键,将所选物体移入指定图层中。

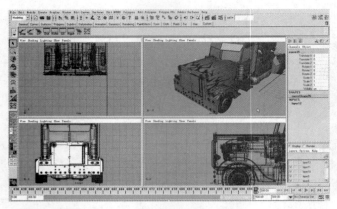

➡ 所选对象已经被放入 layer12，此图层前的 V 处于关闭状态，这些图层中的物体处于隐藏状态，不会被我们看到，在视图中我们可以看到被这些物体遮挡的物体，以便我们对其他物体进行编辑操作。

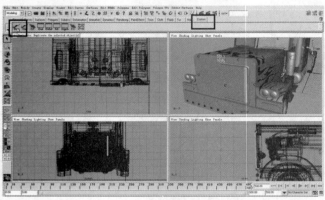

➡ 选择转换后的进气隔扇曲面，左键点击自定义快捷栏中刚才已经创建的复制对象快捷键，将所选隔扇复制一个。

也可以手动操作点选 Edit>Duplicate 后面的方框，在弹出的 Duplicate Options 中进行参数设置，复制这个物体。

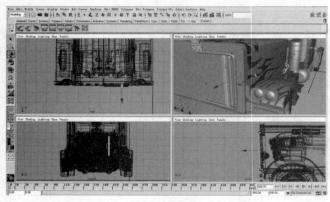

➡ 点击移动工具，如图所示将新复制出的进气隔扇进行移动，放置到合适位置。也可以使用移动快捷键 W 对对象进行操作。

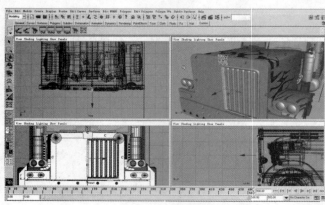

➡ 继续复制多个进气隔扇，点击移动工具，如图所示将新复制出的隔扇进行移动，放置到合适位置。也可以使用移动快捷键 W 对对象进行操作。

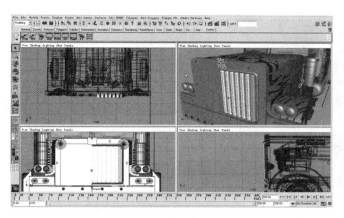

➡　按住键盘 Shift 键选中多个进气隔扇后，点击键盘"Ctrl＋G"组合键（或者手动点选 Edit＞Group）进行群组操作，将选中的物体群组。

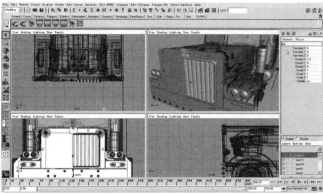

➡　执行操作之后新的群组呈现绿色。
　　点击此处将这个进气隔扇群组命名为 jqL。

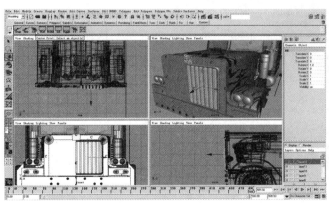

➡　选中对象之后左键点击自定义快捷栏中刚才已经创建的快捷键，将所选群组中心点移动到对象的中心位置。
　　也可以手动操作点选 Modify＞Center Pivot。

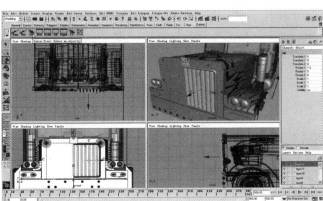

➡　选中 jqL 群组，之后按住键盘 Shift 键点选进气隔扇外框零件，点击键盘"Ctrl＋G"组合键（或者手动点选 Edit＞Group）进行群组操作，将选中的物体群组。

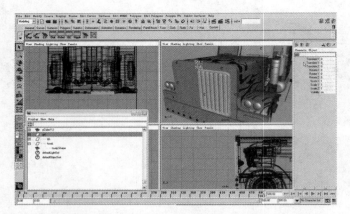

➡ 执行操作之后新的群组呈现绿色。

之后将这个擎天柱车头左侧进气隔扇群组命名为 gsL

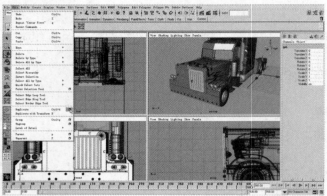

➡ 镜像复制这个群组。

点 Edit > Duplicate 后面的方框,在弹出的 Duplicate Options 中进行参数设置。

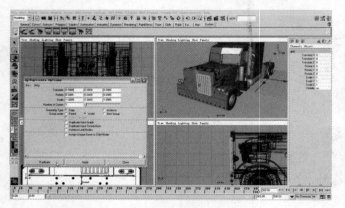

➡ 在 Scale 框中输入 −1,然后点击 Duplicate,完成镜像复制操作。

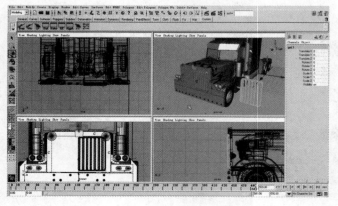

➡ 此时镜像复制出了一个群组。选择移动工具将这个群组移动到合适位置。

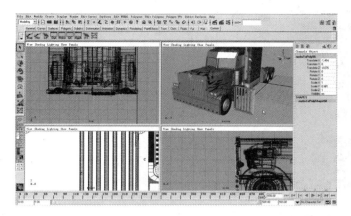

➡ 选中复制出的最右侧隔扇。

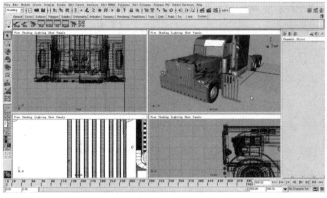

➡ 按键盘 Delete 键将这个隔扇删除。

➡ 　点选大纲视图，以便于我们在众多物体中选择右侧进气隔扇群组。

　　点击菜单栏中的 Window>Outliner，调出大纲视图。

　　之后将这个擎天柱车头右侧进气隔扇群组命名为 gsR。

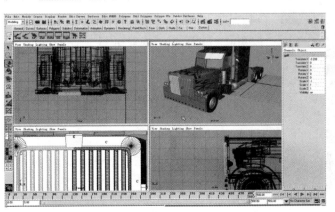

➡ 　点击移动工具，如图所示将选中对象进行移动，放置到合适位置。也可以使用移动快捷键 W，对对象进行操作。

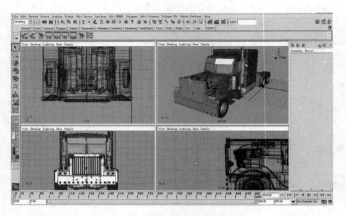

➡ 擎天柱变形动画车头发动机进气隔扇模型制作好。

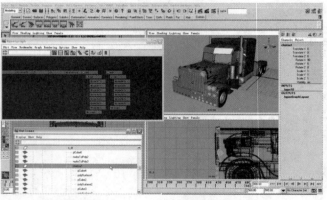

➡ 准备创建车头零件父子关系。

点选大纲视图，以便于我们在众多物体中选择我们需要的物体。点击菜单栏中的 Window>Outliner，调出大纲视图。

在 Outliner 窗口里，左键选中左车头 chetou1 群组节点，此节点作为父关系节点。

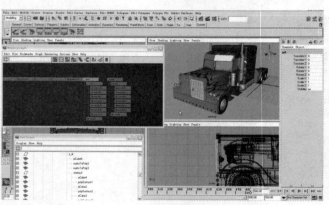

➡ 创建零件父子关系：点击 Window>Hypergraph，调出 Hypergraph 超图窗口。

选择左侧隔扇零件，在 Hypergraph 窗口中，按键盘 F 键，会在 Hypergraph 窗口直接搜索找到我们此时选中的节点对象。

配合 Hypergraph，在 Hypergraph 窗口中首先用鼠标左键点选左进气隔扇组 gsL，选中之后节点在 Hypergraph 中呈现黄色，此节点作为子关系节点。

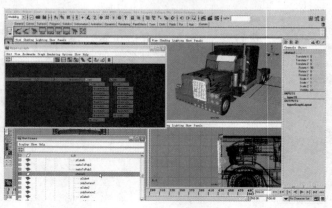

➡ 之后配合 Outliner 窗口（Window>Outliner），在 Outliner 窗口里，按住键盘 Ctrl 键的同时，左键选中左车头 chetou1 群组节点，此节点作为父关系节点。此时用于创建父子关系的节点都被选中。

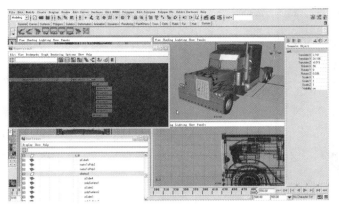

➡ 点击 Edit>Parent，建立父子关系。也可以使用快捷键（键盘 P 键）将选中对象建立父子关系。至此，左侧车头零件新父子关系制作好。

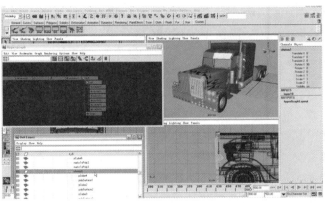

➡ 此时我们刚才选中的两个对象已经建立父子关系，可以在 Outliner 窗口选中右车头 chetou1 群组节点时，左进气隔扇组 gsL 也被关联选中。

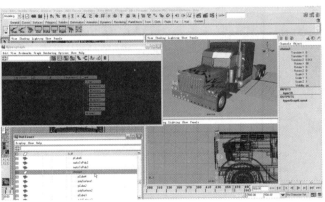

➡ 准备创建右侧车头零件父子关系。

点击菜单栏中的 Window>Outliner，调出大纲视图。

在 Outliner 窗口里，左键选中右车头 chetou1 群组节点，此节点作为父关系节点。

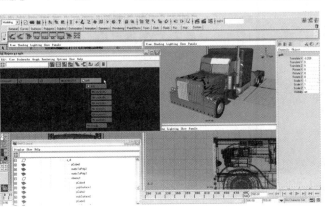

➡ 创建零件父子关系：点击 Window> Hypergraph，调出 Hypergraph 超图窗口。

选择右侧隔扇零件，在 Hypergraph 窗口中按键盘 F 键，会在 Hypergraph 窗口直接搜索找到我们此时选中的节点对象。

配合 Hypergraph，在 Hypergraph 窗口中首先鼠标左键点选首先鼠标左键点选右进气隔扇组 gsR，选中之后节点在 Hypergraph 中呈现黄色，此节点作为子关系节点。

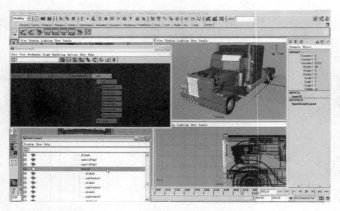

➡　之后配合 Outliner 窗口（Window >
Outliner），在 Outliner 窗口里，按住键盘
Ctrl 键的同时，左键选中右车头 chetou1 群
组节点，此节点作为父关系节点。此时准
备创建父子关系的节点都被选中。

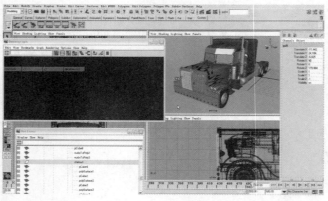

➡　点击 Edit>Parent，建立父子关系。也
可以使用快捷键（键盘 P 键）将选中对象
建立父子关系。右侧车头零件新父子关
系制作好。

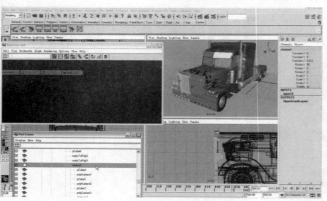

➡　此时我们刚才选中的两个对象已经
建立父子关系，可以在 Outliner 窗口选中
右车头 chetou1 群组节点时，右进气隔扇
组 gsR 也被关联选中。

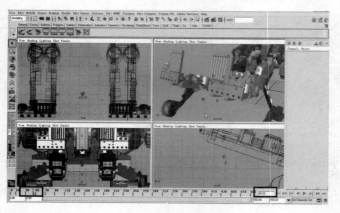

➡　点击时间轴第 45 帧，可以看到我们新
制作的左侧和右侧进气隔扇零件完美匹
配融进了变形动画。
　　至此，擎天柱变形动画发动机进气隔
扇制作好。

第 15 章 储藏仓小装饰灯的制作和变形动画

本章设计制作了擎天柱卡车形态下的储藏仓小装饰灯,并完成了擎天柱卡车形态下的储藏仓小装饰灯零件由机器人形态到卡车形态的动画变形。复习了关键帧动画的设置与制作、复制物体的方法,并针对动画设计中动画群组归属操作和动画父子关系操作进行了强化练习。

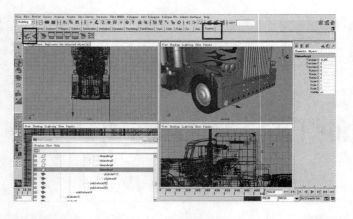

➡ 点选大纲视图,以便于我们在众多物体中选择我们需要的物体。点击菜单栏中的 Window>Outliner,调出大纲视图。

配合 Outliner,选择车头装饰灯群组。

左键点击自定义快捷栏中刚才已经创建的复制对象快捷键,将所选群组复制一个。

也可以手动操作点 Edit>Duplicate 后面的方框,在弹出的 Duplicate Options 中进行参数设置复制这个群组。

➡ 点击移动工具,如图所示将选中对象进行移动,放置到合适位置。也可以使用移动快捷键 W,对对象进行操作。

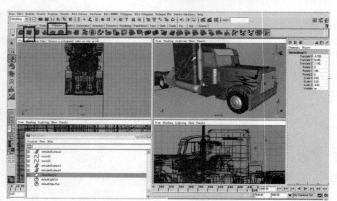

➡ 点击 Shelf 工具架下的 Polygons 工具栏,点选 Polygon Cube 图标,创建 Polygon Cube 立方体。

➡ 点击缩放工具和移动工具,如图所示将对象缩小和进行移动,放置到合适位置。也可以使用缩放快捷键 R、移动快捷键 W 对对象进行操作。

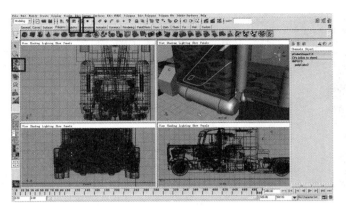

➡ 点击状态栏中图标,进入物体的点选择状态,选中所需点,用移动工具调节点的位置进而调节物体的形状,将物体形状调整成如图所示形状。

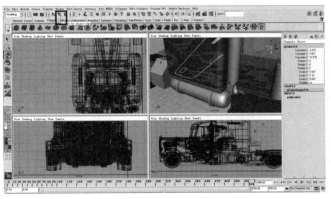

➡ 点击状态栏中图标,返回物体选择模式。也可以按键盘 F8 键切换模式。

至此,擎天柱储藏仓右侧装饰灯托盘零件模型制作好。

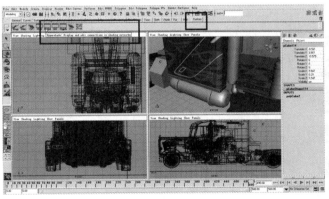

➡ 左键点击自定义快捷栏中刚才已经创建的超级图表快捷键,调出 Hypergraph 超级图表层次连接图。

也可点击 Window > Hypergraph,调出 Hypergraph。

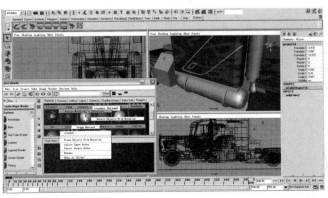

➡ 调出材质渲染编辑器后,在确定右侧装饰灯托盘零件被选中情况下,将鼠标放于 jinshu1 材质上。按住鼠标右键不放,出现选择对话框。

继续按住右键不放,移动到 Assign Material To Selection(附着所选材质到所选物体之上)。

松开鼠标右键。

擎天柱右侧装饰灯托盘零件已被赋予了材质。

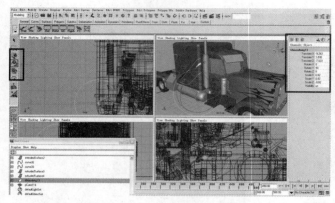

➡ 选中复制出的装饰小灯,点击缩放工具、旋转工具和移动工具,如图所示将装饰小灯缩小、旋转和进行移动,放置到合适位置。也可以使用缩放快捷键 R、旋转快捷键 E、移动快捷键 W 对对象进行操作。

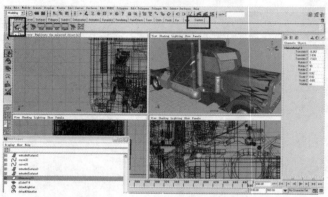

➡ 左键点击自定义快捷栏中刚才已经创建的复制对象快捷键,将所选群组复制一个。

也可以手动操作点选 Edit>Duplicate 后面的方框,在弹出的 Duplicate Options 中进行参数设置复制这个群组。

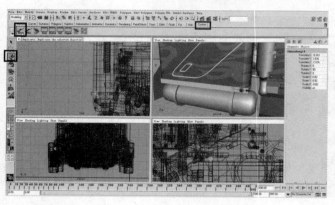

➡ 点击移动工具,如图所示将新复制出的小灯群组进行移动,放置到合适位置。也可以使用移动快捷键 W 对对象进行操作。

左键点击自定义快捷栏中刚才已经创建的复制对象快捷键,将所选群组复制一个。

也可以手动操作点 Edit>Duplicate 后面的方框,在弹出的 Duplicate Options 中进行参数设置,复制这个群组。

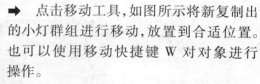

➡ 点击移动工具,如图所示将新复制出的小灯群组进行移动,放置到合适位置。也可以使用移动快捷键 W 对对象进行操作。

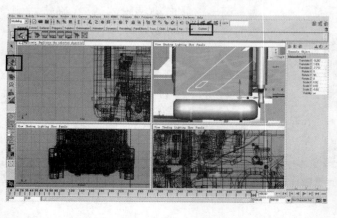

左键点击自定义快捷栏中刚才已经创建的复制对象快捷键,将所选群组复制一个。

也可以手动操作点 Edit>Duplicate 后面的方框,在弹出的 Duplicate Options 中进行参数设置,复制这个群组。

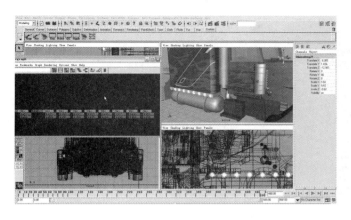

➡ 复制多个装饰小灯群组,点击移动工具,如图所示将新复制出的装饰小灯群组进行移动,放置到合适位置。也可以使用移动快捷键 W 对对象进行操作。

　　点击 Window > Hypergraph,调出 Hypergraph 超图窗口。

　　在 Hypergraph 超图中,按住键盘 Shift 键选中储藏仓右侧的多个装饰小灯群组后,点击键盘"Ctrl+G"组合键(或者手动点选 Edit>Group)进行群组操作,将选中的物体群组。

➡ 执行操作之后新的群组呈现绿色。

　　点击此处将这个右侧装饰小灯群组命名为 cangxiaodengR。

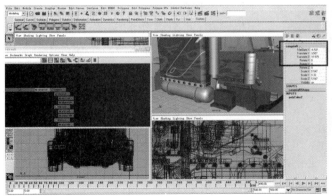

➡ 点选擎天柱储藏仓右侧装饰灯托盘零件,点击此处将这个零件命名为 cangxiaR。

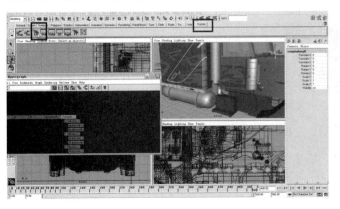

➡ 点选右侧装饰小灯群组 cangxiaodengR,之后左键点击自定义快捷栏中刚才已经创建的快捷键,将所选物体中心点移动到对象的中心位置。

　　也可以手动操作点选 Modify>Center Pivot。

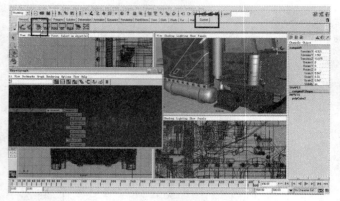

➡ 点选擎天柱储藏仓右侧装饰灯托盘零件 cangxiaR。

之后左键点击自定义快捷栏中刚才已经创建的快捷键,将所选物体中心点移动到对象的中心位置。

也可以手动操作点选 Modify>Center Pivot。

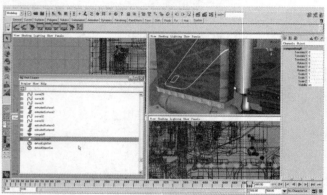

➡ 准备创建零件父子关系。

点选大纲视图,以便于我们在众多物体中选择我们需要的物体。点击菜单栏中的 Window>Outliner,调出大纲视图。

配合 Outliner,在 Outliner 窗口中首先鼠标左键点选右侧储藏仓装饰小灯群组 cangxiaodengR 节点,此节点作为子关系节点。

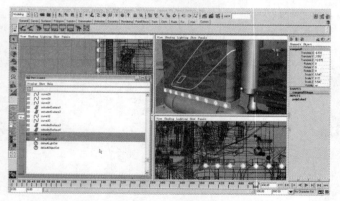

➡ 之后在视图中,按住键盘 Shift 键的同时,左键选中储藏仓右侧装饰灯托盘零件 cangxiaR,此节点作为父关系节点。此时准备创建父子关系的节点都被选中。

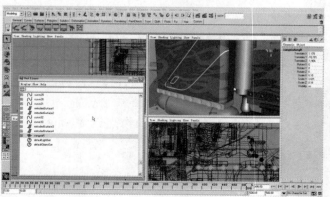

➡ 点击 Edit>Parent,建立父子关系。也可以使用快捷键(键盘 P 键)将选中对象建立父子关系。

此时我们刚才选中的两个对象已经建立父子关系,可以在 Outliner 窗口中看到先选择的子关系对象已归属于后选择的父关系对象之下。

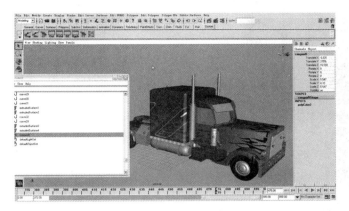

➡　继续创建擎天柱变形动画零件的父子关系。

　　配合 Outliner，在 Outliner 窗口中首先鼠标左键点选储藏仓右侧装饰灯托盘零件 cangxiaR，此节点作为子关系节点。

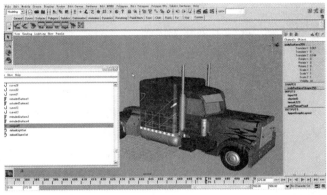

➡　之后在视图中，按住键盘 Shift 键的同时，左键选中右侧储藏仓下部零件，如图所示，此节点作为父关系节点。此时准备创建父子关系的节点都被选中。

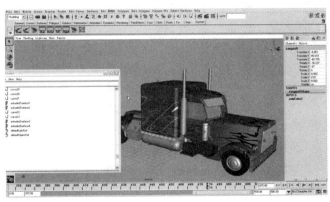

➡　点击 Edit>Parent，建立父子关系。也可以使用快捷键（键盘 P 键）将选中对象建立父子关系。

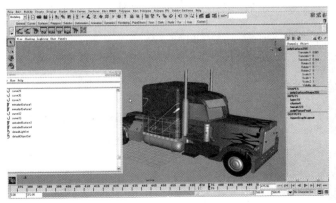

➡　此时我们刚才选中的两个对象已经建立父子关系，可以在 Outliner 窗口选中储藏仓下部零件时，储藏仓右侧装饰灯托盘零件也被关联选中。

　　擎天柱变形动画储藏仓装饰小灯群组零件父子关系制作完成。

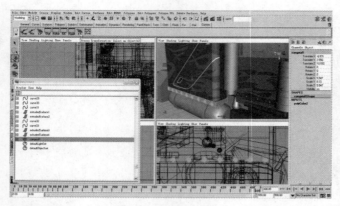

➡ 点选右侧储藏仓下装饰小灯群组 cangxiaR。

点击 Modify > Freeze Transformations，将物体所处位置的位移、缩放、旋转参数设置成 0。

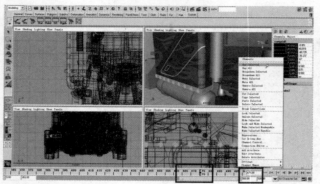

➡ 点击第 475 帧，准备将选中的对象在此帧上创建关键帧。

首先在物体通道栏中按住鼠标左键自上而下进行拖拽，将变化所需的控制项拖拽成黑色状态，如图。之后将鼠标放于选中的黑色参数项上，按住鼠标右键不放弹出对话框，不松开鼠标右键的同时，将鼠标移动到 Key Selected 上，最后松开鼠标右键，完成创建关键帧的操作。

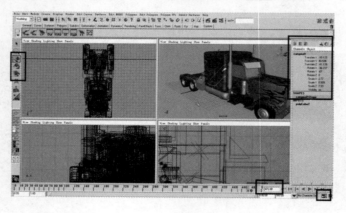

➡ 对象设置关键帧成功之后，通道框中参数项呈现红色。

在时间轴点选第 472 帧，在此帧上设置另一关键帧，在确保自动关键帧锁处于红色打开状态下点击缩放工具、移动工具，如图所示将对象缩放、移动，放置到合适位置。也可以使用缩放快捷键 R、移动快捷键 W 对对象进行操作。

此时物体对象在此帧下设置了关键帧，有了动画效果，可以点播放按钮查看。在物体每次变形的关键部位设置关键帧。

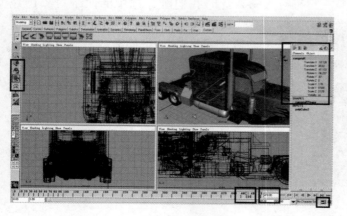

➡ 在时间轴点选第 470 帧，在此帧上继续设置另一关键帧，在确保自动关键帧锁处于红色打开状态下点击缩放工具、移动工具，如图所示将对象缩放、移动，放置到合适位置。也可以使用缩放快捷键 R、移动快捷键 W 对对象进行操作。

此时物体对象在此帧下设置了关键帧。

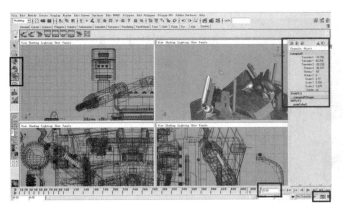

➡ 在时间轴点选第 0 帧,在此帧上继续设置另一关键帧,在确保自动关键帧锁处于红色打开状态下点击缩放工具、移动工具,如图所示将对象缩放、移动,放置到合适位置。也可以使用缩放快捷键 R、移动快捷键 W 对对象进行操作。

此时物体对象在此帧下设置了关键帧。

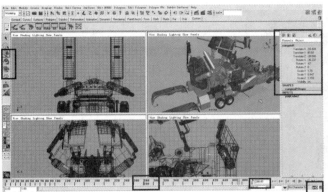

➡ 在时间轴点选第 280 帧,在此帧上继续设置另一关键帧,在确保自动关键帧锁处于红色打开状态下点击缩放工具、移动工具,如图所示将对象缩放、移动,放置到合适位置。也可以使用缩放快捷键 R、移动快捷键 W 对对象进行操作。

此时物体对象在此帧下设置了关键帧。

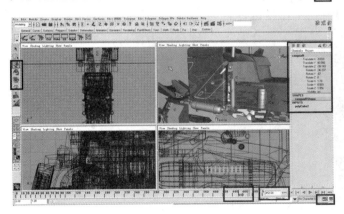

➡ 在时间轴点选第 452 帧,在此帧上继续设置另一关键帧,在确保自动关键帧锁处于红色打开状态下点击缩放工具、移动工具,如图所示将对象缩放、移动,放置到合适位置。也可以使用缩放快捷键 R、移动快捷键 W 对对象进行操作。

此时物体对象在此帧下设置了关键帧。

擎天柱储存仓右侧装饰小灯动画制作好。

➡ 为更好地编辑多边形形状。点击 Edit Polygons>Split EdgeRing Tool 后面方框,进行手工加线操作(有的版本在 Edit mesh> Insert Edge Loop Tool)。

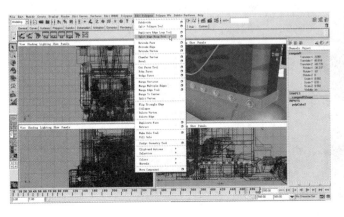

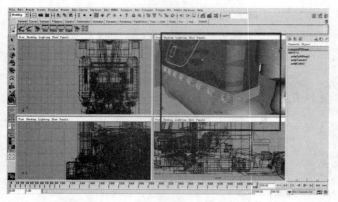

➡ 将鼠标移动到物体的棱上,按住鼠标左键,使鼠标在物体的棱上滑动,当鼠标滑动到合适位置时,如图所示,松开鼠标,此时在物体上加了一条线。

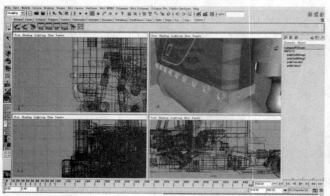

➡ 继续加线,将鼠标移动到物体的棱上,按住鼠标左键,使鼠标在物体的棱上滑动,当鼠标滑动图中所示位置时,松开鼠标,此时在物体上又加了一条线。

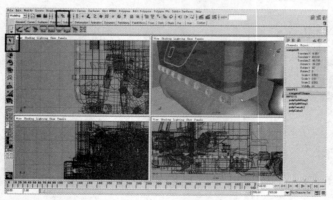

➡ 加线满意后,先点选物体选择箭头,之后点击状态栏中图标返回物体选择模式。也可以点击键盘 F8 键切换模式。

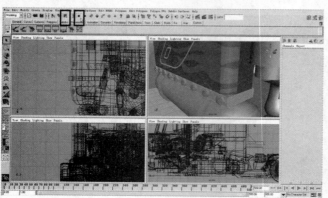

➡ 点击状态栏中图标,进入物体的点选择状态。

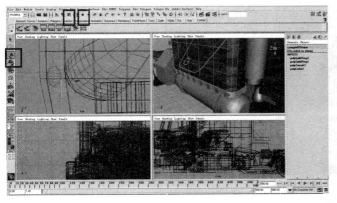

➡ 进入物体的点选择状态后,按住键盘 Shift 键,选中所需点。

点击移动工具,如图所示将选中点进行移动,放置到合适位置,对物体的形状进行调整。也可以使用移动快捷键 W 对对象进行操作。

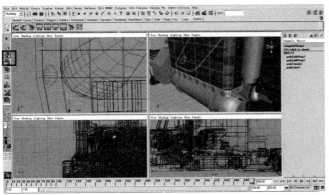

➡ 在物体的点选择状态中,按住键盘 Shift 键,选中所需点。

点击移动工具,如图所示将选中点进行移动,放置到合适位置,对物体的形状进行调整。也可以使用移动快捷键 W 对对象进行操作。

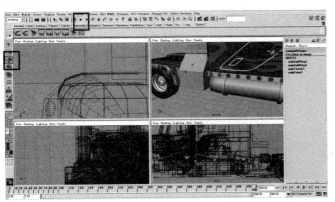

➡ 在物体的点选择状态中,按住键盘 Shift 键,选中所需点。

点击移动工具,如图所示将选中点进行移动,放置到合适位置,继续对物体的形状进行调整。也可以使用移动快捷键 W 对对象进行操作。

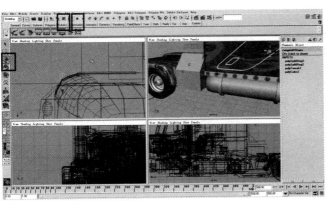

➡ 在物体的点选择状态中,按住键盘 Shift 键,选中所需点。

点击移动工具,如图所示将选中点进行移动,放置到合适位置,继续对物体的形状进行调整。也可以使用移动快捷键 W 对对象进行操作。

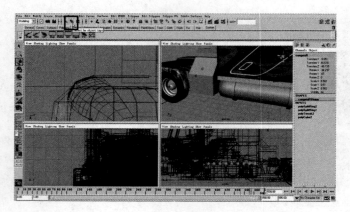

➡ 点击状态栏中图标返回物体选择模式。也可以点击键盘 F8 键切换模式。

至此,擎天柱变形动画储藏仓右侧装饰灯制作好。

第 16 章 擎天柱卡车内部后轮的制作和动画变形

　　本章设计制作了擎天柱卡车形态下所有内侧后轮模型，并完成了擎天柱所有内侧后轮零件由机器人形态到卡车形态的变形动画制作。在设计制作过程中，着重用到了群组归属操作和父子关系操作，二者对提高动画制作效率有重要意义。本章的完成，实现了擎天柱卡车伪装形态的所有绚丽火焰涂鸦、斑斓车漆材质、逼真贴图的操作，完美地呈现了擎天柱卡车伪装形态的逼真绚丽写实的超精细形态。

内侧左后轮

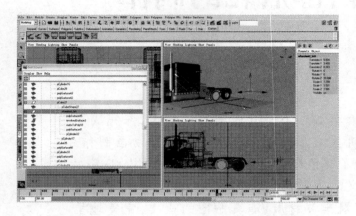

➡　点选大纲视图,以便于我们在众多物体中选择我们需要的物体。点击菜单栏中的 Window>Outliner,调出大纲视图。

　　鼠标左键单击点选擎天柱左中后轮的任意一个零件,再在 Outliner 大纲窗口中,按键盘 F 键,找到我们选中的节点,在 Outliner 中顺着往上找到左中后轮零件群组,可以看到擎天柱左中后轮零件群组节点,wheelmid_left 节点已经被找到并被选中了。

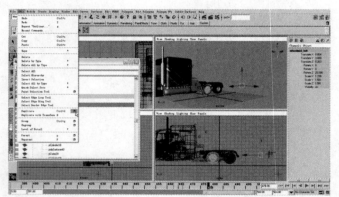

➡　复制这个群组,点 Edit>Duplicate 后面的方框。

　　在弹出的 Duplicate Options 中进行参数设置,复制这个群组。

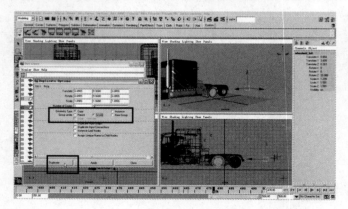

➡　在弹出的参数设置框中进行设置,然后点击 Duplicate,完成复制操作。

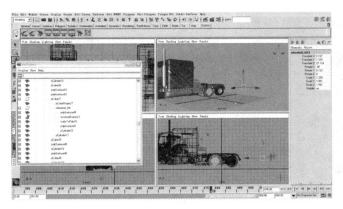

➡ 此时复制出了一个群组。选择移动工具准备将这个群组移动到合适位置。

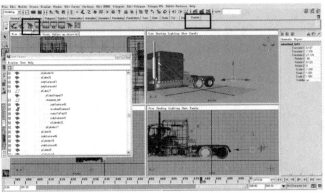

➡ 选中对象之后左键点击自定义快捷栏中刚才已经创建的快捷键，将所选物体中心点移动到对象的中心位置。

　　也可以手动操作点选 Modify > Center Pivot。

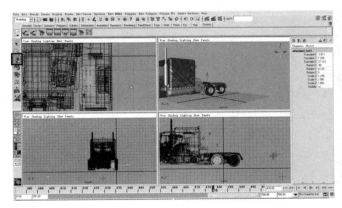

➡ 可以看到，所选物体中心点已经移动到了对象的中心位置。

　　点击移动工具，如图所示将选中对象进行移动，放置到合适位置。也可以使用移动快捷键 W 对对象进行操作。

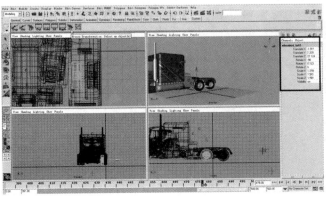

➡ 点击 Modify > Freeze Transformations，将物体对象所处位置的位移、缩放、旋转参数设置成 0。

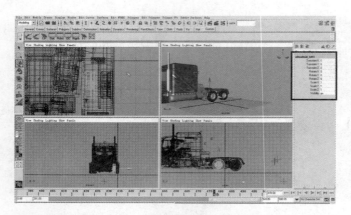

➡ 执行完 Freeze Transformations 命令后，物体对象所处位置的位移、缩放、旋转参数设置都已被设置成 0。

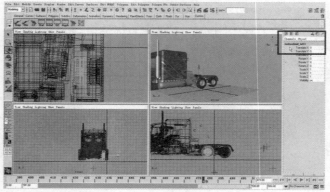

➡ 点击此处将左侧内部中轮的名字修改为 nwheelmid_left1。

下面创建擎天柱变形动画左侧内部中轮和身体腿部零件的父子关系。

选中左侧内部中后轮群组节点 nwheelmid_left1，此节点作为子关系节点。

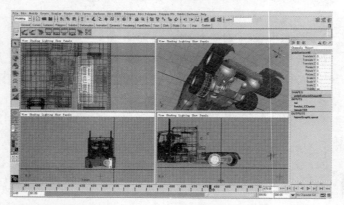

➡ 之后在视图中，按住键盘 Shift 键的同时，左键选中左大腿零件 polySurface46，此节点作为父关系节点。此时准备创建父子关系的节点都被选中。

➡ 点击 Edit>Parent，建立父子关系。也可以使用快捷键（键盘 P 键）将选中对象建立父子关系。

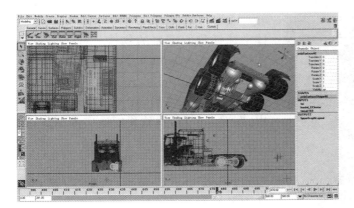

➡ 此时我们刚才选中的两个对象已经建立父子关系,在选中左大腿零件 polySurface46 时,左侧内部中后轮群组也被关联选中。

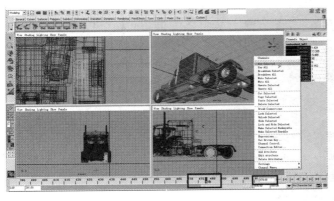

➡ 配合 Outliner 选中擎天柱左中后轮零件群组节点 nwheelmid_left1。

点击第 478 帧,准备将选中的对象在此帧上创建关键帧。

首先在物体通道栏中按住鼠标左键自上而下进行拖拽,将变化所需的控制项拖拽成黑色状态,如图。之后将鼠标放于选中的黑色参数项上,按住鼠标右键不放弹出对话框,不松开鼠标右键的同时,将鼠标移动到 Key Selected 上,最后松开鼠标右键,完成创建关键帧的操作。

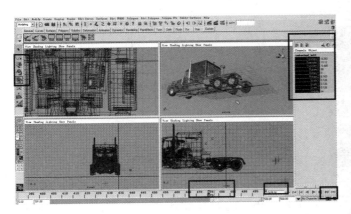

➡ 对象设置关键帧成功之后,通道框中参数项呈现红色。

在时间轴点选第 475 帧,在此帧上设置另一关键帧,在确保自动关键帧锁处于红色打开状态下点击缩放工具、移动工具,如图所示将对象缩放、移动放置到合适位置。也可以使用缩放快捷键 R、移动快捷键 W 对对象进行操作。

此时物体对象在此帧下设置了关键帧,有了动画效果,可以点播放按钮查看。

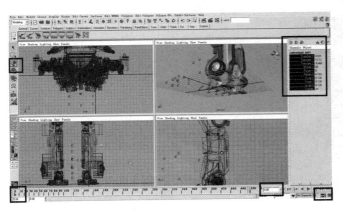

➡ 在时间轴点选第 0 帧,继续将所选对象在此帧上设置另一关键帧,在确保自动关键帧锁处于红色打开状态下点击移动工具,如图所示将对象移动,放置到合适位置。也可以使用移动快捷键 W 对对象进行操作。

此时物体对象在此帧下设置了关键帧。

至此擎天柱右侧内部中后轮变形动画制作完成。

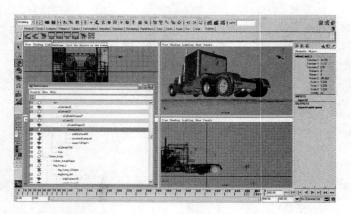

➡ 点选大纲视图,以便于我们在众多物体中选择我们需要的物体。点击菜单栏中的 Window>Outliner,调出大纲视图。

鼠标左键单击点选擎天柱左后轮的任意一个零件,之后,在 Outliner 大纲窗口中,按键盘 F 键,找到我们选中的节点,再在 Outliner 中顺着往上找到左后轮零件群组,可以看到擎天柱左尾部后轮零件群组节点,wheel_mid_L 节点已经被找到并被选中了。

➡ 复制这个群组,点 Edit>Duplicate 后面的方框。

在弹出的 Duplicate Options 中进行参数设置,复制这个群组。

➡ 在弹出的参数设置框中进行设置,然后点击 Duplicate,完成复制操作。

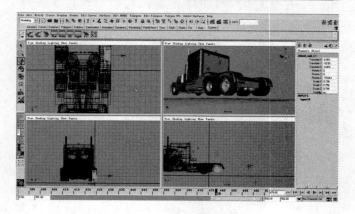

➡ 此时复制出了一个群组。选择移动工具准备将这个群组移动到合适位置。

➡　点击移动工具,如图所示将选中对象进行移动,放置到合适位置。也可以使用移动快捷键 W 对对象进行操作。

　　选中对象之后左键点击自定义快捷栏中刚才已经创建的快捷键,将所选物体中心点移动到对象的中心位置。

　　也可以手动操作点选 Modify > Center Pivot。

➡　点击 Modify > Freeze Transformations,将物体对象所处位置的位移、缩放、旋转参数设置成 0。

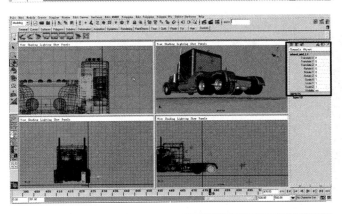

➡　此时物体对象所处位置的位移、缩放、旋转参数都已经设置归零。

➡　点击此处将左侧内部后轮的名字修改为 znwheel_mid_L1。

　　接着创建擎天柱变形动画左侧内部后轮和身体腿部零件的父子关系。

　　配合 Outliner,在 Outliner 窗口中首先鼠标左键点选左侧内部后轮群组节点 znwheel_mid_L1,此节点作为子关系节点。

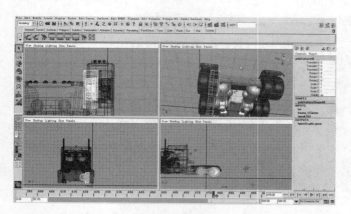

➡ 之后在视图中，按住键盘 Shift 键的同时，左键选中左大腿零件 polySurface46，此节点作为父关系节点。此时准备创建父子关系的节点都被选中。

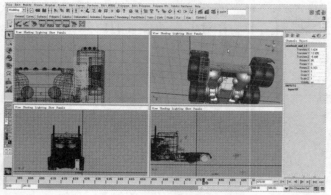

➡ 点击 Edit>Parent，建立父子关系。也可以使用快捷键（键盘 P 键）将选中对象建立父子关系。

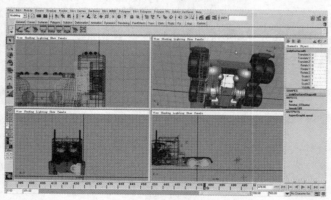

➡ 此时我们刚才选中的两个对象已经建立父子关系，在选中左大腿零件 polySurface46 时，左侧内部后轮群组也被关联选中。

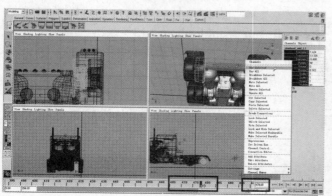

➡ 配合 Outliner 选中擎天柱左内后轮零件群组节点 znwheel_mid_L1。

点击第 478 帧，准备将选中的对象在此帧上创建关键帧。

首先在物体通道栏中按住鼠标左键自上而下进行拖拽，将变化所需的控制项拖拽成黑色状态，如图。之后将鼠标放于选中的黑色参数项上，按住鼠标右键不放弹出对话框，不松开鼠标右键的同时，将鼠标移动到 Key Selected 上，最后松开鼠标右键，完成创建关键帧的操作。

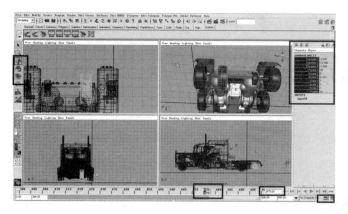

➡　对象设置关键帧成功之后,通道框中参数项呈现红色。

在时间轴点选第 475 帧,将所选对象在此帧上设置另一关键帧,在确保自动关键帧锁处于红色打开状态下点击移动工具,如图所示将对象移动,放置到合适位置。也可以使用移动快捷键 W 对对象进行操作。

此时物体对象在此帧下设置了关键帧,有了动画效果,可以点播放按钮查看。

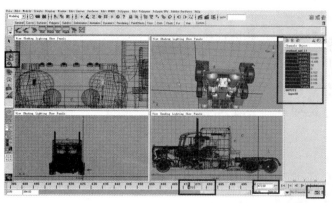

➡　在时间轴点选第 472 帧,继续在此帧上设置另一关键帧,在确保自动关键帧锁处于红色打开状态下点击缩放工具、移动工具,如图所示将对象缩放、移动放置到合适位置。也可以使用缩放快捷键 R、移动快捷键 W 对对象进行操作。

此时物体对象在此帧下设置了关键帧。

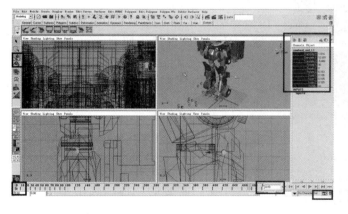

➡　最后在时间轴点选第 0 帧,将所选对象在此帧上设置另一关键帧,在确保自动关键帧锁处于红色打开状态下点击移动工具,如图所示将对象移动,放置到合适位置。也可以使用移动快捷键 W 对对象进行操作。

此时物体对象在此帧下设置了关键帧。

至此,擎天柱变形动画左后轮内侧轮胎制作好。

内侧后轮调整

➡　点选大纲视图,以便于我们在众多物体中选择我们需要的物体。点击菜单栏中的 Window>Outliner,调出大纲视图。

　　鼠标左键单击点选擎天柱内侧右后轮的任意一个零件,之后,在 Outliner 大纲窗口中,按键盘 F 键,找到我们选中的节点,再在 Outliner 中顺着往上找到内侧右后轮零件群组,可以看到擎天柱内侧右后轮零件群组节点,znwheel_mid_R1 节点已经被找到并被选中了。

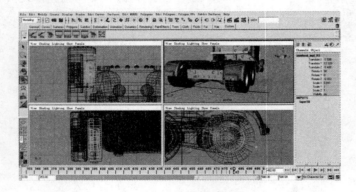

➡　在时间轴点选第 482 帧,将所选对象在此帧上设置另一关键帧,在确保自动关键帧锁处于红色打开状态下点击移动工具,如图所示将对象移动,放置到合适位置。也可以使用移动快捷键 W 对对象进行操作。

　　此时物体对象在此帧下设置了关键帧。

　　至此,擎天柱车内侧左后轮变形动画调整制作好。

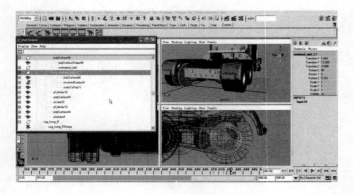

➡　点选大纲视图,便于我们在众多物体中选择我们需要的物体。点击菜单栏中的 Window>Outliner,调出大纲视图。

　　鼠标左键单击点选擎天柱内侧左后轮的任意一个零件,之后,在 Outliner 大纲窗口中,按键盘 F 键,找到我们选中的节点,再在 Outliner 中顺着往上找到内侧左后轮零件群组,可以看到擎天柱内侧左后轮零件群组节点,znwheel_mid_L1 节点已经被找到并被选中了。

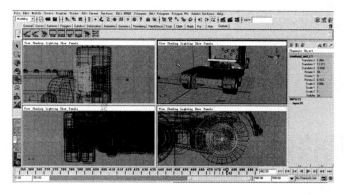

➡　在时间轴点选第 482 帧,将所选对象在此帧上设置另一关键帧,在确保自动关键帧锁处于红色打开状态下点击移动工具,如图所示将对象移动,放置到合适位置。也可以使用移动快捷键 W 对对象进行操作。

此时物体对象在此帧下设置了关键帧。

至此,擎天柱车内侧右后轮变形动画调整制作好。

第17章 机器人身上贴图

　　本章对擎天柱机器人形态、身体上的涂鸦部分进行了材质贴图操作,包括胸部绚丽材质的赋予和小腿绚丽材质的赋予两部分。内容上总结强化复习了贴图所涉及的重要知识和操作,完成了擎天柱机器人形态的所有绚丽火焰涂鸦、斑斓车漆材质贴图的设置,完美地呈现了擎天柱机器人形态的绚丽写实和超精细结构,对精细逼真写实的机器人形态变形成华丽霸气超逼真的卡车头伪装形态的动画过程做了完美的收尾。

胸部绚丽材质

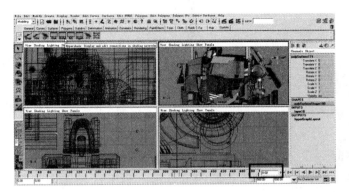

➡ 点选时间轴第 0 帧。

选择擎天柱左侧胸部侧面零件,如图所示。

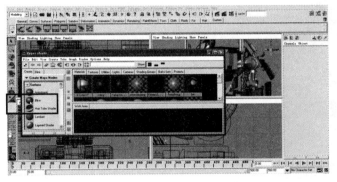

➡ 点击 Window > Hypergraph,调出 Hypergraph。

点击 Blinn 创建一个金属材质,如图所示。

Blinn 是金属原始材质,用来制作擎天柱胸部的金属材质。

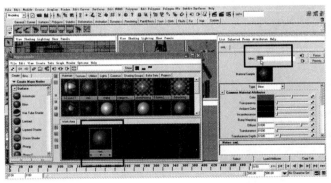

➡ 双击任一节点,都可以在右侧弹出属性窗口,可以修改编辑节点的属性。

在节点属性框,也可以将节点的名称进行修改。

在此将节点的名称修改为 cmL,点击键盘 Enter 键。

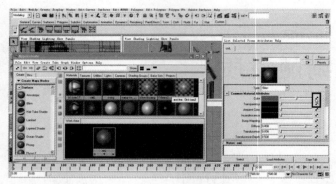

➡️　单击 Color 颜色对话框后面的方形框。

弹出创建渲染节点对话框 Creat Render Node。

➡️　在弹出的渲染节点对话框 Creat Render Node 中，贴图选项（Textures）中选中 2D 贴图（2D Texture）。

之后点击 File。

这个操作可以让我们选择所需的赋予材质贴图的图像文件，图像可以是 jpg 等格式的图形。在电脑中选择到所需图之后图片可以附着到材质上。

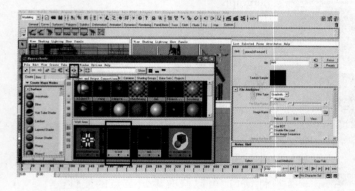

➡️　此时，这个材质节点已经添加了贴图节点。

在 Hypershade 中，左键单击选中这个材质节点。点击此处按钮，将被选中的材质节点的详细关系图展开，如图。

此时，在 Hypershade 渲染编辑器中，这个材质节点的详细材质节点关系图已经展开，如图。

左键单击材质节点 file，在右侧弹出材质节点 file 的属性窗口。

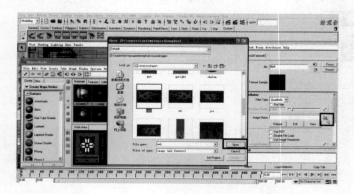

➡️　鼠标单击点选此处图标，如图。

在弹出对话框中，找到并选中放置在电脑中的擎天柱胸部图案，注意，最好开始就将需的贴图图案放入建立的工程文件夹里面的 sourceimages 文件夹里，这样便于在后续制作中的查找和管理。

选中之后左键单击 Open。

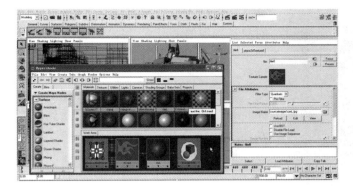

➡　在 Hypershade 中，可以看到刚才选中的图案已被放入 cmL 材质节点关系网中。

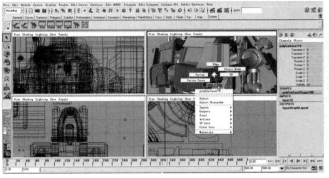

➡　之后将鼠标移动到擎天柱胸部曲面上。

点击右键，按住不放，弹出对话框，继续按住不放右键，将鼠标移动到 face，此时选项变为蓝色，松开鼠标。

此时已选择进入了 face，面模式。

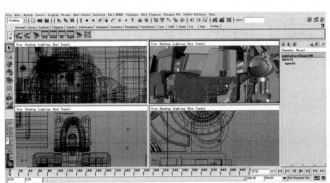

➡　进入物体的面选择状态后，按住键盘 Shift 键的同时选中所需面，选中之后面呈现橘红色。

按住 Shift 键是为了同时选择多个曲面。

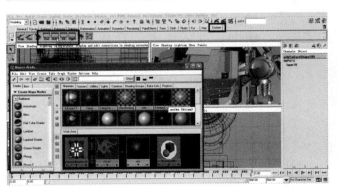

➡　左键点击自定义快捷栏中刚才已经创建的超级图表快捷键，调出 Hypergraph 超级图表层次连接图。

也可点击 Window > Hypergraph，调出 Hypergraph。

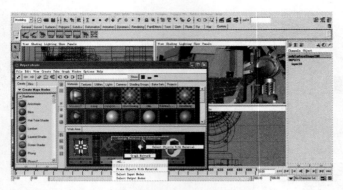

➡ 调出材质渲染编辑器后,在确定曲面对象被选中的情况下,将鼠标放于 cmL 材质上。按住鼠标右键不放,出现选择对话框。

继续按住右键不放,移动到 Assign Material To Selection(附着所选材质到所选物体之上)。

松开鼠标右键。

➡ 擎天柱左侧胸部已被赋予了材质。

在视图中,我们发现贴图图案的形状和位置与我们预想达到的效果有所差距,我们需要对贴图图案的参数进行渲染调整。

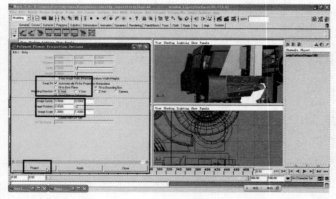

➡ 确保刚才选中的左胸部的面处于被选中状态,面被选中后呈现橘红色,如图所示。

执行调整贴图操作:切换到 Modeling 模式,点选 Polygon UVs>Planar Mapping 后面的方框。

➡ 在弹出的 Polygon Planar Projection Options 对话框中选择相应参数,如图所示。

Mapping Direction:点选 X Axis。

之后点选 Project 执行操作。

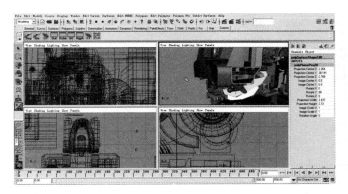

➡　执行操作后，所贴图曲面出现贴图调整操作手柄，如图所示。

可以看到，此时图片已经精准附着在曲面上。

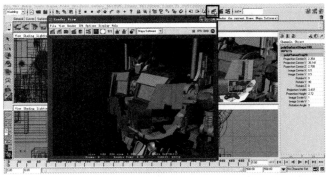

➡　点击切换到 persp 视图，之后点击渲染按钮，渲染观察发现贴图位置达标。

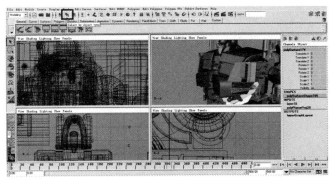

➡　点击状态栏中图标返回物体选择模式。

至此擎天柱变形动画左侧胸部精确赋予绚丽材质制作好。

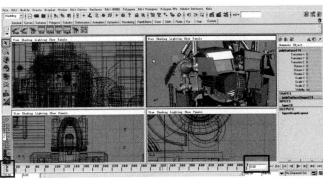

➡　点选时间轴第 0 帧。

点击选中擎天柱右侧胸部侧面零件，如图所示。

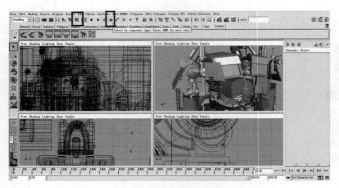

➡ 点击状态栏中图标,进入物体的面选择状态。

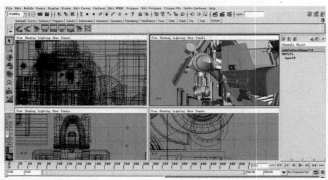

➡ 进入物体的面选择状态后,按住键盘 Shift 键的同时选中所需面,选中之后面呈现橘红色。

按住 Shift 键是为了同时选择多个曲面。

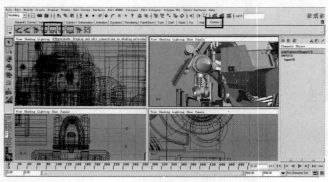

➡ 左键点击自定义快捷栏中刚才已经创建的超级图表快捷键,调出 Hypergraph 超级图表层次连接图。

也可点击 Window > Hypergraph,调出 Hypergraph。

➡ 调出材质渲染编辑器后,在确定曲面对象被选中的情况下,将鼠标放于 cmL 材质上。按住鼠标右键不放,出现选择对话框。

继续按住右键不放,移动到 Assign Material To Selection(附着所选材质到所选物体之上)。

松开鼠标右键。

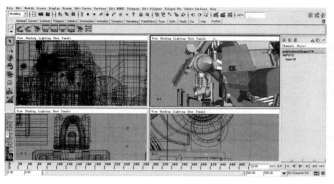

➡ 擎天柱右侧胸部已被赋予了材质。

在视图中,我们发现贴图图案的形状和位置与我们预想达到的效果有所差距,我们需要对贴图图案的参数进行渲染调整。

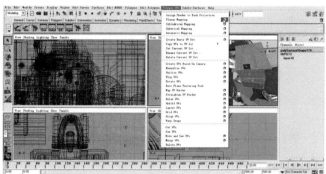

➡ 确保刚才选中的右胸部的面处于被选中状态,面被选中后呈现橘红色,如图所示。

执行调整贴图操作:切换到 Modeling 模式,点选 Polygon UVs>Planar Mapping 后面的方框。

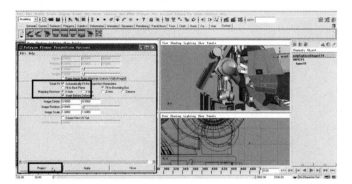

➡ 在弹出的 Polygon Planar Projection Options 对话框中选择相应参数,如图所示。

Mapping Direction:点选 X Axis。

之后点选 Project 执行操作。

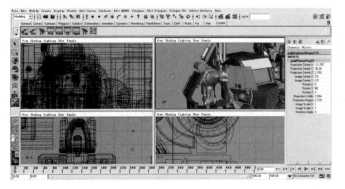

➡ 执行操作后,所贴图曲面出现贴图调整操作手柄,如图所示。

可以看到,此时图片已经精准附着在曲面上。

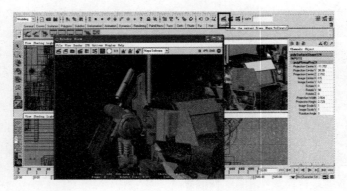

➡ 点击状态栏中图标返回物体选择模式。

至此,擎天柱变形动画右侧胸部精确赋予绚丽材质制作好。

小腿绚丽材质

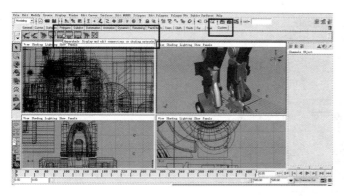

➡　左键点击自定义快捷栏中刚才已经创建的超级图表快捷键，调出 Hypergraph 超级图表层次连接图。

也可点击 Window＞Hypergraph，调出 Hypergraph。

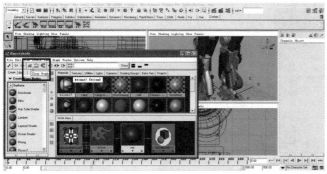

➡　点击橡皮擦形状按钮（Clear Graph），将 Hypershade 中工作区（Work Area）中的渲染节点清除。注意，只是清除工作区中的渲染节点，创建的渲染节点并未被删除。

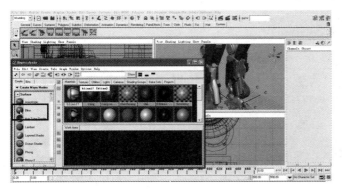

➡　点击 Blinn 创建一个金属材质，如图所示。

Blinn 是金属原始材质，用来制作擎天柱小腿部金属材质。

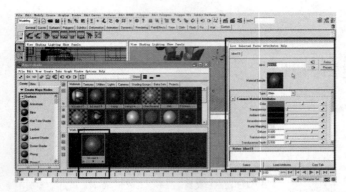

➡ 双击任一节点,都可以在右侧弹出属性窗口,可以修改编辑节点的属性。

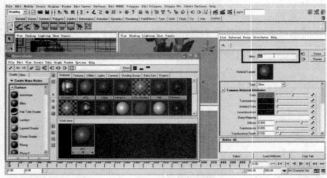

➡ 在节点属性框中也可以将节点的名称进行修改。

此处将节点的名称修改为 xtL,点击键盘 Enter 键。

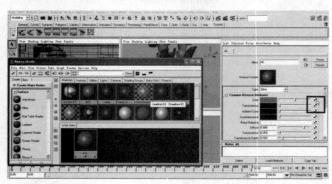

➡ 单击 Color 颜色对话框后面的方形框。

弹出创建渲染节点对话框 Creat Render Node。

➡ 在弹出的渲染节点对话框 Creat Render Node 中,贴图选项(Textures)中选中 2D 贴图(2D Texture)。

之后点击 File。

这个操作可以让我们选择所需的赋予材质贴图的图像文件,图像可以是 jpg 等格式的图形。在电脑中选择到所需图之后图片可以附着到材质上。

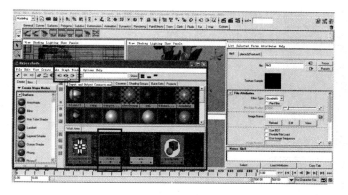

➡　此时，这个材质节点已经添加了贴图节点。

在 Hypershade 中，左键单击选中这个材质节点。点击此处按钮，将被选中的材质节点的详细关系图展开，如图。

此时，在 Hypershade 渲染编辑器中，这个材质节点的详细材质节点关系图已经展开，如图。

左键单击材质节点 file，在右侧弹出材质节点 file 的属性窗口。

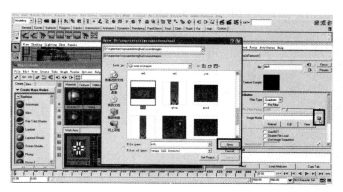

➡　鼠标单击点选此处图标，如图。

在弹出对话框中，找到并选中放置在电脑中的擎天柱小腿图案，注意，最好开始就将需的贴图图案放入建立的工程文件夹里面的 sourceimages 文件夹里，这样便于在后续制作中的查找和管理。

选中之后左键单击 Open。

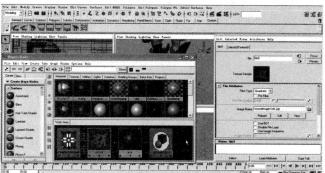

➡　在 Hypershade 中，可以看到刚才选中的图案已被放入 xtL 材质节点关系网中。

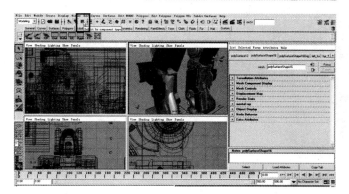

➡　选择擎天柱左小腿内侧零件，如图所示。

点击状态栏中图标，准备进入物体的面选择状态。

➡ 在状态栏中选择面模式图标,进入物体的面选择状态。

此时物体进入面模式选择状态。

点选所需面,选中的曲面呈现橘红色,如图。

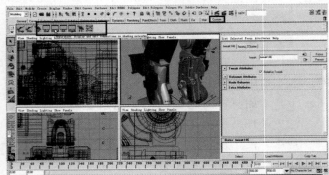

➡ 左键点击自定义快捷栏中刚才已经创建的超级图表快捷键,调出 Hypergraph 超级图表层次连接图。

也可点击 Window > Hypergraph,调出 Hypergraph。

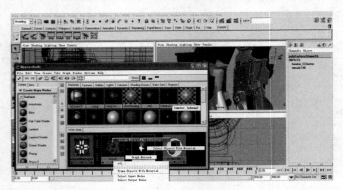

➡ 调出材质编辑渲染编辑器后,在确定曲面对象被选中的情况下,将鼠标放于 xtL 材质上。按住鼠标右键不放,出现选择对话框。

继续按住右键不放,移动到 Assign Material To Selection(附着所选材质到所选物体之上)。

松开鼠标右键。

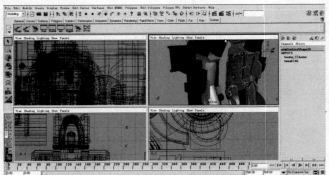

➡ 擎天柱左侧小腿零件已被赋予了材质。

在视图中,我们发现贴图图案的形状和位置与我们预想达到的效果有所差距,我们需要对贴图图案的参数进行渲染调整。

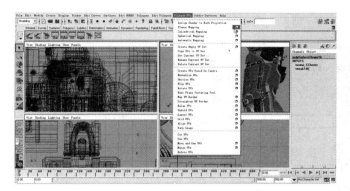

➡　确保左小腿零件的面处于被选中状态，面被选中后呈现橘红色，如图所示。

　　执行调整贴图操作：切换到 Modeling 模式，点选 Polygon UVs>Planar Mapping 后面的方框。

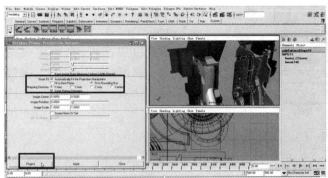

➡　在弹出的 Polygon Planar Projection Options 对话框中选择相应参数，如图所示。

　　Mapping Direction：点选 X Axis。

　　之后点选 Project 执行操作。

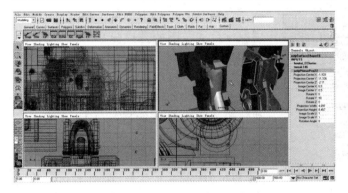

➡　执行操作后，所贴图曲面出现贴图调整操作手柄，如图所示。

　　可以看到，此时图片已经精准附着在曲面上。

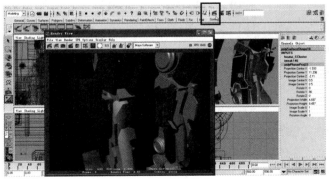

➡　点击切换到 persp 视图，之后点击渲染按钮，渲染观察发贴图图案的形状和位置与我们预想达到的效果有所差距，我们需要对贴图图案的参数进行渲染调整。

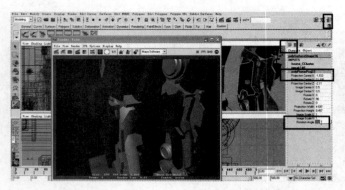

➡ 将贴图的角度调整,点击通道栏中的按钮,之后在 polyPlanarProj22 上点击,调出 planar 的属性参数设置面板,在通道栏的属性将贴图旋转,在 Rotation Angle 中输入参数 90,使贴图的角度产生变化。

点击切换到 persp 视图,之后点击渲染按钮,继续渲染观察贴图位置。

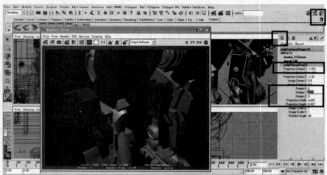

➡ 将贴图旋转,点击通道栏中的按钮,之后在 polyPlanarProj22 上点击,调出 planar 的属性参数设置面板,在通道栏的属性将贴图旋转,在 Rotate Y 中输入参数 270,使贴图旋转 270°。

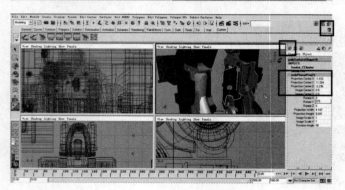

➡ 将贴图沿 Y 轴方向向上移动,可以使用鼠标拉动贴图调整操纵器的竖轴,向上方拖拽竖轴,将贴图沿 Y 轴方向向上移动。

将贴图沿 Z 轴左右移动,使用鼠标拉动贴图调整操纵器的横轴实现 Z 轴方向移动调节。

也可以点击通道栏中的按钮,之后在 polyPlanarProj22 上点击,调出 planar 的属性参数设置面板,在通道栏的属性中将贴图向上移动,在 Pojection Center Y 中输入参数 11. 264,使贴图沿 Y 轴向上精确移动。

在 Pojection Center Z 中输入参数 -2. 236,使贴图沿 Z 轴左右精确移动。

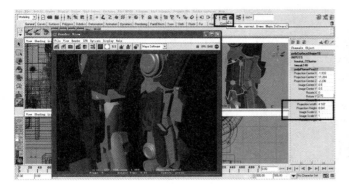

将贴图上下拉长，可以使用鼠标拉动贴图调整操纵手柄顶部方块手柄，向上拖拽方块手柄，将贴图的形状拉长。

将贴图左右拉长，可以使用鼠标拉动贴图调整操纵手柄左右两侧方块手柄，向左右方向拖拽方块手柄，将贴图的形状拉长。

也可以点击通道栏中的按钮，之后在 polyPlanarProj22 上点击，调出 planar 的属性参数设置面板，在 Pojection Height 中输入参数 8.041，使贴图的高度精准拉长，在 Pojection With 中输入参数 4.107，使贴图的宽度精准拉长。

点击切换到 persp 视图，之后点击渲染按钮，渲染观察发现贴图位置达标。

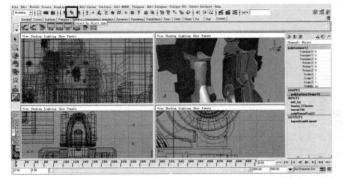

➡　点击状态栏中图标返回物体选择模式。

至此擎天柱变形动画左侧小腿精确赋予绚丽材质制作好。

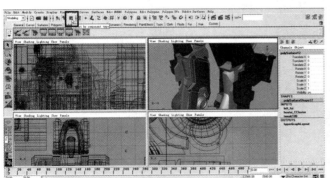

➡　选择擎天柱右小腿内侧零件，如图所示。

点击状态栏中图标，准备进入物体的面选择状态。

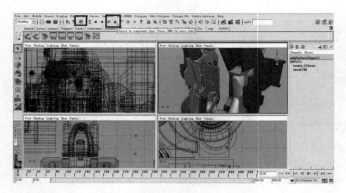

➡ 在状态栏中选择面模式图标,进入物体的面选择状态。

此时物体进入面模式选择状态。

点选所需面,选中的曲面呈现橘红色,如图。

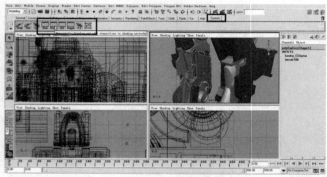

➡ 左键点击自定义快捷栏中刚才已经创建的超级图表快捷键,调出 Hypergraph 超级图表层次连接图。

也可点击 Window > Hypergraph,调出 Hypergraph。

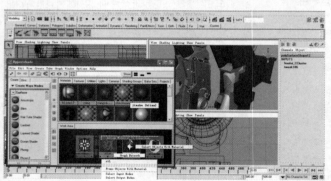

➡ 调出材质编辑渲染编辑器后,在确定曲面对象被选中的情况下,将鼠标放于 xtL 材质上。按住鼠标右键不放,出现选择对话框。

继续按住右键不放,移动到 Assign Material To Selection(附着所选材质到所选物体之上)。

松开鼠标右键。

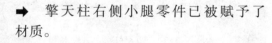

➡ 擎天柱右侧小腿零件已被赋予了材质。

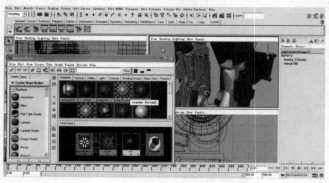

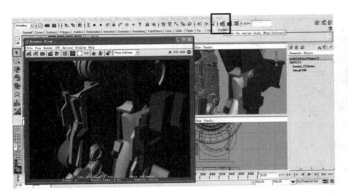

➡　点击切换到 persp 视图，之后点击渲染按钮，渲染观察发贴图图案的形状和位置与我们预想达到的效果有所差距，我们需要对贴图图案的参数进行渲染调整。

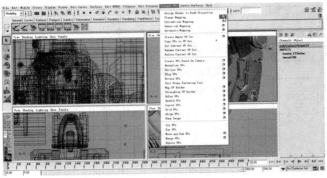

➡　确保右小腿零件的面处于被选中状态，面被选中后呈现橘红色，如图所示。

执行调整贴图操作：切换到 Modeling模式，点选 Polygon UVs>Planar Mapping 后面的方框。

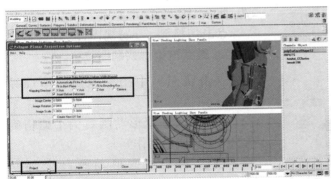

➡　在弹出的 Polygon Planar Projection Options 对话框中选择相应参数，如图所示。

Mapping Direction：点选 X Axis。

之后点选 Project 执行操作。

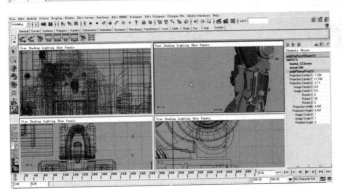

➡　执行操作后，所贴图曲面出现贴图调整操作手柄，如图所示。

可以看到，此时图片已经精准附着在曲面上。

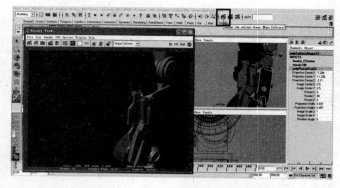

➡ 点击切换到 persp 视图，之后点击渲染按钮，渲染观察发贴图图案的形状和位置与我们预想达到的效果有所差距，我们需要继续对贴图图案的参数进行渲染调整。

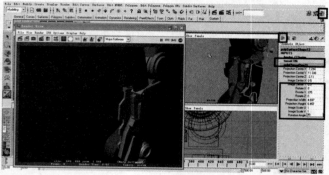

➡ 将贴图的角度调整，点击通道栏中的按钮，之后在 polyPlanarProj22 上点击，调出 planar 的属性参数设置面板，在通道栏的属性将贴图旋转，在 Rotation Angle 中输入参数 90，使贴图的角度产生变化。

将贴图旋转，点击通道栏中的按钮，之后在 polyPlanarProj22 上点击，调出 planar 的属性参数设置面板，在通道栏的属性将贴图旋转，在 Rotate Y 中输入参数 270，使贴图旋转 270°。

点击切换到 persp 视图，之后点击渲染按钮，继续渲染观察贴图位置。

➡ 点击状态栏中图标返回物体选择模式。

至此擎天柱变形动画右侧小腿精确赋予绚丽材质已制作好。

至此，擎天柱变形动画已全部制作好。

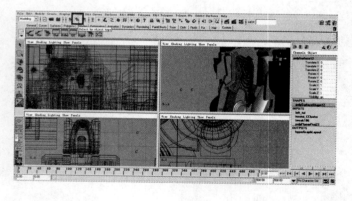